高等学校信息技术类新方向新动能新形态系列规划教材

教育部高等学校计算机类专业教学指导委员会 –Arm 中国产学合作项目成果

Arm 中国教育计划官方指定教材

**arm 中国**

U0277556

# Python
# 数据处理与挖掘

吴振宇 李春忠 李建锋 / 编著

人民邮电出版社

北 京

**图书在版编目（CIP）数据**

Python数据处理与挖掘 / 吴振宇，李春忠，李建锋编著. -- 北京 ：人民邮电出版社，2020.7(2023.4重印)
高等学校信息技术类新方向新动能新形态系列规划教材
ISBN 978-7-115-53978-6

Ⅰ．①P… Ⅱ．①吴… ②李… ③李… Ⅲ．①软件工具－程序设计－高等学校－教材 Ⅳ．①TP311.561

中国版本图书馆CIP数据核字(2020)第077778号

## 内 容 提 要

本书以构建完整的知识体系为目标，按照从简单到复杂的思路，贯穿了数据处理与挖掘的各个环节，具体包括：Python 快速入门、Python 数据类型、Python 常用模块、Python 数据获取、Python 数据挖掘基础、Python 数据挖掘算法、Python 大数据挖掘和 Python 数据可视化。此外，针对各知识点，本书均设计了相应的 Python 案例，并给出了实现代码、效果图以及相应的解释，以强化读者对各知识点的理解与掌握。

本书可作为高等院校人工智能、计算机科学与技术、经济与金融等专业的教材，也可供大数据分析与处理等领域的技术人员学习使用，还可作为数据分析与挖掘研究人员的参考用书。

◆ 编　著　吴振宇　李春忠　李建锋
责任编辑　祝智敏
责任印制　王　郁　陈　犇

◆ 人民邮电出版社出版发行　北京市丰台区成寿寺路 11 号
邮编　100164　电子邮件　315@ptpress.com.cn
网址　https://www.ptpress.com.cn
三河市君旺印务有限公司印刷

◆ 开本：787×1092　1/16
印张：15.5　　　　　　2020 年 7 月第 1 版
字数：365 千字　　　　2023 年 4 月河北第 5 次印刷

定价：49.80 元

读者服务热线：**(010)81055256**　印装质量热线：**(010)81055316**
反盗版热线：**(010)81055315**
广告经营许可证：京东市监广登字 20170147 号

# 编委会

# 拥抱万亿智能互联未来

在生命刚刚起源的时候，一些最最古老的生物就已经拥有了感知外部世界的能力。例如，很多原生单细胞生物能够感受周围的化学物质，对葡萄糖等分子有趋化行为；并且很多原生单细胞生物还能够感知周围的光线。然而，在生物开始形成大脑之前，这种对外部世界的感知更像是一种"反射"。随着生物的大脑在漫长的进化过程中不断发展，或者说直到人类出现，各种感知才真正变得"智能"，通过感知收集的关于外部世界的信息开始经过大脑的分析作用于生物本身的生存和发展。简而言之，是大脑让感知变得真正有意义。

这是自然进化的规律和结果。有幸的是，我们正在见证一场类似的技术变革。

过去十年，物联网技术和应用得到了突飞猛进的发展，物联网技术也被普遍认为将是下一个给人类生活带来颠覆性变革的技术。物联网设备通常都具有通过各种不同类别的传感器收集数据的能力，就好像赋予了各种机器类似生命感知的能力，由此促成了整个世界数据化的实现。而伴随着 5G 的成熟和即将到来的商业化，物联网设备所收集的数据也将拥有一个全新的、高速的传输渠道。但是，就像生物的感知在没有大脑时只是一种"反射"一样，这些没有经过任何处理的数据的收集和传输并不能带来真正进化意义上的突变，甚至非常可能在物联网设备数量以几何级数增长以及巨量数据传输的情况下，造成 5G 网络等传输网络拥堵甚至瘫痪。

如何应对这个挑战？如何赋予物联网设备所具备的感知能力以"智能"？我们的答案是：人工智能技术。

人工智能技术并不是一个新生事物，它在最近几年引起全球性关注并得到飞速发展的主要原因，在于它的三个基本要素（算法、数据、算力）的迅猛发展，其中又以数据和算力的发展尤为重要。物联网技术和应用的蓬勃发展使得数据累计的难度越来越低；而芯片算力的不断提升使得过去只能通过云计算才能完成的人工智能运算现在已经可以下沉到最普通的设备之上完成。这使得在端侧实现人工智能功能的难度和成本都得以大幅降低，从而让物联网设备拥有"智能"的感知能力变得真正可行。

物联网技术为机器带来了感知能力，而人工智能则通过计算算力为机器带来了决策能力。二者的结合，正如感知和大脑对自然生命进化所起到的必然性决定作用，其趋势将无可阻挡，并且必将为人类生活带来巨大变革。

　　未来十五年，或许是这场变革最最关键的阶段。业界预测到 2035 年，将有超过一万亿个智能设备实现互联。这一万亿个智能互联设备将具有极大的多样性，它们共同构成了一个极端多样化的计算世界。而能够支撑起这样一个数量庞大、极端多样化的智能物联网世界的技术基础，就是 Arm。正是在这样的背景下，Arm 中国立足中国，依托全球最大的 Arm 技术生态，全力打造先进的人工智能物联网技术和解决方案，立志成为中国智能科技生态的领航者。

　　万亿智能互联最终还是需要通过人来实现，具备人工智能物联网 AIoT 相关知识的人才，在今后将会有更广阔的发展前景。如何为中国培养这样的人才，解决目前人才短缺的问题，也正是我们一直关心的。通过和专业人士的沟通发现，教材是解决问题的突破口，一套高质量、体系化的教材，将起到事半功倍的效果，能让更多的人成长为智能互联领域的人才。此次，在教育部计算机类专业教学指导委员会的指导下，Arm 中国能联合人民邮电出版社一起来打造这套智能互联丛书——高等学校信息技术类新方向新动能新形态系列规划教材，感到非常的荣幸。我们期望借此宝贵机会，和广大读者分享我们在 AIoT 领域的一些收获、心得以及发现的问题；同时渗透并融合中国智能类专业的人才培养要求，既反映当前最新技术成果，又体现产学合作新成效。希望这套丛书能够帮助读者解决在学习和工作中遇到的困难，能够为读者提供更多的启发和帮助，为读者的成功添砖加瓦。

　　荀子曾经说过："不积跬步，无以至千里。"这套丛书可能只是帮助读者在学习中跨出一小步，但是我们期待着各位读者能在此基础上励志前行，找到自己的成功之路。

安谋科技（中国）有限公司执行董事长兼 CEO　吴雄昂

2019 年 5 月

# 序二

人工智能是引领未来发展的战略性技术，是新一轮科技革命和产业变革的重要驱动力量，将深刻地改变人类社会生活、改变世界。促进人工智能和实体经济的深度融合，构建数据驱动、人机协同、跨界融合、共创分享的智能经济形态，更是推动质量变革、效率变革、动力变革的重要途径。

近几年来，我国人工智能新技术、新产品、新业态持续涌现，与农业、制造业、服务业等各行业的融合步伐明显加快，在技术创新、应用推广、产业发展等方面成效初显。但是，我国人工智能专业人才储备严重不足，人工智能人才缺口大，结构性矛盾突出，具有国际化视野、专业学科背景、产学研用能力贯通的领军型人才、基础科研人才、应用人才极其匮乏。为此，2018 年 4 月，教育部印发了《高等学校人工智能创新行动计划》，旨在引导高校瞄准世界科技前沿，强化基础研究，实现前瞻性基础研究和引领性原创成果的重大突破，进一步提升高校人工智能领域科技创新、人才培养和服务国家需求的能力。由人民邮电出版社和 Arm 公司联合推出的"高等学校信息技术类新方向新动能新形态系列规划教材"旨在贯彻落实《高等学校人工智能创新行动计划》，以加快我国人工智能领域科技成果及产业进展向教育教学转化为目标，不断完善我国人工智能领域人才培养体系和人工智能教材建设体系。

"高等学校信息技术类新方向新动能新形态系列规划教材"包含 AI 和 AIoT 两大核心模块。其中，AI 模块涉及人工智能导论、脑科学导论、大数据导论、计算智能、自然语言处理、计算机视觉、机器学习、深度学习、知识图谱、GPU 编程、智能机器人等人工智能基础理论和核心技术；AIoT 模块涉及物联网概论、嵌入式系统导论、物联网通信技术、RFID 原理及应用、窄带物联网原理及应用、工业物联网技术、智慧交通信息服务系统、智能家居设计、智能嵌入式系统开发、物联网智能控制、物联网信息安全与隐私保护等智能互联应用技术及原理。

综合来看，"高等学校信息技术类新方向新动能新形态系列规划教材"具有三方面突出亮点。

第一，编写团队和编写过程充分体现了教育部深入推进产学合作协同育人项目的思想，既反映最新技术成果，又体现产学合作成果。在贯彻国家人工智能发展战略要求的基础上，以"共搭平台、共建团队、整体策划、共筑资源、生态优化"的全新模式，打造人工智能专业建设和人工智能人才培养系列出版物。知名半导体知识产权（IP）提供商 Arm 公司在教材编写方面给予了全面支持，丛书主要编委来自清华大学、北京大学、北京航空航天大学、北京邮电大学、南开大学、哈尔滨工业大学、同济大学、武汉大学、西安交通大学、西安电子科技大学、南京大学、南京邮电大学、厦门大学等众多国内知名高校人工智能教育领域。

从结果来看，"高等学校信息技术类新方向新动能新形态系列规划教材"的编写紧密结合了教育部关于高等教育"新工科"建设方针和推进产学合作协同育人思想，将人工智能、物联网、嵌入式、计算机等专业的人才培养要求融入了教材内容和教学过程。

第二，以产业和技术发展的最新需求推动高校人才培养改革，将人工智能基础理论与产业界最新实践融为一体。众所周知，Arm 公司作为全球最核心、最重要的半导体知识产权提供商，其产品广泛应用于移动通信、移动办公、智能传感、穿戴式设备、物联网，以及数据中心、大数据管理、云计算、人工智能等各个领域，相关市场占有率在全世界范围内达到 90%以上。Arm 技术被合作伙伴广泛应用在芯片、模块模组、软件解决方案、整机制造、应用开发和云服务等人工智能产业生态的各个领域，为教材编写注入了教育领域的研究成果和行业标杆企业的宝贵经验。同时，作为Arm 中国协同育人项目的重要成果之一，"高等学校信息技术类新方向新动能新形态系列规划教材"的推出，将高等教育机构与丰富的 Arm 产品联系起来，通过将 Arm 技术用于教育领域，为教育工作者、学生和研究人员提供教学资料、硬件平台、软件开发工具、IP 和资源，未来有望基于本套丛书，实现人工智能相关领域的课程及教材体系化建设。

第三，教学模式和学习形式丰富。"高等学校信息技术类新方向新动能新形态系列规划教材"提供丰富的线上线下教学资源，更适应现代教学需求，学生和读者可以通过扫描二维码或登录资源平台的方式获得教学辅助资料，进行书网互动、移动学习、翻转课堂学习等。同时，"高等学校信息技术类新方向新动能新形态系列规划教材"配套提供了多媒体课件、源代码、教学大纲、电子教案、实验实训等教学辅助资源，便于教师教学和学生学习，辅助提升教学效果。

希望"高等学校信息技术类新方向新动能新形态系列规划教材"的出版能够加快人工智能领域科技成果和资源向教育教学转化，推动人工智能重要方向的教材体系和在线课程建设，特别是人工智能导论、机器学习、计算智能、计算机视觉、知识工程、自然语言处理、人工智能产业应用等主干课程的建设。希望基于"高等学校信息技术类新方向新动能新形态系列规划教材"的编写和出版，能够加速建设一批具有国际一流水平的本科生、研究生教材和国家级精品在线课程，并将人工智能纳入大学计算机基础教学内容，为我国人工智能产业发展打造多层次的创新人才队伍。

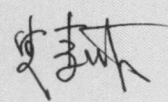

教育部人工智能科技创新专家组专家
教育部科技委学部委员　　　　　　　焦李成
IEEE/IET/CAAI Fellow　　　　　　　2019 年 6 月
中国人工智能学会副理事长

以深度学习为代表的人工智能技术正在影响社会的方方面面，该技术离不开数据的支撑。数据正逐渐成为机器学习模型设计与实现的原动力。Python 编程语言由于语法简洁且具有强大的第三方库的支持，因此得到了越来越广泛的应用，并成为了人工智能时代的重要编程语言之一。本书的主要目标是使读者能够使用 Python 编程语言分析数据，并且能够设计和应用模型以在数据中提取知识，进而对其进行可视化处理。

任务驱动的知识学习过程可以很好地保证上述目标的实现。因此，本书制定了数据挖掘任务，如探索一个地区最近房价波动的规律、天气变化的规律、当前大众关心和讨论的热点话题等。完成此类任务，通常须进行以下 3 个步骤：数据准备、数据模型构建、数据可视化。此过程会涉及 Python 编程语言、第三方库（如 NumPy 和 Pandas 等）、Python 网络爬虫、Python 数据挖掘模型和数据可视化等技术，包含了非常多的知识点。但是，针对一个具体任务，也许不必一一讲解其知识点。大到一种技术，其中虽然包含很多知识，但是首先应该掌握常用的知识；小到一个函数，其中虽然包含很多参数，但是首先应该掌握常用参数的使用。因此，将数据处理与挖掘过程中的关键技术总结出来，是本书的首要目标。

为了实现首要目标，本书对相关知识点进行了层次化的组织。通过调查读者（以学生为主）的学习过程可以发现，针对一个知识点进行过多阐述、反复讲解，会使读者感到枯燥。而通过快速实践，如先实现一个小的编程目标，将会极大程度地提升读者的学习兴趣和积极性。因此，本书在内容组织方面，首先介绍简单的、完整的、可以运行出结果的实践过程，然后逐渐增加各相关知识点的阐述。另外，为了提升学习过程的交互性，本书提供的案例将采用交互式笔记本（Jupyter Notebook）来呈现。

本书共 8 章。

第 01 章 "Python 快速入门"，面向尚未了解 Python 的读者，旨在使他们快速熟悉 Python 编程语言的特性，最重要的是使他们能够搭建 Python 开发环境，并能编写简单的输入/输出程序。

第 02 章 "Python 数据类型"，在第 01 章的基础上增加了 Python 编程语言的基础语法，包括变量、表达式、逻辑控制语句、函数等；此外，还详细介绍了 Python 中与数据处理和挖掘密切相关的高级数据结构，如列表、元组、字典和集合等；最后，通过一个传感器数据分析案例介绍了数据分析过程。希望读者学习本章后可以通过 Python 完成简单的数据分析任务。

第 03 章 "Python 常用模块"，介绍了通过自定义模块提升代码重用效率的方法，重点讲解了 3 个重要的第三方库（NumPy、SciPy 和 Pandas）的使用方法。

第 04 章"Python 数据获取"，旨在使读者能够在 Python 环境下独立设计爬虫软件，并能在互联网上爬取数据，具体介绍了以下内容：超文本传输协议（HyperText Transfer Protocol，HTTP），超文本标记语言（HyperText Markup Language，HTML），使用 Python 设计爬虫软件的方法，URLLib、Requests、Selenium 等库的使用方法，以及多线程技术及其在 Python 网络爬虫中的应用。

第 05 章"Python 数据挖掘基础"，介绍了数据挖掘的术语和流程，重点讲解了 Python 中的常用库（NLTK 和 Sklearn）及其在数据预处理、数据创建、数据挖掘模型构建过程中的常用方法。

第 06 章"Python 数据挖掘算法"，针对分类和聚类这两类数据挖掘中的基本问题，总结了相关的算法与模型，介绍了实现两个基本算法（朴素贝叶斯分类算法和 K-means 聚类算法）的全过程。

第 07 章"Python 大数据挖掘"，基于神经网络介绍了深度学习方法，详细讲解了卷积神经网络和长短期记忆网络模型，并介绍了常用的深度学习框架；最后介绍了一个应用卷积神经网络识别蔬菜的案例。

第 08 章"Python 数据可视化"，讲解了最为常用的可视化库（Matplotlib），在此基础上，介绍了两个效果被改进以后的库（Seaborn 和 Plotnine）的使用方法，并讲解了如何可视化一个地区的房价数据。

本书由吴振宇、李春忠、李建锋合力编著，参与编写的还有王慧玲、郝连祥、吴发木、任永琼、季文文等教师；全书由吴振宇负责统稿并通读。本书通过实践讲解了数据处理与挖掘相关的各项技术与概念，可作为人工智能、机器学习等课程的先修课程的教材。希望读者学习本书后能够具备独立完成数据挖掘任务的能力。

由于编者水平有限，书中难免存在表述不妥之处，恳请广大读者批评指正。

编者
2020 年 5 月

# 目录
# CONTENTS

# 01 chapter

# Python 快速入门

目前，Python 已经成为数据处理与挖掘的重要工具。本章首先介绍 Python 的背景、特点及其应用场景，同时讲解 Python 的安装与常用开发环境；然后，介绍 Jupyter Notebook 的使用方法，Jupyter Notebook 是一个非常重要的用于交互式计算的应用软件，它提供了一个有效学习 Python 和数据处理算法的平台；最后，介绍如何在 Jupyter Notebook 中编写简单的 Python 程序，包括数据输入、简单的表达式计算、结果输出等，以使读者快速了解 Python 编程的基本流程。

### 1.1.1　Python——解释型编程语言

编程语言可以让计算机完成很多任务。目前，针对人工智能、数据挖掘领域中的任务，Python 是较常用的编程语言之一。通常，计算机编程语言可以分为编译型语言和解释型语言两种类型。其中，编译型语言编写的源代码需要通过编译器翻译成可以被计算机执行的机器码，代表性的编译型语言包括 C 语言、C++语言和 Java 语言等。解释型语言不需要编译器的翻译，而是在运行的时候通过解释器将源代码翻译成机器码，源代码中的每条语句依次解释执行，代表性的解释型语言包括 Perl、Ruby、JavaScript 和 Python 等。由于编译器在编译的过程中会对源代码进行优化处理，因此，编译型的编程语言有更快的运行速度和更友好的调试环境。而在解释型的编程语言中，其边解释边执行的特性，使得它具有平台独立性的优势，同时可以保证安全，这是在互联网应用、大数据分析中所需要的。当然，基于解释型语言的软件，在运行的时候将会占用更多的系统资源。

针对数据处理这一应用场景，编译型语言和解释型语言的区别如图 1.1 所示。在编译型语言中，源代码首先被编译成机器码，程序运行之后读取、处理数据，并且输出结果。而在解释型语言中，源代码和数据同时被处理，并且输出结果。

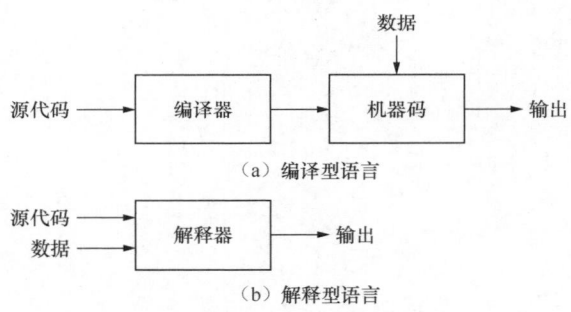

（a）编译型语言

（b）解释型语言

**图 1.1　编译型语言和解释型语言的区别**

1982 年，荷兰人吉多·范罗苏姆（Guido von Rossum）从阿姆斯特丹大学获得了数学和计算机硕士学位。在那个时代，比较流行的编程语言包括 Pascal、C、Fortran 语言等。然而，由于内存、CPU 等计算资源的限制，使用以上语言（如 C 语言）实现一个软件功能，需要耗费大量的时间。随着 UNIX 以及 Linux 操作系统的发展，Shell 成了一个重要的系统维护工具。开发人员通过 Shell 脚本，可以简洁、快速地实现很多功能。可是，Shell 本质上并不是一种真正的编程语言，在计算资源的使用上也存在很多局限性。吉多希望能够有一种新的编程语言，它既可以像 C 语言一样全面地使用计算资源，又可以像 Shell 一样高效地编程。在当时，确实有一门这样的编程语言，名字叫作 ABC，它的设计目标之一是给开发人员带来更好的"用户体验"。吉多参与到 ABC 语言的研发工作中，希望让它变得易读、易学、易用。例如，ABC 语言中，使用冒号和缩进来表示程序块，行尾也没有分号，这极大地提升了语言的可读性。可是，ABC 语言对计算资源的要求非常高。另外，还存在一些编程开发中的问题。例如，它不是模块化的语言，这给软件新功能的增加与维护带来了极大的不便。它不能直接操作文件系统，这给软件系统的输入、输出也带来了不便。在 1989 年的圣诞节期间，吉多设计了一种新的编程语言，命名为 Python。这个名字来源于他喜欢的电视剧"*Monty Python's Flying Circus*"。其中寄托了他的一种愿望，这种新的语言具有 C 语言和 Shell 的优势，易学、易用且开发的软件功能可扩展。

1991 年，使用 C 语言开发的第一个 Python 解释器诞生。Python 语言的语法有很多来自 C 语言，同时又有 ABC 语言的影子。并且，在用 Python 编写的程序中，可以调用 C 语言的库函数。这大大提升了 Python 的应用范围：在底层，可以将 C 语言编写的库引入 Python 程序中使用；在上层，可以将其他 Python 模块方便地导入当前程序中。

随后，随着计算资源能力，包括存储能力、处理器处理能力等的不断提升，以及互联网的不断发展，Python 以其简单易用的特性得到了越来越多的开发者的青睐。在开源社区的共同努力下，Python 也在不断地发展与完善，并且出现了多个版本。其中有两个具有代表性的版本——Python 2.X 和 Python 3.X，其中 X 表示子版本号。Python 2.0 于 2000 年 10 月 16 日发布，增加了垃圾回收机制。同时，它使整个开发过程更加透明，社区对开发进度的影响逐渐扩大。Python 3.0 于 2008 年 12 月 3 日发布，该版本不完全兼容之前的 Python 源代码。不过，很多新特性后来也被移植到了之前的版本，如 Python 2.6、Python 2.7 等。由于 Python 2.X 将不会被继续维护，因此本书主要使用的是 Python 3.0 之后的版本。

通过上面的介绍，我们可以发现 Python 具有以下特点。

（1）语法简洁：Python 语言清晰、简单。它不但借鉴了 C 语言、Shell 等技术，还借鉴了 Perl、Lisp 等语言的精华，这使其本身的语法更加简洁。

（2）开放扩展：Python 语言的用户来自不同领域。针对不同的需求，Python 语言可以很容易地进行功能扩展。

（3）开源共享：开源社区的开发者，对 Python 以及 Python 标准库做了很大的贡献。

（4）通用灵活：Python 语言可以处理从科学计算到数据处理中的大量任务，在人工智能算法的设计与实现上具有很大的优势。

（5）类库多样：Python 标准库功能强大，包含大约几百个内置函数库。另外，开源社区也提供了大量的第三方包，极大地提升了 Python 的开发效率。

（6）面向对象：Python 中的函数、模块、数字、字符串等都是对象，它完全支持继承、重载、派生和多重继承，这有利于增强源代码的复用性。

## 1.1.2　Python 应用

Python 编程语言已经在多个不同的领域和场景下取得了广泛应用，本书罗列了常见的几个应用场景。

### 1.　人工智能

虽然人工智能的很多核心算法是通过 C/C++等语言来实现的，但是 Python 提供了一个便捷使用 C/C++核心库的接口，这使算法功能的使用变得更加方便。例如，在目前主流的深度学习框架中，运算和算法的实现大部分依赖于 C/C++之类的语言，因此，Python 对于用户来说是一个非常方便的操作接口。

自 Python 出现之后，它就作为一个用于科学计算和数据分析的重要工具。这为它在数据挖掘、大数据处理上的应用带来了非常大的优势。

### 2．Web 开发

使用 Python 可以快速开发、部署 Web 应用。这得益于 Python 中大量的 Web 框架。如 Django、Tornado、Flask 等。

### 3．网络爬虫

网络爬虫是在互联网上获取数据的重要手段，它根据给定的初始 URL，不断地获取新的 URL，并分析每个页面的 HTML 信息，以将感兴趣的数据保存下来。Python 支持网络编程、多进程/多线程编程，这使它成为了网络爬虫软件开发的主流语言之一。并且，在 Python 环境下，也出现了大量的爬虫框架，如 Scrapy 等，可以高效地抓取数据。

### 4．游戏开发

Python 支持如 Tkinter、Pygame 之类的库，可以方便地进行 2D、3D 建模。特别是使用 Pygame 可以快速进行游戏开发。

## 1.2　Python 开发环境

在使用 Python 进行编程开发之前，需要搭建开发环境。通常来讲，开发环境包括 Python 原生开发环境和集成开发环境。在原生开发环境中，使用 Python 自带的图形用户界面就可以进行编程开发。在集成开发环境中，Python 封装了更多的功能，更便于编程开发。

### 1.2.1　搭建简单的 Python 开发环境

在不同的操作系统中，Python 开发环境的安装方式也不相同。例如，在 Mac OS、UNIX、Linux 操作系统中，可以通过系统自带的软件安装工具来安装 Python。当然，更多的时候可以在 Python 官网下载安装软件来安装 Python。登录 Python 官网之后的示意图如图 1.2 所示。

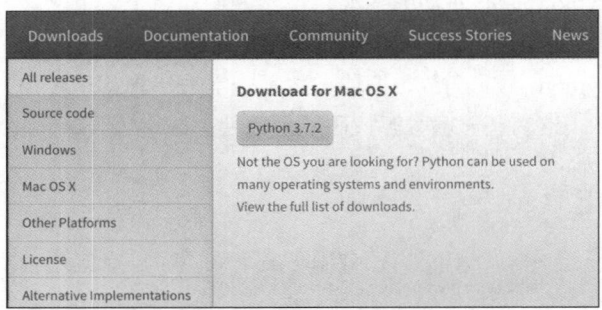

图 1.2　下载 Python 安装包

在 Python 官网的 "Downloads" 标签下，可以找到针对不同操作系统以及该操作系统下的各种 Python 版本。用户可根据自己的需要，选择合适的版本进行下载。由于最新的 Python 版本对一些第三方库的支持度并不是特别高，因此，本书选择安装 Python 3.5.0 版本。

Python 安装完成之后，可以通过运行命令来测试其是否安装成功。在 Mac OS、UNIX、Linux 操作系统中，可以打开一个终端运行 "python3"；在 Windows 操作系统中，可以打开一个命令窗口运行"python"。如果提示没有该命令，则应该修改系统的环境变量，即将 Python 的安装路径添加到系统的环境变量中。运行"python3"命令之后的效果如图 1.3 所示，显示当前使用的 Python 版本为"Python 3.5.0"，并且进入了交互模式（">>>"提示符）。用户可以在该模式下执行 Python 中的命令、语句等，也可以进行简单代码的测试、验证等。按键盘上的向上箭头键，可以依次显示之前执行过的语句。

　　Python 提供了一个具有简单的图形用户界面的集成开发环境（Integrated Development and Learning Environment，IDLE）。在 Python 的安装菜单中，可以找到 IDLE 的运行文件，其运行之后的效果如图 1.4 所示。与命令模式下类似，在提示符下也可以执行 Python 语句。另外，IDLE 中有菜单，因此，它支持更多的功能。例如，在"File"菜单下，"New File"命令可以创建一个 Python 文件，如图 1.5 所示。在该文件中可以编写 Python 源代码，编写完之后按"Ctrl+S"组合键保存，通常该文件以".py"为扩展名。

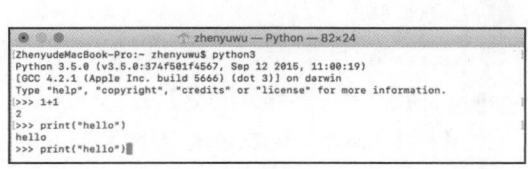

图 1.3　运行 Python

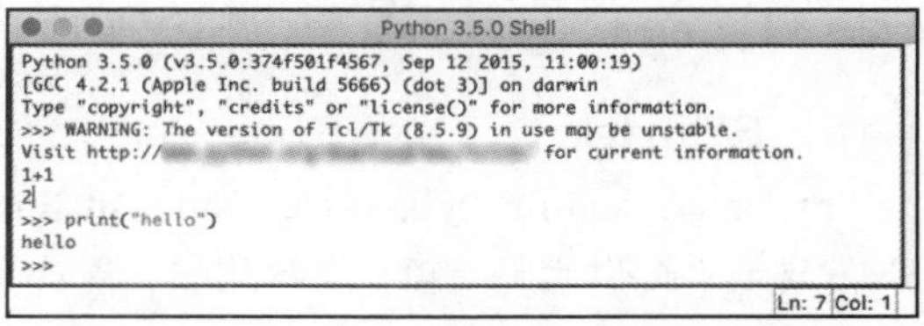

图 1.4　IDLE 环境

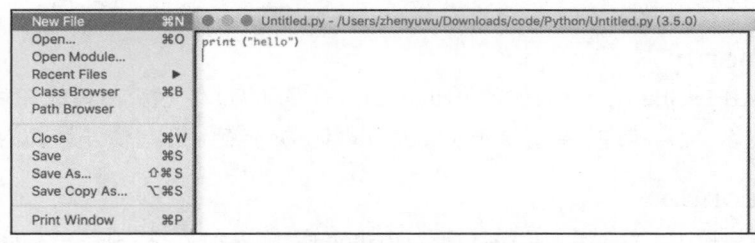

图 1.5　IDLE 创建一个 Python 文件

　　编辑完成源文件后，在"Run"菜单中选择"Run"或者按"F5"键即可运行编辑完成的源文件。并且，Python 会弹出一个新的窗口来显示运行的结果，如图 1.6 所示。

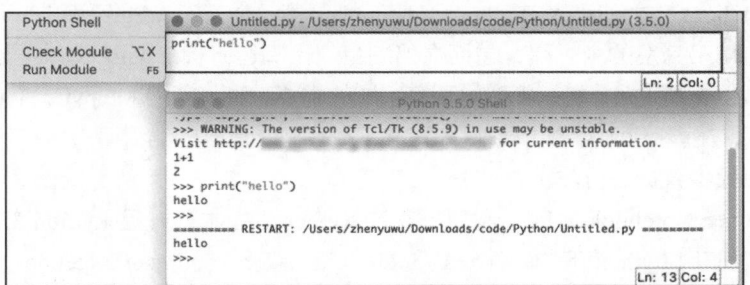

图 1.6　IDLE 运行 Python 程序

　　也可以通过其他方式运行已经编辑好的 Python 源文件。例如，在 Mac OS、UNIX、Linux 操作系统下，可以通过命令行找到需要运行的源文件，再输入命令运行。命令的一般形式为"python3 文件名"，如图 1.7 所示。在 Windows 操作系统下，命令的一般行式为"python 文件名"。

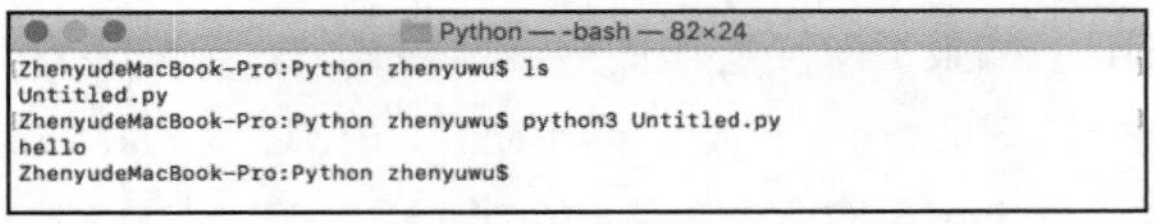

**图 1.7　终端命令运行 Python 程序**

IDLE 是常用的 Python 开发工具。它主要有以下两个特性：①语法高亮显示，用彩色标识出 Python 中的关键字；②语法提示，针对常用的函数，在使用的时候给出语法提示，方便函数的使用。

## 1.2.2　功能强大的集成开发环境

Python 的集成开发环境是指包含了源代码编辑、运行、调试、项目管理等功能的软件。用户可以通过该软件完成软件开发过程中的大部分工作。常用的 Python 集成开发环境包括 Spyder、PyCharm、Anaconda 等。在它们的官网上都可以下载到对应的软件。

### 1. Spyder

Spyder（Scientific Python Development Environment）是一个功能强大的交互式 Python 集成开发环境，提供代码编辑、交互测试、调试等功能，支持 Mac OS、Windows、UNIX、Linux 等操作系统。Spyder 集成了很多科学计算和数值分析相关的模块，因此，它在数据分析与数据挖掘方面具有优势。

### 2. PyCharm

PyCharm 是由 JetBrains 公司开发的 Python 集成开发环境。它也具有集成开发环境常用的功能，如语法高亮、项目管理、智能提示、代码自动完成、代码调试、单元测试、版本控制等。

### 3. Anaconda

Python 使用过程中，经常会碰到包管理、Python 版本等问题，特别是在 Windows 操作系统中，很多包都无法正常安装。Anaconda 可以便捷地实现 Python 包管理和开发环境管理。

## 1.2.3　交互式开发环境

Jupyter Notebook（之前称为 IPython Notebook）是一个基于 Web 页面的、用于交互计算的应用软件，可用于开发的全过程，包括文档编写、代码运行和结果展示。它支持运行 40 多种编程语言，已经成为数据分析、机器学习等领域的重要工具。通常，Jupyter Notebook 以 Web 页面的形式打开，在该页面中，可以直接编写并运行代码，运行的结果可直接在代码块下显示。另外，可以在页面中直接进行注释，并编写文档。

在安装 Jupyter Notebook 之前，需要先安装 Python，版本最好是 Python 3.3 以后，或者 Python 2.7。可以使用 Python 下的软件安装工具"pip"来安装 Jupyter Notebook。在 Mac OS、Linux 操作系统中，安装命令如下：

```
pip3 install jupyter
```

在 Windows 操作系统中，安装命令如下：

```
pip install jupyter
```

在终端下，输入以下命令启动 Jupyter Notebook：

```
jupyter notebook
```

启动 Jupyter Notebook 之后会在系统默认浏览器上打开一个新的窗口（地址为 http://local██████88/tree），如图 1.8 所示。

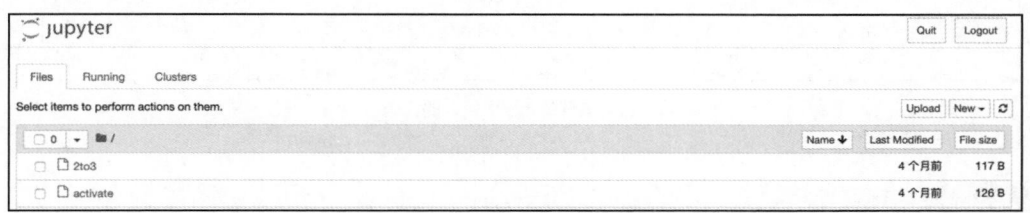

图1.8 启动 Jupyter Notebook

上述地址中，"localhost"表示本机，"8888"表示默认的端口号。如果希望启动的时候指定其他端口号，可以输入以下命令（"<port_number>"指以数字形式表示的端口号）：

```
jupyter notebook --port <port_number>
```

在主页的右上角，单击"New"新建一个笔记本。此时弹出一个列表框，可以看到里面包含了笔记本的类型，这里针对 Python 主要有"Python 2"和"Python 3"两种类型。选择"Python 3"新建一个 Python 3 环境下的笔记本。效果如图 1.9 所示。

新建的笔记本主要由 3 部分组成：菜单栏、工具栏和单元格，如图 1.10 所示。菜单栏是最上面一行，主要包括"文件（File）""编辑（Edit）""视图（View）""插入（Insert）""单元格（Cell）""内核（Kernel）""配件（Widgets）"和"帮助（Help）"等。工具栏是菜单栏下面一行，其各图标依次表示"保存""添加单元格""删除单元格""复制""粘贴""上移单元格""下移单元格""运行""停止""重启内核""重启内核并运

图1.9 新建一个笔记本

行代码"。工具栏中所有的功能都可以在菜单栏中找到。单元格是笔记本的主要区域，每个笔记本可以由多个具有不同功能的单元格组成。单元格以"[]"开头，可以在其中输入代码并执行。

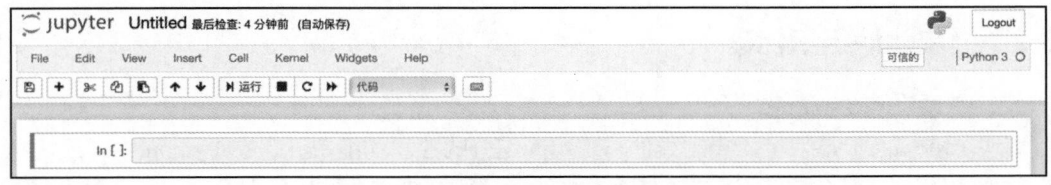

图1.10 新建的 Python 3 笔记本

例如，在单元格 1 中输入"1+1"后，单击工具栏中的"运行"（或按"Shift+Enter"组合键），会在单元格下方输出结果并跳到下一个单元格。具有返回值的单元格，其结果前面会有"Out[]"标识；没有返回值的结果，就没有"Out[]"标识。如果需要修改单元格中的内容，直接进行修改，再重新运行即可。例如，把图 1.11 所示的"1+1"修改为"2+2"，重新运行，结果将会输出 4。

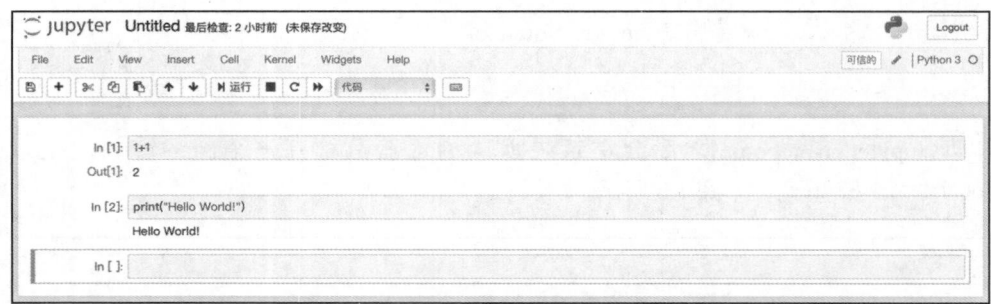

图 1.11　运行单元格中输入的代码

## 1.3　Python 中简单的程序结构

为了能够顺利学习后面的知识，这里先对 Python 中的基本概念做一个简单的介绍，主要包括源文件的创建、模块和包的基本概念与使用、Python 程序的输入/输出、Python 解释器。学习这些基本概念后，读者能够理解 Python 中的程序结构，并且可以快速编写一个简单的 Python 程序。

### 1.3.1　文件是代码的基本组成单元

编写 Python 代码之后，保存的源文件需要以".py"为扩展名。另外，Python 并不是完全解释型的编程语言，它也有编译的过程，可以把一个源文件编译并生成以".pyc"或者".pyo"为扩展名的文件。这个过程可以大大提高模块的加载速度。

通常，一个 Python 源文件对应一个模块，当这个模块被引入的时候，源文件将被自动编译并生成以".pyc"为扩展名的文件，并加载。".pyo"文件与".pyc"文件类似，可以通过以下命令编译生成，假设需要编译的文件是"file.py"：

```
python -O -m py_compile file.py
```

以".pyd"为扩展名的文件的含义是：该文件不是通过 Python 程序生成的，而是用其他语言编写生成的二进制文件，可以被 Python 程序调用，以实现接口插件或者动态链接库。

### 1.3.2　模块化地组织代码

#### 1．模块和包的概念

模块（Module）是为了代码的维护与复用而划分的独立功能单元。在 Python 中，模块是一个包含 Python 变量定义、语句或函数的文件，一般这个文件的扩展名为".py"。模块之间可以相互导入（import），这样就可以在代码中访问其他模块的内容。访问全局变量"__name__"的值可以获得模块的名字，如果模块是被导入的，则"__name__"的值是模块的名字；如果模块独立运行，则"__name__"的值会被自动设置为"__main__"。

包（Package）是在模块之上的更高一层的抽象，是一个有层次的目录结构。一个包可以包含子包和若干个模块，另外，它里面有一个特殊的文件"__init__.py"，其主要用于控制包需要导入的模块等。如果没有特殊需求，该文件的内容可以为空。

### 2. 用 import 导入模块

在 Python 中,使用"import"关键字导入模块,且通常在源文件的开头导入,语法格式如下:

```
import module1[, module2 [, …, moduleN]]
```

导入模块之后,即可使用其中的函数、类、变量等内容。以使用函数为例,用法如下所示:

```
模块名.函数名
```

### 3. 包管理

在 Python 中,"pip"是管理包的工具。"pip"主要提供了对包的查找、下载、安装和卸载等功能,它通常是 Python 自带的工具。如果当前系统中没有"pip"工具,则可以通过以下命令安装"pip":

```
easy_install pip
```

"pip"最常用的功能之一就是安装 Python 包,安装包使用的语法格式如下所示。注意:在 Mac OS、UNIX、Linux 操作系统中,须将"pip"替换为"pip3"。

```
pip install 包名
```

如果需要安装某一个版本的包,则可以使用以下命令:

```
pip install 包名==版本号
```

如果需要升级一个包,则可以使用以下命令:

```
pip install -upgrade 包名
```

如果需要卸载一个包,则可以先使用以下命令列出已经安装的包,并进行卸载确认:

```
pip list
```

然后,使用以下命令在系统中卸载该包:

```
pip uninstall 包名
```

有些时候"pip"的版本过低会导致有些包无法正常安装,这时就需要升级"pip",具体的命令格式为:

```
pip install -U pip
```

默认的情况下,"pip"工具会在 Python 包的官方源上搜索、下载对应的包。可以设置镜像网站以修改包源,提升下载速度。针对 Mac OS、UNIX、Linux 操作系统,需要修改"pip.conf"文件(通常位于"~/.pip/pip.conf"),如果没有这个文件,则需要创建一个,然后添加以下内容:

```
[global]
  index-url = URL
```

这里的 URL 是新的包源地址。在 Windows 操作系统中,需要在"Users"目录下创建一个名为"pip.ini"的配置文件，如针对用户"XXX"，新建文件的形式为"C：\Users\XXX\pip.ini"。

### 1.3.3 代码缩进区分逻辑关系

#### 1. 代码缩进

一般的编程语言都使用"{}"来表示代码块。与其他编程语言不同，Python 语言依靠代码块的缩进来体现代码之间的逻辑关系，也就是说，缩进结束即表示一个代码块结束。通常，缩进可以是空格，也可以是"Tab"，只要保持一致即可。一般使用 4 个空格或者"Tab"来提升代码的可读性。图 1.12 所示的"for"循环体内通过 4 个空格缩进来表示一个循环体。

#### 2. 注释

Python 中的注释包括单行注释和多行注释，单行注释以"#"开头，多行注释通过一对"'''"或者一对"\"\"\""实现，具体的使用方法如图 1.13 所示。

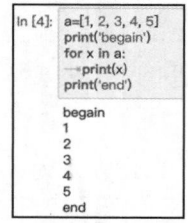

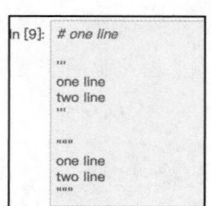

图 1.12　Python 中的代码缩进　　　　　　图 1.13　注释

#### 3. 标识符和关键字

和其他编程语言一样，Python 编程需要自定义符号和名称，亦称为标识符，如变量名、类名、函数名等。标识符的命名规则如下：

- 由字母、下划线和数字组成，不能以数字开头；
- 区分字母大小写。

另外，在 Python 中预留的关键字也不能用作标识符名称。由于不同的 Python 版本对关键字的规定不一样，因此可以通过"keyword"模块查询当前版本所有的关键字，如图 1.14 所示。

当前版本 Python 中支持的关键字结果为['and', 'as', 'assert', 'break', 'class', 'continue', 'def ', 'del', 'elif ', 'else', 'except', 'exec', 'finally', 'for', 'from', 'global', 'if ', 'import', 'in', 'is', 'lambda', 'not', 'or', 'pass', 'print', 'raise', 'return', 'try', 'while', 'with', 'yield']。

#### 4. 多行语句

如果语句很长，则需要使用反斜杠"\"实现多行语句，如图 1.15 所示。但是在"[]""{}""()"中的多行语句不需要使用反斜杠。

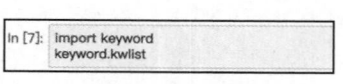

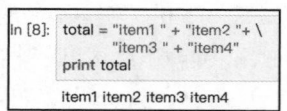

图 1.14　查询关键字　　　　　　图 1.15　多行语句

### 1.3.4 输入和输出提升程序交互性

在程序设计中，除了算法外，输入和输出也很重要。为了更好地学习后续的 Python 知识，这里简单介绍 Python 中程序的输入和输出方法，主要包括 3 个函数："print()""input()"
"raw_input()"。

"print()"函数是最常用的一个函数，用于输出，默认情况向屏幕输出。它的语法格式为：

```
print(objects, sep=' ', end='\n', file=sys.stdout)
```

其中，参数"objects"表示可以一次输出多个对象，此时需要用","分隔。参数"sep"
用于间隔多个对象，默认值是一个空格。参数"end"用于设定以什么结尾，默认值是换行符
"\n"。参数"file"表示要写入的文件对象。图 1.16 所示为使用"print()"函数分别输出一个表
达式"1+1"的值 2 和一个字符串"1+1"。

"input()"函数用于接收一个标准输入数据，并且以字符串类型返回，它的语法格式为：

```
input([prompt])
```

这里，参数"prompt"表示提示信息。

图 1.17 所示的"hello"是提示符，用户输入一个数字 4，程序接收之后再输出。

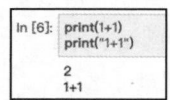

图 1.16　print 函数

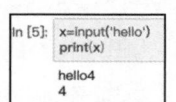

图 1.17　input 函数

另外一个与"input()"函数类似的输入函数是"raw_input()"。它们的不同之处在于：
"raw_input()"可直接读取控制台输入的任何类型的数据；而"input()"则希望能够读取一个合
法的 Python 表达式。例如，输入字符串的时候必须使用引号将其括起来，否则会引发语法错
误。除非对"input()"有特别需要，否则一般情况下推荐使用"raw_input()"。

### 1.3.5　常见的 Python 解释器

在 Python 中，程序是由解释器对代码进行解释并执行来实现的。常见的解释器主要包括
以下几种。

#### 1. Cpython

Cpython 是用 C 语言开发的 Python 官方版本解释器，也是当前使用最为广泛的 Python 解
释器。

#### 2. Ipython

Ipython 是基于 Cpython 的交互式解释器，与 Cpython 相比，Ipython 在交互方式上有所增
强，但执行 Python 代码的功能和 Cpython 是完全一样的。

#### 3. Pypy

Pypy 是使用 Python 实现的解释器，它有效地提升了 Cpython 中的一些效率问题，提高了
Python 代码的执行速度。

#### 4. Jython

Jython 是运行在 Java 平台上的 Python 解释器，可以直接把 Python 代码编译成 Java 字节

码并执行。

### 5. IronPython

IronPython 和 Jython 类似，但是其运行在微软.Net 平台上，可以直接把 Python 代码编译成.Net 字节码并执行。

## 1.4 习题

（1）解释型编程语言和编译型编程语言的主要区别包括哪几方面？针对这两类编程语言，请分别列举它们的代表性编程语言。

（2）Python 中模块和包的作用是什么？它们的区别包括哪几方面？通过哪个关键字导入模块？

（3）Pip 是 Python 中重要的包管理工具，请简述如何修改 Pip 工具中包源的镜像地址，以提升包的安装效率。

（4）Python 集成开发环境主要包括哪几种？它们分别具有什么特点？

（5）什么是程序的逻辑结构？Python 中如何区分代码的逻辑关系？

（6）在 Python 中，进行单行注释和多行注释的方法分别是什么？

（7）在 Python 中，什么情况下会用到多行语句？如何实现一个多行语句？

（8）在 Jupyter Notebook 中编程实现"读取用户输入的一个数字，进行加 1 操作后，将操作结果输出"。

# 02 chapter

# Python 数据类型

　　在 Python 语言的基本语法中，数据类型、数据存储与数据处理三者密切相关。掌握基本的语法规则是进行数据处理的基础，因此，读者在学习了简单的 Python 程序结构的基础上，需要进一步了解基本的语法规则，主要包括表达式、逻辑控制、函数等，进而设计复杂的 Python 程序以处理和挖掘数据。本章最后通过一个传感器数据分析案例，介绍使用 Python 进行数据分析的主要流程。

## 2.1　数据类型是数据表示的基础

在计算机编程中，程序处理的数据可能是数值、文本、图像、音频、视频等形式，针对不同的数据，需要使用不同的数据类型。

Python 是一种强数据类型的动态语言。强数据类型是指变量的类型在程序运行期间是可以确定的。相反，弱数据类型是指变量的类型在程序运行期间不确定，可以是多种类型。动态语言是指在程序运行期间才确定数据类型的语言。与之对应的是静态语言，它在编译期间确定数据类型。因此，静态语言大多需要在变量之前声明数据类型。

### 2.1.1　Python 中一切皆对象

在 Python 程序中，值都是由对象或者对象之间的关系来表示的。对象是对所有数据的抽象。

通常，每个 Python 对象包括 3 个部分：身份（identity，ID）、类型（type）、值（value）。ID 是每个对象都具有的唯一标识，它可以被理解为对象在内存中的地址。它在对象创建后不再发生改变。通过内置函数"id()"可以获得对象的 ID 值。例如，图 2.1 所示的对象"a"的 ID 值是"140311393237928"。

对象的类型决定了其保存值的类型、可以进行的操作等。可以通过内置函数"type()"查看一个对象的类型。例如，图 2.2 所示的对象"a"的类型是"<type 'int'>"，它也是一个对象。

```
>>> a = 5
>>> print id(a)
140311393237928
```

图 2.1　对象的 ID 值

```
>>> a = 5
>>> print(type(a))
<type 'int'>
```

图 2.2　对象的类型

对象的值是指其表示的具体的数据内容。

通常，一个对象还包括属性和方法，可以通过"."标记符进行访问。属性描述了与对象相关的特征值；方法是对象提供的具有一定功能的函数。一个对象创建之后，其 ID 和类型不再发生变化。如果对象的值可以变化，则称其为可变对象；否则，称其为不可变对象。

### 2.1.2　数字类型

数字有 3 种类型：整型数、浮点数和复数。

整型数包括二进制、八进制、十进制和十六进制。其中，二进制整数需要以"0b"开头，并且由数字"0"和"1"组成，如"0b010""0b110"等。八进制整数需要以"0o"开头，并且由数字"0、1、2、3、4、5、6、7"组成，如"0o23""0o67"等。十六进制整数需要以"0x"开头，并且由 16 个字符"0、1、2、3、4、5、6、7、8、9、a、b、c、d、e、f"组成，如"0x9f""0xabc"等。

浮点数又称为小数，以"."分割实数部分和小数部分，如"18.2""0.28""−11.23""1.2e5"等。当参与运算的数中有一个为浮点数时，则会将参与运算的非浮点数隐式转换为浮点数，最终的运算结果也是浮点数。例如，两个整数 8 和 5 相除，得到的值为 1；而如果其中的 5 变成了浮点数 5.0，则相除得到的值变成了 1.6，如图 2.3 所示。

复数是指由实部和虚部构成的数，如 "1+2j" "5j" 等。可以通过 "real" 和 "imag" 属性分别提取一个复数中的实部和虚部，如图 2.4 所示。

```
>>> print 8/5
1
>>> print 8/5.0
1.6
```

**图 2.3 浮点数的隐式转换**

```
>>> a = 1+2j
>>> print(a.real)
1.0
>>> print(a.imag)
2.0
```

**图 2.4 提取复数中的实部和虚部**

## 2.1.3 布尔类型

在计算机编程语言中，表示两种相反的情况时，通常用布尔类型。和在 C 语言中使用 "1" "0" 表示两种相反结果不同，Python 中可以定义布尔类型的变量，它只有两种可能值："True" 和 "False"，如图 2.5 所示。

```
>>> a = True
>>> print(a)
>>> True
>>> a = 10 > 20
>>> print(a)
>>> False
```

**图 2.5 布尔类型变量的取值**

## 2.1.4 字符串类型

字符串是 Python 中最常用的数据类型之一。特别是在数据处理中，字符串类型的使用频率非常高。字符串 "hello" 的存储情况如图 2.6 所示。

字符串的下标有两种表示形式。第一种，从左往右，第一个字符的下标是 0，依此类推；第二种，从右往左，第一个字符的下标是−1，依此类推。

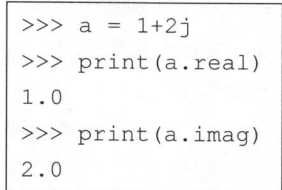

**图 2.6 字符串及其下标**

字符串是有序字符的集合，它包括一种特殊的字符——转义字符。如果需要在字符串中表示特殊的字符，则需要使用反斜杠（\）转义字符，如回车、换行等无法直接通过键盘输入。常用转义字符如表 2.1 所示。

**表 2.1 常用转义字符**

| 转义字符 | 含义 |
| --- | --- |
| \（行尾） | 续行符 |
| \\ | 反斜杠 |
| \' | 单引号 |
| \" | 双引号 |
| \r | 回车 |
| \n | 换行 |

在 Python 中，有 3 种表示字符串的方法，分别是单引号"'"、双引号"""和三引号""""。前两种方法常用于表示字符串；第三种情形中的字符串可以换行，常用于表示长字符串，如代码中的注释。

通常，用单引号和双引号表示字符串是没有区别的。之所以有两种方法，是为了提升 Python 的易用性。图 2.7 所示为使用单引号表示字符串'This's Python! '，此时会导致语法错误，因此，需要使用转义字符表示单引号。

然而，使用转义字符会导致字符串看起来比较乱，并且不美观，针对这一问题可以不用转义字符，而使用双引号来表示该字符串，以避免语法问题。图 2.8 所示即为了能够让字符串中的单引号正常显示，使用双引号来表示字符串；同理，为了能够让字符串中的双引号正常显示，使用单引号来表示字符串。

```
>>> print("This's Python! ")
>>> This's Python!
>>> print('This is "Python"!')
>>> This is "Python"!
```

```
>>> print('This\'s Python!')
>>> This's Python!
```

图 2.7    字符串中使用转义字符表示单引号    图 2.8    字符串中双引号和单引号的使用

把"\"放到行尾可以起到续行的作用（后面不能有空格）。例如，一个字符串可以写在多行，如图 2.9 所示最终可以得到完整的在一行的字符串"This is Python!"。

如果希望得到的输出就是换行格式的，而不是一行，则除了可以通过转义字符输出一个回车或换行，也可以通过三引号的形式做到这一点，如图 2.10 所示。

```
>>> print("This is \n Python!")
>>> This is
Python!
>>> print("'This is \
Python!'")
>>> This is
Python!
```

```
>>> print("This is \
Python!")
>>> This is Python!
```

图 2.9    续行符的使用    图 2.10    三引号的使用

## 2.1.5  自定义数据类型

虽然 Python 提供了大量的预定义数据类型，但是在解决很多实际问题的时候，它们很难完全满足需求。例如，在社交网络数据分析中构建用户画像的时候，数据模型包括用户名、年龄、性别、职业等。因此，针对包含多条信息的数据模型，无法用预定义的数据类型来表示。在 Python 中，可以通过定义一个类（Class）来解决上述问题。

Python 是一门支持面向对象的编程语言。在面向对象编程中，类用于描述具有相同属性和方法的对象的集合；方法是类中定义的具有特定功能的函数；类变量定义在类中但是在方法的函数体之外，用于描述类的属性；对象是类定义的数据结构的实例；实例化是指创建一个类的实例，即类的对象。而继承是面向对象编程的重要特征之一，指一个派生类（Derived Class）继承基类的属性和方法。例如，一个 Dog 类可以继承 Animal 类的属性和方法。图 2.11 所示定义了一个类"UserProfile"，在该类中，包括 3 个类变量，分别是"username""age""sex"；包括 3 个方法，分别是"__init__()""getName()""getAge()"。其中"__init__()"称为构造函数（Constructor），在类实例化的时候会被调用，因此常用做初始化操作。类"Student"继承了类"UserProfile"，即继承了类"UserProfile"的属性和方法，但是这里有一个相同名字的方法"getAge()"，它在类"UserProfile"中实现了新的功能，这种用法叫作重写（Override）。

```
1    class UserProfile:
2        def __init__(self, username, age, sex):
3            self.username = username
4            self.age = age
5            self.sex = sex
6        def getName(self):
7            print(self.username)
8        def getAge(self):
9            print(self.age)
10   class Student(UserProfile):
11       def getAge(self):
12           print("in Student ")
13           print(self.age)
14   user = UserProfile("fire", 20, "male")
15   user.getName()
16   s = Student("Wang Ming", 21, "male")
17   s.getName()
18   s.getAge()
19   s.username = "Wang Li"
20   s.getName()
```

图 2.11　类和继承

定义了两个类之后，需要实例化来创建对象。第 14、16 行分别创建了两个类的对象。第 15、17、18 行分别调用了对象的方法。

另外，如果需要判断一个对象是否为某一个类的实例，可以通过"isinstance()"函数来实现。例如，"isinstance(s, Student)"可判断对象"s"是不是"Student"类型，如果返回"True"，则表示"是"；如果返回"False"，则表示"不是"。

## 2.1.6　变量

Python 中变量的概念和 C、C++等其他编程语言的不同。严格来说，Python 中的变量应该称为"名字（Name）"。图 2.12 所示的第 1 行输出"a+10"的值，但是"a"在使用之前并没有被定义，因此会出现错误，由错误提示可以发现，这是一个名字错误（NameError）。并且提示的内容是名字"a"没有被定义，而不是变量"a"。

```
>>> print(a + 10)
NameError
Traceback (most recent call last)
<ipython-input-1-006c57d826af> in <module>
----> 1 print(a + 10)
NameError: name 'a' is not defined
```

图 2.12　Python 中的名字

因此，Python 中的变量在被使用之前需要先被定义。定义的形式与编程语言中的变量定义基本相同。图 2.13 所示定义了一个变量 "a" 且赋值为 1。

然而，变量赋值的原理并不一样。我们已经知道在 Python 中一切都是对象，包括内置的数据类型和自定义数据类型。在图 2.13 中，"a"

```
>>> a = 1
```

**图 2.13　Python 定义变量并赋值**

是一个名字，而 "1" 是一个对象。"a = 1" 主要有以下 3 个流程：①创建一个名字 "a"；②创建一个对象 "1"；③将名字 "a" 关联到对象 "1"。随后就可以通过名字 "a" 来表示 "1" 这个对象了。

综上，所有的名字在创建的时候都需要关联到一个对象，当然，这个名字可以在创建之后指向任何一个对象。因此，为了更好地说明问题，在本书中仍然使用 "变量" 这种叫法。

变量命名的时候需要遵循以下规则：①第一个字符必须是字母或下划线；②第一个字符后面的内容可以由字母、下划线或数字组成；③区分字母大小写。

通过 "=" 可以对变量赋值，"=" 左边是变量的名字，"=" 右边是具体存储的值，变量的名字可以关联任意类型的对象。图 2.14 所示的变量 "a" 其实就是一个名字，它可以关联整型对象（如 "5"）、布尔型对象（如 "False"）、字符串型对象（如 "Hello"）。这也使同一个变量具有不同类型的值成为可能。

当然，也可以将多个变量关联到同一个对象。例如，图 2.15 所示的第 1 行中，变量 "a" 关联到对象 "5"；第 2 行中，变量 "b" 和 "a" 同时关联到对象 "5"。如果输出两个变量的 ID 值，可以发现它们输出的是同一个值。

```
>>> a = 5
>>> a = False
>>> a = 'Hello'
```

**图 2.14　Python 变量的赋值**

```
>>> a = 5
>>> b = a
>>> print(id(a))
>>> print(id(b))
```

**图 2.15　Python 中多个变量关联到同一对象**

Python 支持更加灵活的赋值方式。可以将多个变量同时关联到同一个对象 "5"，如图 2.16 所示。另外，可以通过逗号运算符，同时将不同的变量分别关联到不同的对象。

通过 "del" 可以删除变量与对象之间的关联。例如，图 2.17 所示的 "a" 和 "b" 关联到相同的对象 "5"，删除变量 "b" 的关联之后，再输出 "b" 关联的对象的值，将会报错。

```
>>> a = b = c = 5
>>> print(a, b, c)
5 5 5
>>> a, b, c = 5, False, 'Hello'
>>> print(a, b, c)
5 False Hello
```

**图 2.16　Python 多变量赋值**

```
>>> a = 5
>>> b = a
>>> print(a, b)
5 5
>>> del b
>>> print(a, b)
NameError: name 'b' is not defined
```

**图 2.17　删除变量与对象的关联**

## 2.2　语句组成逻辑结构

通常，Python 代码由语句组成，语句由表达式或其他关键字组成，表达式由运算符和运算对象组成。

## 2.2.1 运算符和表达式

运算符可以作用于运算对象。这里的运算对象可以是常量，也可以是变量。根据不同的应用场景，可以将运算符分类，如表 2.2 所示。

表 2.2　常用运算符

| 运算符 | 含义 | 例子 |
|---|---|---|
| +、−、*、/、%、// | 算数运算符，分别表示：加、减、乘、除、取余、整除 | 1+2 的结果是 3<br>1−2 的结果是−1<br>1*2 的结果是 2<br>1/2 的结果是 0.5<br>1%2 的结果是 1<br>1//2 的结果是 0 |
| =、+=、−=、*=、/=、%=、//= | 赋值运算符，分别表示：直接赋值、加法赋值、减法赋值、乘法赋值、除法赋值、取余赋值、整除赋值 | a = 2 连续运算如下所示<br>a += 2 之后 a 的值是 4<br>a −= 2 之后 a 的值是 2<br>a*= 2 之后 a 的值是 4<br>a /= 2 之后 a 的值是 2<br>a %= 2 之后 a 的值是 0<br>a //= 2 之后 a 的值是 0 |
| <、<=、>、>=、==、!=（<>是 Python 2 中不等号的另一写法） | 比较运算符，分别表示：小于、小于等于、大于、大于等于、等于、不等于，返回布尔值（True、False） | 1 < 2 返回 True<br>1 <= 2 返回 True<br>1 > 2 返回 False<br>1 >= 2 返回 False<br>1 == 2 返回 False<br>1 != 2 返回 True |
| and、or、not | 逻辑运算符，分别表示：逻辑与、或、非运算 | a = True, b = False<br>not a 返回 False<br>a and b 返回 False<br>a or b 返回 True |

算术运算符的用法相对比较灵活，例如，图 2.18 所示的 "*" 运算符可以作用到字符串上，输出两次字符串。

逻辑运算符常用于条件判断中。其中，"and""or" 和其他计算机编程语言中的 "与""或" 的用法类似。通过 "and" 连接的所有条件判断中，所有条件为 "True" 的时候返回 "True"；如果一个条件为 "False"，则整个表达式的值返回 "False"，后续的条件不再继续判断。同理，通过 "or" 连接的条件判断中，所有的条件都为 "False" 时，整个表达式的值返回 "False"；如果有一个条件为 "True"，则整个表达式的值返回 "True"，后续的条件不再

```
>>> a = 'Hello'
>>> print(a*2)
HelloHello
```

图 2.18　连续输出两个字符串

继续判断。

多种运算符同时使用的时候，涉及运算符的优先级问题。在上述常用运算符中，优先级依次为逻辑运算符>比较运算符>算数运算符。可以通过括号"()"来改变运算符的优先级，如图 2.19 所示。

表达式由运算符按照一定的规则，将常量、变量、函数等数据类型连接起来。通常，一个表达式是可以被求值的。

算数表达式相对比较简单，只需要用算数运算符连接数值对象即可。如"3+4""5/3"等。在 Python 编程中，经常会用到逻辑组合表达式，应该注意它和其他编程语言在写法上的不同。例如，如果要表示温度 $T$ 在 0～10℃或者 90～100℃范围内，则应该使用以下表达式：$0 <= T <= 10$ or $90 <= T <= 100$。

```
>>> a = 5 - 3 > 1
>>> print(a)
True
>>> a = 5 - (3 > 1)
>>> print(a)
4
```

图 2.19　改变运算符的优先级

### 2.2.2　语句

语句是实现一个逻辑功能的基本单元，一组语句的集合构成了语句块。在 Python 中，使用缩进来表示语句块的开始和结束。也就是说，同一层次的逻辑功能具有同样的缩进量，增加缩进表示一个语句块的开始，减少缩进表示一个语句块的退出。

最为常见的语句是赋值语句。可以通过赋值语句定义变量并且为其赋一个初值。由于在 Python 中定义变量的方式比较灵活，因此在赋初值的时候，可以给它指定任何定义好的类型，也可以不指定，如图 2.20 所示。

Python 中有一种特殊的语句——"pass"语句，它表示一个空语句，不做任何事情，通常是为了保持代码结构的完整性而用来占位的。

当 Python 解释器检测到一个错误时，就会终止当前程序的执行。此时，可以认为程序出错而导致了异常行为的产生。Python 提供了处理异常的语句，用到的关键字为"try""except"和"else"。例如，图 2.21 所示的"1/0"将会产生一个除 0 异常，把待处理的语句放在"try"语句块中，如果发生了相应的异常，则执行捕获到的异常后面的语句。这里需要注意以下两点：首先，"except"后面可以加一个具体的异常类型，例如，"ZeroDivisionError"表示除 0 异常，"SyntaxError"表示语法错误，"IOError"表示输入/输出错误等；其次，类似第 4 行的"except"可以重复出现，也就是说，可以分别处理不同的异常。在这个例子中，默认了具体的异常类型，捕获所有的异常。因此，最终的输出为"(<class 'ZeroDivisionError'>, ZeroDivisionError('division by zero',), <traceback object at 0x111a14948>)"。这是第 5 行输出的结果。返回的 3 项分别表示"异常的类型""异常的信息"和"调用栈信息"，用于帮助进行程序调试。

```
>>> a = 1
>>> a = 'Hello'
>>> a = True
```

图 2.20　赋初值不需要指定变量类型

```
1    import sys
2    try:
3        a = 1/0
4    except:
5        print(sys.exc_info())
6    else:
7        print('no exception!')
```

图 2.21　异常捕获语句

如果无论异常发生与否都需要执行一些语句，例如，在发生了异常的情况下，仍然需要把文件关闭，则此时需要用到"finally"关键字。如果需要抛出一个异常，则需要用到"raise"语句。图 2.22 所示的第 1～5 行自定义了一个异常类。在第 7 行中抛出异常。因此，输出为"TestException！"和"finish！"。

```
1    class TestException(Exception):
2        '''定义的异常类。'''
3        def __init__(self, length):
4            Exception.__init__(self)
5            self.length = length
6    try:
7        raise TestException(1)
8    except EOFError:
9        print("EOFErro!")
10   except TestException:
11       print("TestException!")
12   finally:
13       print("finish!")
```

图 2.22　抛出异常

## 2.3　控制程序的执行

为了实现一个指定的功能，需要合理地组织代码段，以使整个程序按照一定的逻辑结构来执行。这些代码段中的逻辑结构关系通常包括顺序结构、分支结构和循环结构。

### 2.3.1　顺序结构

由于 Python 是一种解释型的编程语言，因此，总体上看，代码是依次解释执行的。顺序结构是指代码从开始到结束，按照逻辑功能顺序依次执行。这也是最基本的结构。顺序结构也可以看成是 Python 语句的顺序组合。

### 2.3.2　分支结构

在不同的情况下，需要代码完成不同的任务，因此需要进行逻辑判断。例如，当温度超过60℃时，将火关小点；当温度小于 40℃时，将火开大点。此时，需要用到分支结构。分支结构根据分支条件多少的不同，可以分为单分支、双分支和多分支。单分支指当分支条件为"True"的时候执行代码块；双分支指分支条件在"True"和"False"两种情况下，分别执行相应的代码块；多分支指将分支条件划分为更多的情况，这时需要进一步细分。单分支可以看作多分支结构的一个特例，下面介绍后面两种情况如何在 Python 中实现。

通过以下例子，我们来学习双分支结构的写法。输入两个整数，判断两个整数是否为负数，如果为负数，那么输出错误信息并且退出程序，否则，交换两个整数。图 2.23 所示为实现双分支结构，利用了"if""else"关键字。第 2～3 行读入整型数字，分别赋值给变量"a"和"b"。

第 4 行和第 7 行是双分支结构的写法，注意语句的结尾有 ":"。"if" 后面是条件表达式，如果为 "True"，则执行 "if" 语句块；否则，执行 "else" 语句块。

```
1    import sys
2    a = int(input('input number 1:'))
3    b = int(input('input number 2:'))
4    if a < 0 or b < 0:
5        printf('Positive number needed!')
6        sys.exit(0)
7    else:
8        a, b = b, a
9    print('Exchanged: ', a, b)
```

图 2.23　双分支结构

通过下面的例子，我们来学习多分支结构的写法。在多分支结构里，多了一个关键字 "elif"，表示另外一种情况。例如，要求输入一个学生的成绩，成绩在 90 分以上输出 "优秀"，80 分到 90 分输出 "良好"，70 分到 80 分输出 "中等"，60 分到 70 分输出 "及格"，60 分以下输出 "不及格"。显然，这里有多于两种分支的情况，需要用到多分支结构。代码如图 2.24 所示，这里只需要注意第 4、6、8、10 行中 "elif" 的使用即可。

```
1    score = int(input(' Input Score: '))
2    if score > 100 or score < 0:
3        print("无效成绩!")
4    elif score > 90:
5        print("优秀")
6    elif score > 80:
7        print("良好")
8    elif score > 70:
9        print("中等")
10   elif score > 60:
11       print("及格")
12   else:
13       print("不及格")
```

图 2.24　多分支结构

当然，在一个分支结构里面可以再使用另外一个分支结构，这种用法称为 "分支嵌套"。它在用法上和上述分支结构类似，只是需要注意在 Python 中通过缩进来表示代码的逻辑关系，在嵌套的分支结构中也需要进行相应的代码缩进。

### 2.3.3　循环结构

循环结构是编程语言中常见的结构之一，通常用于需要代码重复执行以完成相同任务的情况。这里主要介绍 Python 中的两种基本的循环结构："while" 循环和 "for" 循环。

在 "while" 循环中，需要使用 "while" "else" 关键字，如图 2.25 所示。"while" 后面的表达式决定了循环结束的条件。在有些情况下，需要无限循环，这时候，表达式的位置可以直接写一个逻辑真值——"True"，即"while True"。"while"语句的后面有一个":"。"while"循环还有一个"else"分支，表示循环正常迭代执行之后需要执行的功能，通常用于循环的后续处理。当然，这个"else"分支不是必需的。

假设有一个猜数字的游戏。用户输入一个数字，如果输入的数字与待猜测的真实数字不一样，则提示用户数字太大或者太小，让用户继续输入猜测。如果猜对了或者达到了预定的猜测次数，则终止猜测。代码如图 2.26 所示。假设最多尝试次数为两次。如果这两次都没有猜对，则"while"循环正常结束，这时候会执行"else"下的代码块。测试结果如下："输入一个数字: 1 输入数字太小! 输入一个数字: 50 输入数字太大! 达到尝试上限!"。如果在循环执行的过程中终止了循环，如第 1 次就猜对了，那么就不会执行"else"代码块。测试结果如下："输入一个数字: 21 猜对了"。这是因为在循环中终止了循环。类似地，如果使用"return"返回，或者有异常产生等导致循环非正常结束，则都不会执行"else"代码块中的内容。

```
while 表达式:
        循环体
else:
        else 语句块
```

图 2.25 "while"循环格式

```
1       i = 0
2       guess = 21
3       while i < 2:
4           iNum = int(input("输入一个数字: "))
5           if iNum > guess:
6               print("输入数字太大!")
7           elif iNum < guess:
8               print("输入数字太小!")
9           else:
10              print("猜对了")
11              break
12          i += 1
13      else:
14          print("达到尝试上限!")
```

图 2.26 "while"循环猜测数字

由上面这个例子可以看出，如果需要终止循环，就使用"break"关键字。如果希望终止本次循环而不是整个"while"循环，并继续执行下一次循环，就使用"continue"关键字。

Python 提供的另外一种循环结构是"for"循环。它可以接受迭代对象作为参数，每次迭代访问一个元素，因此，常用于序列数据的迭代访问。"for"循环的格式如图 2.27 所示。

下面介绍使用"for"循环实现上述猜数字的游戏，如图 2.28 所示。在"for"循环中无须使用一个循环变量来控制循环次数，但是它需要一个循环迭代器。因此，为了能够执行两次循环，结合"for"循环的语法格式，这里使用"range"函数生成一个数值序列，例如"range(2)"返回"0 1"序列，这样就可以保证循环执行两次。也可以添加"else"代码块，含义同"while"循环。

```
for 元素 in 序列:
        循环体
else:
        else 语句块
```

图 2.27 "for"循环格式

在解决一些复杂问题的时候，通常一个循环并不能满足需求。这时就需要用到多个循环。在一个循环里使用另外的循环，称为循环嵌套。"while"循环可以和"for"循环相互嵌套。在使用循环结构的时候，仍然需要注意代码的缩进以控制循环之间的逻辑关系。

```
1    guess = 21
2    for i in range(2):
3        iNum = int(input("输入一个数字："))
4        if iNum > guess:
5            print("输入数字太大!")
6        elif iNum < guess:
7            print("输入数字太小!")
8        else:
9            print("猜对了")
10            break
11    else:
12        print("达到尝试上限!")
```

图 2.28 "for"循环猜测数字

## 2.4 有效存储数据

变量只能存储单个数据，并不足以进行大规模的数据分析。因此，Python 提供了几种高级数据结构，为数据处理和分析提供极大的帮助。

在 Python 中，序列是顺序存储一系列数据的结构。图 2.29 所示的结构类似 C、C++、Java 语言中的数组，但是比数组结构更加灵活。既然是一组数据，就需要对每一个数据编号，这种编号也称为"下标"或"索引"（Index），通常用整数来表示。在序列中，元素的下标从"0"开始，对元素的访问形式为"序列名[下标]"。例如，在图 2.29 中，一个序列的名字为 S，对第一个元素的访问形式为 S[0]，第二个为 S[1]，以此类推。为了更加方便地访问尾部元素，可以从后往前依次访问序列中的元素，最后一个元素的下标是"−1"。对序列 S 最后一个元素的访问形式为 S[−1]，倒数第二个为 S[−2]，以此类推。

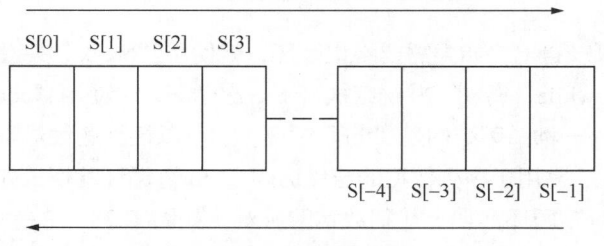

图 2.29 序列

基于序列结构，Python 提供了 4 种常用的数据结构：列表、元组、字典和集合。当然，针对更加复杂的问题，Python 也提供了堆、队列、树等数据结构。本书主要介绍常用的数据结构。

针对上述 4 种常用的数据结构的使用，主要须了解以下内容：①结构的定义，即使用方法；②对结构中元素的操作，包括元素访问、增加、删除、更新等。

## 2.4.1 列表

列表（List）是在 Python 数据处理中最常用的数据结构之一，它是 Python 内置的一种高级数据结构，可以定义为数据的有序集合。它和 C 语言中的数组有所不同，列表中的元素可以是不同类型的数据。在使用的时候，将元素通过逗号","分割，并且置于一对中括号"["　"]"中。图 2.30 所示是 Python 中列表的例子。第 1 行是具有 5 个整型数元素的列表；第 2 行是具有 3 个字符串元素的列表；第 3 行中有 3 个元素，它们的类型分别是字符串类型、整型和布尔型。列表也可以嵌套，即列表中的元素可以是另外一个列表。例如，在第 4 行中，列表的第 3 个元素是另外一个列表"[3, 4]"。

通过赋值号"="可以将一个列表赋值给一个变量。例如，在图 2.30 中，将列表赋值给变量"l"。通过变量和下标的形式可以访问列表中的元素。第一个元素的下标为"0"，最后一个元素的下标为"−1"。针对第 4 行中的列表"l"，"l[2]"和"l[−1]"都将返回一个列表"[3, 4]"。所有的下标值必须在列表的下标取值范围[0, $n$−1]内，$n$ 是元素个数。如果超出了这个范围访问列表中的元素，则会返回错误"IndexError: list index out of range"。

列表提供了快速截取一段数据元素的方法。这种方法称为"切片"，形式如下："l[s:e]"截取的数据生成一个新的列表，截取数据的开始位置"s"和结束位置"e"之间通过冒号":"分割。这里需要注意：①结束位置的元素不截取；②如果开始下标"s"为空，则表示从头开始，如果结束下标"e"为空，则表示从开始下标一直截取到列表结束。列表的切片如图 2.31 所示。

```
>>> l = [1, 2, 3, 4, 5]
>>> l = ['red', 'yellow', 'green']
>>> l = ['sky', 5, True]
>>> l = [1, 2, [3, 4]]
```

图 2.30　列表的例子

```
>>> l = [1, 2, 3, 4, 5]
>>> l[1:3]
[2, 3]
>>> l[:3]
[1, 2, 3]
>>> l[3:]
[4, 5]
```

图 2.31　列表的切片

增加列表元素主要包括以下两种情况：①增加一个列表，可以使用"+"操作符或者"extend()"方法；②增加一个元素，如果是在列表末尾增加一个元素，则可以使用"append()"方法，如果是在某一个下标指定的位置增加元素，则可以使用"insert()"方法。增加列表元素如图 2.32 所示。

```
>>> l = [1, 2, 3, 4, 5]
>>> l += [6, 7]
[1, 2, 3, 4, 5, 6, 7]
>>> l.append(8)
[1, 2, 3, 4, 5, 6, 7, 8]
>>> l.insert(0, 0) # 第一个参数表示下标 0
[0, 1, 2, 3, 4, 5, 6, 7, 8]
```

图 2.32　增加列表元素

删除列表中的元素包括以下两种情况：①删除特定下标指示位置的元素，可以通过"del"语句或者"pop(index)"方法实现，通常"pop()"方法中的"index"表示下标位置，默认情况下，删除最后一个元素；②删除特定值的元素，此时需要使用"remove()"方法。删除列表元素如图 2.33 所示。

```
>>> l = [0, 1, 2, 3, 4, 5, 6, 7, 8]
>>> del l[0]
[1, 2, 3, 4, 5, 6, 7, 8]
>>> l.pop()
[1, 2, 3, 4, 5, 6, 7]
>>> l.remove(5)  # 参数 5 表示列表中的值
[1, 2, 3, 4, 6, 7]
```

图 2.33　删除列表元素

有时候需要对列表中的元素进行统计、查找等。"count()"方法可以计算元素在列表中出现的次数；"in"运算符可以返回元素是否在列表中；"index()"方法可以返回元素在列表中的下标。如果元素不在列表中，将会返回"ValueError"错误。检索列表元素如图 2.34 所示。

```
>>> l = [0, 1, 2, 3, 4, 5, 6, 7, 8]
>>> l.count(3)
1
>>> 5 in l
True
>>> l.index(5)  # 参数 5 表示列表中的值
5
```

图 2.34　检索列表元素

Python 针对列表数据提供了一系列函数，如图 2.35 所示，大大提升了列表数据的处理效率。"len（列表名）"可以返回列表中元素的个数；"max（列表名）""min（列表名）"可以分别求得列表中的最大值和最小值；"sorted（列表名）""sorted（列表名, reverse=True）"可以分别对列表进行升序和逆序排序；"sum（列表名）"可以对整个列表进行求和。

```
>>> l = [0, 1, 2, 3, 4, 5, 6, 7, 8]
>>> len(l)
9
>>> max(l)
8
>>> sorted(l, reverse=True)
[8, 7, 6, 5, 4, 3, 2, 1, 0]
>>> sum(l)
36
```

图 2.35　列表中的常用函数

如果需要描述的对象有多个特征，则会用到多维列表，其在数据分析中经常被用到。这里以二维列表为例说明多维列表的使用。定义一个二维列表的方式为"列表名= [[第一维], [第二维]]"，对二维列表的访问需要分别指定二维元素的下标，格式为"列表名[第一维元素下标][第二维元素下标]"。图 2.36 所示的第 1 行定义了一个二维列表；第 2 行得到了第一维的长度，并依次遍历，其实第一维的每一个元素也是一个列表；第 3 行针对第一维的每一个元素所对应的列表依次遍历其中的每一个元素。这种方式可以实现对二维列表中元素的访问。最终可以输出二维列表"l"中的每一个元素。

```
1    l = [[0, 1, 2, 3], [4, 5, 6, 7]]
2    for i in range(len(l)):
3        for j in range(len(l[i])):
4            print(l[i][j])
```

图 2.36　二维列表中元素的访问

### 2.4.2　元组

和列表一样，元组（Tuple）也是一种序列，因此，它也继承了序列的特性。元组有一个重要的特点，即元素的不可变特性。任何方法都不可以修改创建好的元组中的元素值。因此，元组常用于保存常量值。

元组的定义需要将元素放在一对圆括号"("")"中。然后通过赋值号"="将元组赋值给一个变量。对元组中元素的访问与切片方式同列表类似。只是切片之后，返回的是一个新的元组。这里需要注意，如果下标值超出范围，会出现错误"IndexError: tuple index out of range"。元组的创建与使用如图 2.37 所示。

元组中的元素不能被修改，因此，元组不会像列表一样有增加元素、删除元素等操作。但是元组有对元素进行检索、统计、查找的操作，如图 2.38 所示。例如，"count()"方法可以统计元组中某一个元素出现的次数；"in"操作符可以判断一个元素是否在元组中；"index()"方法可以返回一个元素在元组中的下标位置。

```
>>> t = (0, 1, 2, 3, 4, 5, 6, 7, 8)
>>> t[1]
1
>>> t[-1]
8
>>> t[1:3]
(1, 2)
```

图 2.37　元组的创建和使用

```
>>> t = (0, 1, 2, 3)
>>> t.count(1)
1
>>> 2 in t
True
>>> t.index(3)
3
>>> (a, b, c, d) = t #通过元组一次对多个变量赋值
>>> print(a,b,c,d)
0 1 2 3
```

图 2.38　元组常用的操作

由于元组常用于保存常量值，故其运算速度比列表快。另外，元组和列表之间可以相互转

换。"tuple（列表名字）"可以将一个列表转换为元组；"list（元组名字）"可以将一个元组转换为列表。

## 2.4.3　字典

不同于列表和元组，字典（Directory）的元素是"键-值"（Key-Value）对的无序集合，它不是一种顺序结构。它通过"键"的形式来访问字典中的元素，可以极大地提升检索的效率。字典结构的使用包括两个重要的部分：键和值。每一个"键"都需要对应一个"值"。另外，由于字典元素通过"键"索引，因此，在字典中不允许存在重复的键。

字典的格式中，所有元素都放在一对大括号"{""}"里。不同的元素通过逗号","分割，每一个元素中的"键"和"值"通过冒号":"分割。可以通过赋值号"="将字典赋值给变量。字典定义好后，元素的值的查找通过"键"来完成，具体的形式是"字典变量[键]"。如果字典里并没有查找的"键"，那么，将会出现异常"KeyError"。通过字典的"keys()"方法可以返回字典中定义的所有键的列表，再结合前面的循环控制，可以进行字典的遍历。字典的定义和元素访问如图 2.39 所示。

```
>>> d = { 'No.1 ': 'Zhang San ', 'No.2 ': 'Li Si '}
>>> d['No.1 ']
'Zhang San '
>>> d['No.3 ']
KeyError: 'No.3'
>>> for key in d.keys():
    print(key, d[key])
No.2 Li Si
No.1 Zhang San
```

图 2.39　字典的定义和元素访问

字典数据的维护主要包括字典元素的添加与修改，如图 2.40 所示。具体的形式为"字典变量名[键] = 值"。如果该形式中的"键"不存在于字典当前的键集合中，那么就增加一个元素；如果已经存在，那么就找到对应的元素，并且用指定的新"值"替换已有的值。

```
>>> d = { 'No.1': 'Zhang San', 'No.2': 'Li Si'}
>>> d['No.3'] = 'Wang Wu'
>>> d
{'No.1': 'Zhang San', 'No.2': 'Li Si', 'No.3': 'Wang Wu'}
>>> d['No.1'] = 'Zhou Liu'
>>> d
{'No.1': 'Zhou Liu', 'No.2': 'Li Si', 'No.3': 'Wang Wu'}
```

图 2.40　字典元素的添加和更新

字典和字典的元素可以删除，如图 2.41 所示。"del"语句可以指定键，并删除对应的元素，也可以加字典变量名，删除整个字典。"clear()"方法可以清空字典。

除了上述几种常用的方法，字典还有几个常用的操作，如图 2.42 所示。"len()"方法可以返回字典中元素的数量；"in"运算符可以判断指定的"键"是否存在于字典中。

```
>>> d = { 'No.1': 'Zhang San', 'No.2': 'Li Si'}
>>> del['No.1']
>>> d
{'No.2': 'Li Si', 'No.3': 'Wang Wu'}
>>> d.clear()
>>> d
{ }
>>> del d
>>> d
NameError: name 'd' is not defined
```

图 2.41　字典元素的删除

```
>>> d = { 'No.1': 'Zhang San', 'No.2': 'Li Si'}
>>> len(d)
2
>>> 'No.1' in d
True
```

图 2.42　字典元素的常用操作

## 2.4.4　集合

集合（Set）是由一组无序排列的元素组成的结构，包括可变集合和不可变集合（Frozenset）两种。通过集合结构可以进行常见的集合运算，如交、并、补等。可变集合中，可以进行元素的添加、更新、删除等操作；而不可变集合中，不可以进行修改元素的操作。

可变集合的创建形式为"{元素}"或者"s = set（元素）"，如图 2.43 所示。如果创建空集合，只能通过"set()"方法，因为"{ }"将会创建一个空字典。不可变集合的创建形式为"fs = frozenset（元素）"。集合创建好之后会去除重复元素。

```
>>> s1 = set('abcdedc')          # 第一种创建方法
>>> s1
{'a', 'b', 'c', 'd', 'e'}
>>> s2 = {'d', 'e', 'd', 'f'} # 第二种创建方法
>>> s2
{'d', 'e' , 'f'}
>>> s1 - s2 #差集, s1 中有、s2 中没有的元素
{'a', 'b', 'c'}
>>> s1 | s2 #并集
{'a', 'b', 'c', 'd', 'e', 'f'}
>>> s1 & s2 #交集
{ 'd', 'e' }
>>> s1 ^ s2 #不同时包含于 s1 和 s2 中的元素
{'a', 'b', 'c', 'f'}
```

图 2.43　可变集合的创建

可变集合的"add（新元素）"方法可以在集合中添加一个元素，"update（新元素）"方法可以将另外一个集合添加到当前集合中，"remove（元素）"方法可以删除集合中的一个元素，"clear()"方法可以清空集合，如图 2.44 所示。

```
>>> s1 = set('abcdedc') # 第一种创建方法
>>> s1.add('g')
{'a', 'b', 'c', 'd', 'e', 'g'}
>>> s1.update({'h', 'i'})
{'a', 'b', 'c', 'd', 'e', 'g', 'h', 'i'}
>>> s1.remove('i')
{'a', 'b', 'c', 'd', 'e', 'g', 'h'}
>>> s1.clear()
set()
```

图 2.44  可变集合的操作

同样，"len()"函数可以计算集合的元素个数，"in"操作符可以判断一个元素是否存在于当前集合中，如图 2.45 所示。

```
>>> s1 = set('abcdedc') # 第一种创建方法
>>> len(s1)
5
>>> 'a' in s1
True
```

图 2.45  可变集合的检索

## 2.4.5  特殊运算符

除了上述的几类常用运算符，Python 也提供了其他运算符，如位运算等。还有两种特殊的运算符：第一种是成员运算符（in、not in），第二种是身份运算符（is、is not）。

成员运算符"in"经常用于判断一个元素是否存在于序列中。如果存在，则返回"True"；否则，返回"False"。显然，"not in"表示与"in"操作符相反的含义。

身份运算符"is"常用于判断两个变量是否引用（关联）自同一个对象。如果引用自同一个对象，则返回"True"；否则，返回"False"。"is not"操作符的含义与"is"相反。这里需要注意，"is"操作符和"=="操作符的含义是不一样的。"is"用于判断两个变量是否引用自同一个对象，而"=="用于判断两个变量的值是否相等。图 2.46 所示的第 2 行中，变量"b"和"a"引用相同的列表对象，因此，"is"和"=="都返回"True"。而对列表进行截取操作之后，生成一个新的引用对象，可以通过它们的"id"值来区分。此时虽然"a"和"b"的值仍然相同，但是它们却不是引用自同一个对象，因此，"is"返回"False"。

```
>>> a = [1, 2]
>>> b = a
>>> print(b is a)
True
>>> print(b == a)
True
>>> b = a[:]
>>> print(b is a)
False
>>> print(id(a), id(b))
4590624712 4578804040
>>> print(b == a)
True
```

图 2.46  "is"和"=="的区别

## 2.5 函数实现代码复用

通常，我们把具有相同功能的代码组织成函数，以提升代码的重用率。一个函数可以有输入和输出，分别对应着参数和返回值。

### 2.5.1 自定义函数

在 Python 中，定义一个函数需要用到"def"关键字，具体的格式如图 2.47 所示。

函数的命名应该尽可能地体现函数功能。定义函数时的参数称为形参，形参可以是默认的，即参数列表可以为空。如果有多个参数，则需要使用逗号","分割。函数体由 Python 语句组成，它也是通过"代码缩进"来体现逻辑功能的。

使用一个定义好的函数称为函数调用。调用的形式为"函数名（[参数列表]）"。这里传递给函数处理的参数称为实参。

图 2.48 所示是一个函数定义和调用的例子。在这个例子中，输入两个整数，求两个数的最大值。第 1～7 行定义一个函数，该函数有两个形参。第 8 行调用该函数，输入两个数字，判断最大值。函数通过"return"语句输出返回值。

```
def 函数名([参数列表]):
    函数体
```

图 2.47　函数的定义

```
1    def getMax(a, b):
2        max = 0
3        if a > b:
4            max = a
5        else:
6            max = b
7        return max
8    getMax(1, 2)
```

图 2.48　函数的定义和调用

在函数定义的时候，有些参数的值是预设的，此时，可以在参数后面应用赋值操作符"="为函数的参数设置默认值。因此在调用函数的时候，可以不再针对具有默认值的形参传递参数值。在函数体中会将默认值作为该形参的值。图 2.49 所示定义了一个带有默认参数的函数"printLog()"，它会把日志信息输出"times"次。第 3、4 行是两种不同的调用方式。第 3 行会输出"IO Error"，第 4 行会输出"IO Error IO Error"。

这里需要注意，在设置函数的默认参数的时候，一个非默认的参数不能放在默认参数的后面，否则会出现语法错误。

函数之间相互调用会形成一种嵌套调用的关系。在 Python 里也可以实现递归调用。有了函数的存在，就需要注意一个重要的概念——作用域，它规定了变量的作用范围。通常，在函数内部定义的变量与在函数外部定义的变量的作用域是不同的。但是可以通过关键字改变作用域。在函数内部定义的变量只在函数内部起作用，称为内部变量；同时作用于函数内部和外部的变量称为全局变量，可以通过"global"关键字来定义，如图 2.50 所示。

在图 2.50 中，"x"是一个全局变量，因此，"func()"函数中的修改是有效的，第 7 行将输出"1"。而第 8 行将会出错"NameError: name 'y' is not defined"，因为变量"y"是在函数内部定义的局部变量。

```
1    def printLog(log, times = 1):
2        print(log * times)
3    printLog('IO Error')
4    printLog('IO Error', 2)
```

图 2.49   函数的默认参数

```
1    def func():
2        y = 0
3        global x
4        x = 0
5    x = 1
6    func()
7    print(x)
8    print(y)
```

图 2.50   函数变量的作用域

### 2.5.2   内置函数

为了提升代码质量和开发效率，Python 提供了大量的内置函数，用于数学计算、字符串处理等。这些函数在做数据处理的时候经常会被用到，这里把它们分为两类：第一类，数值生成和处理；第二类，数值转换。

首先看第一类，数值生成和处理。第一个函数是 "range([start,] end [, step])"，给定 3 个参数："start" "end" 和 "step"，如图 2.51 所示。它返回一个不包括 "end" 值的可迭代对象，可以通过 "list()" 函数转换为等差数的列表。这里 "start" 和 "step" 可以为空。

在数据处理的时候，经常需要对数值进行的操作包括取绝对值 "abs（数值）" 和四舍五入 "round(数值, [,小数点后位数])"，如图 2.52 所示。

```
>>> range(5)
range(0, 5)
>>> for i in range(5):
print(i)
0 1 2 3 4
>>> list(range(1, 5, 2)) # 1开始，5结束，步长为2
[1, 3]
```

图 2.51   range 函数的例子

```
>>> abs(-5)
5
>>> round(1.5)
2
>>> round(1.2345, 2)
1.23
```

图 2.52   绝对值和四舍五入

第二类是数值之间的相互转换，例如，把整数转换成字符串类型，或者反过来转换。"int（数值）" 可以将浮点数或字符串类型的数转换为整数，"float（数值）" 可以将整数或字符串类型的数转换为浮点数，"str（数值）" 可以将浮点数或整数转换为字符串，如图 2.53 所示。

```
>>> int(1.2)
1
>>> int('1')
1
>>> float(1)
1.0
>>> float('1.23')
1.23
>>> str(1)
'1'
>>> int('a') # 不是所有的字符串都可以转换
ValueError: invalid literal for int() with base 10: 'a'
```

图 2.53   数值转换

除了上述常见的转换方法，Python 也提供了将十进制整数转换为十六进制（hex）数、八进制（oct）数、ASCII（chr）字符的方法。

### 2.5.3　字符串处理函数

在数据处理中，很多重要的信息如文本数据、日志等，都需要通过字符串来表示。另外，为了便于字符串的查找和检索，正则表达式在字符串匹配和查找上是一个方便的工具。

在 Python 数据处理中，字符串是最为常用的数据结构之一。于此同时 Python 也提供了字符串处理方法，以便于字符串数据的快速处理，如图 2.54 所示。其实字符串也是一种顺序结构，因此，可以使用列表数据的访问和截取方法。

```
>>> s = 'Hello World!'
>>> print(s[0], s[-1])
H !
>>> s[1:3]
'el'
>>> s[:3]
'Hel'
>>> s[3:]
'lo World!'
```

图 2.54　字符串中的字符访问和切片截取

数据处理中常用的字符串处理方法包括："find（子串，[,开始位置] [,结束位置]）"方法在开始位置和结束位置之间查找一个子串，如果找到，则返回下标，否则，返回"−1"；"rfind（子串，[,开始位置] [,结束位置]）"方法从右边开始查找子串；"split（分隔符，分割次数）"方法对字符串进行分割，并且返回分割后的子串列表；"join（序列）"方法根据指定的字符，将序列中的内容连接并生成一个字符串；"replace（旧字符串，新字符串 [,最大替换次数]）"方法将一个旧字符串替换成一个新字符串，但要求不超过指定的最大替换次数；"strip（字符）"方法移除字符串头尾指定的字符，并返回移除之后生成的一个新字符串。字符串操作常用方法如图 2.55 所示。

```
>>> s = ' Hello World! ' #首尾各有一个空格的字符串
>>> s.find('World')
7
>>> s.rfind('World')
7
>>> s.split(' ') #用空格分割字符串，结果列表中 3 项
['', 'Hello', 'World!', '']
>>> s.replace('Hello', 'Hi')
' Hi World! '
>>> s.strip(' ') #去除首尾空格
'Hello World!'
```

图 2.55　字符串操作常用方法

### 2.5.4　函数式编程

函数式编程（Functional Programming）是一种抽象程度较高的编程范式，它的一个重要特点是编写的函数中没有变量。这就解决了在函数中定义、使用变量导致的输出不确定等问题。函数式编程的另一个特点是可以把函数作为参数传入另一个函数。然而，Python 的函数式编程中允许使用变量，因此，Python 不是纯函数式编程语言，它对函数式编程提供部分支持。

函数式编程编写的代码将数据、操作、返回值等都放在一起，使代码更加简洁。例如，在循环中，不会定义太多的变量，大大简化了代码。以下讲解 Python 中常用的函数式编程方法。

### 1. lambda 表达式

匿名函数是指不一定显式地给出函数名字的函数。lambda 可以通过表达式的形式定义一个匿名函数。它的语法格式为：

> 返回的函数名 = lambda 参数列表 : 函数返回值表达式语句

例如，"func = lambda x : <expression (x)>" 通过 lambda 表达式的形式创建了一个函数，这个函数有一个参数 "x"，真正对 "x" 的处理是冒号后面的 "<expression (x)>"。这和通过 "def" 关键字定义一个函数是一样的，如图 2.56 所示。

```
1    def func(x):
2        <expression (x)>
```

图 2.56　lambda 等同于普通的函数定义

下面的例子介绍了如何实现两个整数求和，具体的形式为：

> sum = lambda x, y : x + y

上式定义了一个函数，返回的函数名为 "sum"。如果调用的形式为 "sum (1, 2)"，则最终得到的值为 3。

### 2. map()函数

"map()" 函数用于快速处理序列中的所有元素。"map()" 函数需要两个参数，第一是具体处理序列的函数，称为映射函数；第二是序列。这个序列可以是多个，具体须根据映射函数的需要来决定。"map()" 函数的语法格式如下：

> 结果序列 = map (映射函数, 序列 1 [, 序列 2, …])

下面，假设有两个整数序列，且需要对序列中对应的元素求和。通过前面的循环语句可以实现这个功能，图 2.57 所示展示了如何通过 "map()" 函数来实现。

```
1    result = map(lambda x, y: x + y, [1, 2, 3, 4, 5], [6, 7, 8, 9, 0])
2    list(result)
```

**图 2.57　"map()"函数对序列求和**

在图 2.57 中，第 1 行的映射函数是由 lambda 表达式定义的两个数求和，需要两个参数，因此有两个序列，这里是两个列表。"map()" 函数将两个列表对应的元素分别相加之后，返回一个 map 对象 "<map at 0x1119344a8>"。可以将这个对象转换成一个列表，如图 2.57 中的第 2 行所示。输出的结果为 "[7, 9, 11, 13, 5]"。

### 3. filter()函数

"filter()" 函数可以对序列中的元素进行过滤，它的使用形式和 "map()" 函数很像，都是由两部分构成的，其第一部分是过滤函数，返回值是一个布尔值；第二部分是待处理的序列，序列中的每个元素会依次传递给过滤函数，过滤函数返回为 "True" 的所有元素组成结果序列，作为 "filter()" 函数的返回值。"filter()" 函数的语法格式为：

> 结果序列 = filter(过滤函数, 序列 1 [, 序列 2, …])

"filter()" 函数过滤奇数如图 2.58 所示。

图 2.58 所示是一个通过 "filter()" 函数在一个列表中过滤奇数的例子。过滤函数仍然通过

lambda 表达式定义，并对列表中的所有元素依次处理，最终返回 filter 对象 "<filter at 0x111934358>"。在第 2 行中，将 filter 对象转换为列表，得到的结果为 "[1, 3, 5, 7, 9]"。

```
1    result = filter(lambda x : x % 2, [1, 2, 3, 4, 5, 6, 7, 8, 9])
2    list(result)
```

图 2.58 "filter()"函数过滤奇数

### 4. reduce()函数

"reduce()"函数常用于将序列中的元素从左到右依次传递给映射函数处理。通常，映射函数需要有两个参数，"reduce()"函数首先取出序列的第 1 个和第 2 个元素作为参数传递给函数，得到的返回结果与第 3 个参数一起作为参数传递给函数，以此类推，直到所有的序列元素处理完毕，得到的最终结果就是 "reduce()" 函数的最终返回结果。"reduce()" 函数的语法格式为：

> 结果序列 = reduce (函数，序列1 [, 序列2, ⋯])

"reduce()"函数对序列求和如图 2.59 所示。

```
1    from functools import reduce
2    result = reduce(lambda x, y : x + y, [1, 2, 3, 4])
3    print(result)
```

图 2.59 "reduce()"函数对序列求和

在图 2.59 的第 2 行中，"reduce()" 函数首先根据 lambda 表达式定义的函数，将列表中的前两个元素取出来，并执行求和操作，得到的值为 "3"；然后将 "3" 与第三个元素 "3" 传递给 lambda 表达式，得到的值为 "6"；以此类推，最终得到的值为列表所有元素的和 "10"。

### 5. zip()函数

顾名思义，"zip()" 函数将对序列中的元素执行打包操作，如图 2.60 所示。它将几个列表作为参数，依次将对应位置上的元素打包成元组，并且将生成的所有元组放到一个列表中返回。"zip()" 函数的语法格式为：

> 返回列表 = zip(列表1 [, 列表2, ⋯])

```
1    result = zip([1, 2, 3], [4, 5, 6])
2    list(result)
```

图 2.60 "zip()"函数对序列打包

在图 2.60 的第 1 行中，"zip()" 函数将两个列表 "[1, 2, 3]" " [4, 5, 6]" 对应下标的元组打包成 3 个元组，最终返回一个 zip 对象 "<zip at 0x111931508>"。如果将这个 zip 对象转换成列表，如第 2 行所示，则得到打包之后的结果为 "[(1, 4), (2, 5), (3, 6)]"。

## 2.6 存储数据

在数据处理中，除了 CSV 格式的文件之外，还有大量其他格式的文件，如 "TXT" 文件、"JSON" 文件、"XML" 文件等。Python 也提供了读写这些文件的方法。

在针对文件进行读写的时候，经常会用到"with"语句。它是指在对资源进行访问的时候，无论是否发生异常，都要确保释放资源，完成"清理"操作；在对文件进行访问的场景中，无论访问过程中是否有异常发生，都要自动关闭文件。"with"语句的基本语法格式为：

```
with context_expression [as target]
    with-body
```

其中，"context_expression"是上下文表达式，返回一个上下文管理器对象，该对象负责执行"with"语句块上下文中的进入与退出操作。"target"是一个变量。

### 2.6.1  文件操作

假设有一个文本文件"input.txt"，将其中的内容依次读出来，并写入另外一个文件
"output.txt"，可以通过图 2.61 所示的方式来实现。

在图 2.61 中，第 1 行调用"open()"函数打开当前目录下名为"input.txt"的文件。第 2 行以写方式"w"调用"open()"函数打开文件"output.txt"。第 3～7 行为循环体，其中第 4 行在"input.txt"中读入一行，并将其放到变量"line"中；第 5～6 行对变量"line"进行判断，如果是空值就退出循环，否则在第 7 行调用"write()"函数，以将变量"line"中的内容写入文件

```
1    f1 = open("input.txt")
2    f2 = open("output.txt","w")
3    while True:
4        line = f1.readline()
5        if not line:
6            break
7        f2.write(line)
8    f1.close()
9    f2.close()
```

图 2.61  文件读写方式

"output.txt"。读写操作之后，第 8～9 行关闭打开的文件。

另外一种读写文件的方式是使用文件迭代器。图 2.62 所示的代码中，第 1 行以写模式打开文件"output.txt"；第 2～3 行通过"for"循环迭代遍历打开的文件"input.txt"中的每一行，并且在循环体中将该行写入"output.txt"文件；第 4 行调用"close()"函数关闭打开的文件。

通过文件上下文管理器进行文件读写的过程如图 2.63 所示。第 2 行使用文件上下文管理器打开"input.txt"文件，在上下文管理器中依次遍历"input.txt"文件中的每一行，并写入"output.txt"中。

```
1    f = open("output.txt","w")
2    for line in open("input.txt"):
3        f.write(line)
4    f.close()
```

图 2.62  文件迭代器读写文件

```
1    f2 = open("output.txt","w")
2    with open("input.txt") as f:
3        for line in f:
4            f2.write(line)
5    f2.close()
```

图 2.63  文件读写过程

### 2.6.2  JSON 和 XML

JSON（JavaScript Object Notation）是一种轻量级的数据交换格式，它采用独立于编程语言的文本格式，具有数据体积小、传输速度快、数据格式简单易读等特点。它通过键-值

（Key-Value）对的形式来组织数据。键和值之间使用":"分割，所有的键-值对置于"{ }"之中。如果一个键对应多个值，则使用"[]"将多个值包起来，形式分别如下所示：

```
{'key1': 'value1', 'key2': 'value2', …, 'keyn': 'valuen'}
{'key1': ['value111', …, 'value1m'], …, 'keyn': ['value1n1', …,
'valuenm']}
```

显然，这种数据组织形式与 Python 中的字典结构非常类似。但 JSON 是文本格式，读到程序中之后是字符串。为了能够使用 Python 中的字典等数据结构对其进行处理，需要将字符串与字典等数据结构进行相互转换。Python 的"json"库提供了读写 JSON 格式文件的功能。如果没有安装，则须使用以下命令进行安装：

```
pip install json
```

安装完成之后，输入命令"import json"导入"json"库。它主要提供了 4 个函数来完成对 JSON 格式文件的读写。这里仍然以学生成绩为例，将学生成绩用字典来表示，然后写入 JSON 格式的文件，并读入程序，重新得到字典数据结构保存的学生成绩。首先，创建一个存储学生成绩的字典"students_score"，其中保存了两个学生的"学号""姓名"和"成绩"。查看字典的内容和类型，确定其符合字典的定义。"json"库中的第一个重要的函数是"dumps()"函数，它将字典转换为字符串，调用该函数之后可得到一个新的变量"students_score_str"。查看它的内容和类型，发现它们已经发生了变化。第二个函数是"loads()"函数，它将字符串转换为字典。调用该函数之后，内容保存在变量"student_score2"中，可以查看改变量的内容和类型，是一个字典的形式。第三个函数是"dump()"函数，它将数据写入 JSON 格式的文件中，这里使用的是文件上下文管理器的形式。成功写入之后，会在当前目录下创建一个新的文件"students_score.json"。第四个函数是"load()"函数，它在打开的文件中将字符串转换为字典数据类型，可以通过字典的访问方式来访问其中的内容。读写 JSON 格式文件如图 2.64 所示。

```
>>> import json
>>> students_score = {"students":[{"学号":"1", "姓名":"张三", "成绩":
"90"}, {"学号":"2", "姓名":"李四", "成绩":"98"}]}
>>> print(students_score)
{'students': [{'学号': '1', '姓名': '张三', '成绩': '90'}, {'学号': '2', '姓
名': '李四', '成绩': '98'}]}
>>> print(type(students_score))
<class 'dict'>
>>> students_score_str = json.dumps(students_score)
>>> print(students_score_str)
{"students": [{"\u5b66\u53f7": "1", "\u59d3\u540d": "\u5f20\u4e09", "\u62
10\u7ee9": "90"}, {"\u5b66\u53f7": "2", "\u59d3\u540d": "\u674e\u56db",
"\u6210\u7ee9": "98"}]}
>>> print(type(students_score_str))
<class 'str'>
>>> student_score2 = json.loads(students_score_str)
```

图 2.64　读写 JSON 格式文件

```
>>> print(student_score2)
{'students': [{'学号': '1', '姓名': '张三', '成绩': '90'}, {'学号': '2', '姓
名': '李四', '成绩': '98'}]}
>>> print(type(student_score2))
<class 'dict'>
>>> with open("students_score.json", "w") as f:
>>>     json.dump(student_score2, f)
>>> with open("students_score.json", "r") as f:
>>>     load_student_score = json.load(f)
>>>     load_student_score["students"]
[{'学号': '1', '姓名': '张三', '成绩': '90'}, {'学号': '2', '姓名': '李四', '
成绩': '98'}]
```

图 2.64　读写 JSON 格式文件（续）

　　XML（eXtensible Markup Language）指可扩展标记语言，是一种重要的数据传输和存储工具。在 XML 文件中，作为数据标记的标签需要自行定义，因此，数据的内容需要在代码中进行解析提取。例如，下面是一个用于描述信件数据的 XML 文件：

```
<mail>
<from> 张三 </from>
<to> 李四 </to>
<subject> 你好! </subject>
</mail>
```

　　在该文件中，"mail""from""to""subject"是用户自定义的标签，它们可以清晰地描述"信件"这一数据的语义。在 Python 程序中，需要对这些标签进行解析。Python 提供了 3 种解析的方法，分别为"SAX""DOM"和"ElementTree"。SAX（Simple API for XML）是 Python标准库中包含的 XML 解析器，它是基于事件驱动的。即在 XML 文件的解析过程中，通过触发事件来调用用户自定义的回调函数，以对 XML 文件中的数据内容进行提取，在使用的时候需要导入"xml.sax"包。DOM（Document Object Model）指文档对象模型，它将 XML 文件中的数据解析到一个数据结构树中，通过对树的操作来实现对 XML 数据的解析，在使用的时候需要导入以下包和模块："from xml.dom.minidom import parse""import xml.dom.minidom"。ElementTree 是一种轻量级的、快捷的 XML 解析方式，在使用的时候需要导入"from xml.etree import ElementTree as ET"包。

　　下面以"SAX"方式为例，介绍如何解析一个简单的 XML 文件。由于 SAX 是一个事件驱动的解释器，因此，需要继承"xml.sax.ContentHandler"类，通过重写其中的方法来处理 XML 文件中的标签和内容。图 2.65 所示的第 2～27 行重新定义了一个继承"xml.sax.ContentHandler"类的新类"MailHandler"。其中，"__init__(self)"方法完成初始化的操作。"startDocument()"方法在文档开始解析的时候调用，"endDocument()"方法在解释器解释到文档末尾的时候调用。"startElement(tag, attributes)"方法在解释器遇到 XML 开始标签的时候调用，它有两个参数，参数"tag"表示标签的名字，参数"attributes"是一个字典数据结构，表示标签的属性值。"endElement(tag)"方法在解释器遇到 XML 结束

标签的时候调用，参数"tag"表示标签的名字。在图 2.65 中，当遇到开始标签的时候，把这个标签的名字保存到类变量"CurrentData"中，当解释到结束标签的时候，输出标签的内容。"characters(content)"方法的调用包括以下 3 种情况：第一，从一行开始，如果在解释到标签之前存在字符串，那么"content"中的值为这些字符串；第二，从一个标签开始，解释到下一个标签结束，如果期间存在字符串，那么"content"中的值为这些字符串；第三，从一个标签开始，在解释到行结束符之前，如果存在字符串，那么"content"中的值为这些字符串。在图 2.65 中，只对标签之间包含的字符串（即 XML 中的数据内容）进行提取。

```
1       # -*- coding: UTF-8 -*-
2       import xml.sax
3       class MailHandler(xml.sax.ContentHandler):
4           def __init__(self):
5               self.CurrentData = ""
6               self.fromPerson = ""
7               self.toPerson = ""
8               self.subject = ""
9           def startElement(self, tag, attributes):
10              self.CurrentData = tag
11              if tag == "mail":
12                  print("*****Mail*****")
13          def endElement(self, tag):
14              if self.CurrentData == "from":
15                  print("From: ", self.fromPerson)
16              elif self.CurrentData == "to":
17                  print("To: ", self.toPerson)
18              elif self.CurrentData == "subject":
19                  print("Subject: ", self.subject)
20              self.CurrentData = ""
21          def characters(self, content):
22              if self.CurrentData == "from":
23                  self.fromPerson = content
24              elif self.CurrentData == "to":
25                  self.toPerson = content
26              elif self.CurrentData == "subject":
27                  self.subject = content
28  if __name__ == "__main__":
29          parser = xml.sax.make_parser()
30          parser.setFeature(xml.sax.handler.feature_namespaces, 0)
31          Handler = MailHandler()
32          parser.setContentHandler(Handler)
33          parser.parse("mail.xml")
```

图 2.65　使用 SAX 读取 XML 格式文件

## 2.7 案例：传感器数据分析

近年来，物联网技术取得了迅速的发展，通过多种传感器可以采集大量的数据。在实际的应用中，通常利用传感器（结合 Arm 微控制器）完成数据的采集。本案例中，一台设备具有左右两个支架，分别检测左右两侧的压力。在每个支架上部署了压力传感器，通过 Arm 微控制器辅助数据的采集。这样，就得到了在时间序列上的两组连续数据。由于支架的周期移动以及在支架抬升过程中受力的变化，这些数据体现出了周期变化的特征。具体的数据格式如表 2.3 所示，数据分为 3 列，第一列是时间，包括年、月、日、时间；第二列是左侧压力数据；第三列是右侧压力数据。

表 2.3　Arm 微控制器采集的压力传感器数据格式示例

| 时间 | 左侧压力/(Pa) | 右侧压力/(Pa) |
| --- | --- | --- |
| 2018/5/1 0:08 | 39.5 | 20 |
| 2018/5/1 0:38 | 39.5 | 20 |
| 2018/5/1 1:07 | 39.9 | 39.9 |

针对每一组数据（左侧压力数据或右侧压力数据）在时间序列上的变化，有两种特殊的点：第一种是末阻力点，第二种是支撑力点。根据 Python 编程知识，对数据文件"1-Data.csv"进行分析和处理，能够检测出这两类点。本案例以左侧传感器数据为例进行说明，效果如图 2.66 所示。

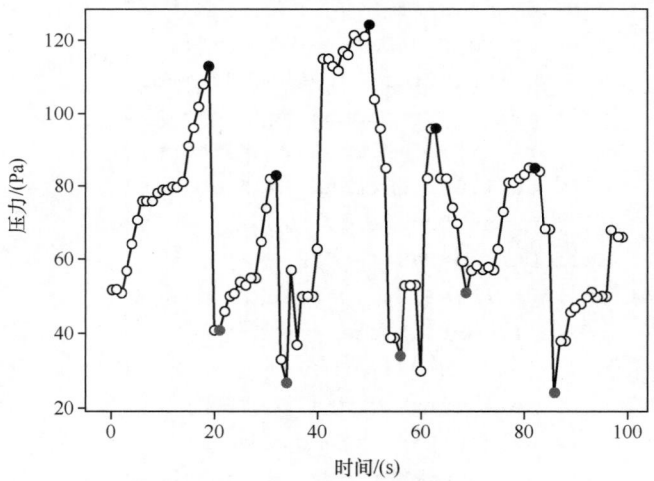

图 2.66　左侧压力传感器数据

本案例中数据点检测的主要思路如下。首先，从数据集中的第一个数据点开始，找到所有的末阻力点。末阻力点的特征比较明显，值从一个位置开始下降，但是并不是所有开始下降的点都是末阻力点。从一个下降点开始，一直沿着下降趋势查找，定位到一个最低点，最低点和原来点之间的差大于一个阈值，就认为原来的点是一个末阻力点。通过这种方法检测出来的末阻力点用黑色圆圈标记，最低点用灰色圆圈标记。其次，定位支撑力点。支撑力点是位于最低点和下一个末阻力点之间的一个近似极值点。在这两个点之间判断数据的变化趋势，如果数据发生了比较大的变化，则可认为找到了一个支撑力点。在图 2.66 中，支撑力点用空心圆圈标记。

具体的代码实现如图 2.67 所示。首先，第 4 行使用 Pandas 中的方法读入 CSV 格式的文件，并且把需要的下标和值分别存入两个列表"index"和"values"中。第 14~28 行从第一个数据点开始依次查找末阻力点和末阻力点后的最低点，并且把点的下标分别存入列表"maxIndex"和"minIndex"中。第 29~32 行对数据进行填充，从而可以在检测到的两个点之间继续查找支撑力点。检测的过程在第 33~38 行，对所有的两点间隔的点进行判断，如果变化趋势超出一个阈值，则可认为其是一个支撑力点。

```
1    import pandas
2    import time
3    import numpy as np
4    df = pandas.read_csv('1-Data.csv')
5    index = []
6    values=[]
7    for i in range(0, len(df)):
8        index.append(i)
9        values.append(df.iloc[i]['left'])
10   threshhold = 3
11   maxIndex = []
12   minIndex = []
13   k=0
14   for i in range(1, len(values)):
15       if values [i] - values [i-1] < 0:
16           print(i)
17           if i <= k:
18               continue
19           k = i
20           for j in range(i+1, len(values)):
21               if values [j] - values [j-1] <= 0:
22                   continue
23               else:
24                   k = j-1
25                   break
26           if values [i-1] - values [k] > threshhold:
27               maxIndex.append(i-1)
28               minIndex.append(k)
29   minIndex_start = [0] + minIndex
30   maxIndex_end = maxIndex
31   maxIndex_end.append(len(values))
32   averageIndex = []
33   for l in range(len(minIndex_start)):
34       print(values[minIndex_start [l]: maxIndex_end[l]])
35       for t in range(minIndex_start [l], maxIndex_end [l]-2):
36           if abs(round(values[t+1] - values[t],1)) <= 0.2 and abs
             (round(values[t+2] - values[t+1], 1)) <= 0.2:
37               averageIndex.append(t+1)
38               break
```

图 2.67 传感器数据分析代码

## 2.8 习题

（1）Python 中的对象模型包括哪几个部分？它们分别表示什么含义？

（2）在 Python 中，字符串的表示方法有哪几种？它们之间有什么区别？

（3）在 Jupyter Notebook 中，分别创建数字类型、布尔类型和字符串类型的变量 a、b、c，然后分别输出它们的类型。

（4）在 Jupyter Notebook 中，创建一个字符串变量 s，它的值为"Python"，使用两种方法分别输出字符串 s 中的每个字符。

（5）自定义一个描述圆形的类 Circle，它有一个类变量 r，表示半径。在该类中，实现计算圆的周长和面积的方法。创建一个 Circle 类的对象并进行测试。

（6）分别使用 while 循环和 for 循环，输出 0～100 之间的所有偶数。

（7）编程实现"创建一个具有 10 个元素的列表，其中的元素为 1～10 的随机数，对该列表进行排序并输出"。

（8）编程实现"创建一个元组（a, b, c, d, e, f），采取两种不同的方法取出其中的元素（d, e）"。

（9）编程实现"通过字典记录一周的气温数据（具体的数据值随机生成即可），输出本周内平均气温值以及最大、最小气温值"。

（10）假设一个列表是[1, 3, 5, 7]，采用函数式编程的方法，输出其每个元素的平方所组成的列表，即[1, 9, 25, 49]。

# 03 chapter

# Python 常用模块

模块是具有独立功能的代码的集合，可以提高代码的重用率。本章主要介绍如何自定义模块以合理地组织代码，以及字符串处理中常用的正则表达式模块的使用方法。此外，由于以 NumPy、SciPy 和 Pandas 为代表的模块在数据存储、数据处理中体现出了强大的优势，因此本章还将重点介绍这三个模块的常用使用方法。

从语句到函数，可以看到在 Python 中能够简洁、有效地组织代码。随着开发工作量的增加，为了能够更好地维护项目，需要对 Python 代码进行更加清晰的划分。通常，我们使用一个模块将具有相似功能的代码放在一起，以维护不同模块之间的关系。

例如，为了避免模块名字的冲突，Python 以"包"的方式根据目录结构组织模块之间的关系，如图 3.1 所示。"package_name"是一个包的名字，也可以看作在文件系统下的一个目录的名字，它下面可以放置多个模块，如"module1_name.py""module2_name.py"等。一个包下面可以包含其他的子包，如"subpackage_name"，这个子包下面有其他的模块。因此，这种有层次的目录结构可以很好地维护代码结构。这里有一个很重要的文件"__init__.py"，它用于组织包，以便于管理一个包下面模块之间的相互引用，以及控制如何导入一个包。"__init__.py"可以是空文件，表示在导入该包的时候不做任何事情。

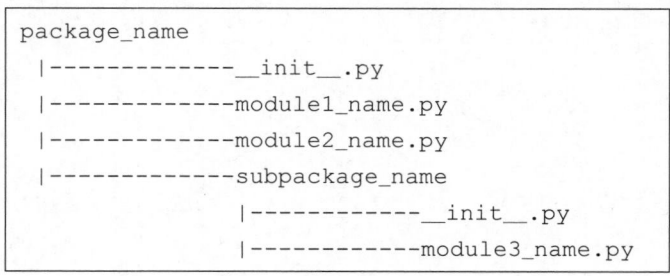

```
package_name
 |-------------__init__.py
 |-------------module1_name.py
 |-------------module2_name.py
 |-------------subpackage_name
               |-------------__init__.py
               |-------------module3_name.py
```

图 3.1　Python 中的包

## 3.1　模块的概念

将实现一个功能的函数、变量等放到一个文件里，该文件称为一个模块，它提升了代码的可维护性和可重用性。另外，模块有自己的命名空间，避免了函数名、变量名等命名冲突问题。在 Python 中，一个模块是一个".py"文件。

在使用模块提供的功能时，需要将模块导入当前的程序中。主要有两种常用的方式。

第一种是"import"语句，其可以将一个模块整体导入当前的程序。它主要有两种格式：

```
import 模块名
import 模块名 as 别名
```

在第二种格式里，在导入模块名的时候，会同时给它起一个别名，在自己的代码里可以使用这个别名。

第二种方式是"from … import …"语句，将一个模块中的一部分函数、变量导入到当前的程序。它主要有两种格式：

```
from 模块名 import 变量名
from 模块名 import *
```

由于整体导入模块会带来较大的开销，因此，第二种方式可以更加明确地导入需要的函数、变量等。

模块被导入时，将会执行初始化的工作。另外，Python 解释器将会自动地在模块文件的同一目录下生成一个".pyc"文件，它是一个编译之后的字节码，可以加速程序的启动。

模块成功导入之后，可以使用其中的函数、变量等。使用模块中的函数的格式如下：

> 模块名.函数名（参数列表）

使用模块中的变量的格式如下：

> 模块名.变量

通常，在模块导入使用之前，需要将模块安装到当前的系统中。如果是通过"pip"等工具将模块自动安装到系统路径下，则一般可以正常使用；如果模块进行了独立的放置路径的更改，则需要了解模块的搜索路径。模块的搜索路径是指在导入一个模块的时候，Python 解释器在哪里搜索该模块。搜索顺序如下。首先，解释器会在当前工作路径搜索模块。当前路径是指当前运行程序所在的路径，或者是执行 Python 解释器的路径。其次，解释器会在内置（Built-in）模块中搜索。然后，其会在环境变量"PYTHONPATH"中指定的路径中搜索。这个环境变量是唯一可以手动进行配置的，因此，如果发生了找不到模块的错误，可以考虑在自己的操作系统上配置"PYTHONPATH"环境变量。最后，如果通过上述路径都搜索不到需要的模块，那么 Python 解释器会报错，提示找不到模块。在不同的平台或者系统上，模块的搜索路径可能不同。但是可以通过系统模块"sys"下的"path"变量进行查看，它将返回模块搜索路径的列表，如图 3.2 所示。

```
>>> import sys
>>> print(sys.path)
['/Library/Frameworks/Python.framework/Versions/3.5/lib/python35.zip', '/
Library/Frameworks/Python.framework/Versions/3.5/lib/python3.5', '/Library/
Frameworks/Python.framework/Versions/3.5/lib/python3.5/plat-darwin']
```

**图 3.2 查看系统的模块搜索路径**

Python 提供了大量的模块，在进行数据处理的时候，有两个模块经常会被用到：一个是"time"模块，另外一个是"math"模块。"time"模块提供的时间函数可以评估模型与数据的处理效率；"math"模块可以进行数值处理和数学计算。"time"和"math"模块的例子如图 3.3 所示。

```
1  import time, math
2  time.time()
3  time.strftime("%Y-%m-%d %X", time.localtime())
4  math.pi
5  math.ceil(1.2)
6  math.floor(1.9)
7  math.sqrt(4)
```

**图 3.3 "time"和"math"模块的例子**

在图 3.3 中，第 1 行导入"time"和"math"两个模块。第 2 行返回 UNIX 时间戳，它是从格林尼治时间 1970 年 01 月 01 日 00 时 00 分 00 秒（北京时间 1970 年 01 月 01 日 08 时 00 分 00 秒）起至今的总秒数，类似数值如"1566466719.327071"。第 3 行调用"localtime()"函数以获得当前时间的元组，并用时间格式化函数"strftime()"进行格式化输出，其中，"%Y"表示年，"%m"表示月份，"%d"表示日期，"%X"表示时间字符串，输出类似"2019-08-22 17:43:48"。第 4 行访问"math"模块中的常量"pi"，输出"3.141592653589793"。第 5 行调用"math"模块的"ceil()"函数向上取整，输出"2"。第 6 行调用"floor()"函数向下取整，输出"1"。第 7 行调用"sqrt()"函数求平方根，输出"2"。

同 C 语言中的主函数类似，在 Python 里有主模块的概念。如果要把某个文件作为主程序，那么需要在代码的最后添加如下"if"语句，以作为该文件是主程序的标识：

```
if __name__ == "__main__":
```

这里，"__name__"和"__main__"是模块具有的内置属性。当文件作为主模块运行时，"__name__"的值将被自动设置为"__main__"。因此，通常将这里作为主程序的入口，把相关的函数调用放在"if"语句块内。

## 3.2 自定义模块

为了提高代码的重用性，并让代码具有整齐的结构，需要合理地组织代码。另外，如果 Python 已有的模块无法满足需求，就需要自定义模块，如图 3.4 所示。通常，一个模块实现一个独立的功能，其主要包括相应的函数、变量、常量等。模块里定义的变量与函数的作用域即该模块。在 Python 里，模块是一个以".py"为扩展名的文件，并且文件的名字就是后面导入时要指定的模块的名字。

在图 3.4 中定义了一个模块，假设名字为"sum.py"，其里面只实现了一个功能——求和。可通过两行代码实现该功能，第 1 行导入自定义的"sum"模块，第 2 行调用"sum"模块的"sum"函数进行求和，输出结果为"3"，如图 3.5 所示。

```
1    def sum(x, y):
2            return x + y
```

图 3.4　自定义一个模块

```
1    import sum
2    print(sum.sum(1, 2))
```

图 3.5　自定义模块的使用

## 3.3 正则表达式模块

正则表达式是通过定义模式来匹配或检索字符串的，与单纯的字符串处理函数相比，其更加快速、准确，因此正则表达式是一种常用的字符串处理方法。Python 中提供了"re"模块，它实现了与正则表达式相关的功能，主要包括以下两个方面：第一，正确书写正则表达式；第二，使用"re"模块和正则表达式处理字符串。

### 1. 模式

为了给检索内容定义模板，首先，需要掌握几种通配符。在 Python 中，有 4 种通配符："*""?""+""."。其中，"*"表示该通配符前面的字符或子模式匹配 0 次或者任意多次。例如，图 3.6 所示是其中一种通过"re"模块进行字符串匹配的方法，如果匹配成功，则返回一个"match"对象；否则，返回空。这里需要注意的是，"*"并不表示任意字符，而是表示它前面的字符匹配 0 次或者任意多次。因此，如果模式为"sta*r"，则它与"stair"是不匹配的。"?"表示该通配符前面的字符或子模式匹配 0 次或 1 次。在图 3.6 中，"sta?r"可以匹配"star"和"str"。"+"表示该通配符前面的字符或子模式匹配 1 次或多次，例如，"sta+r"匹配"star""staar"等。"."表示该通配符所在的位置可以是除了换行符之外的任意一个字符。

```
>>> import re
>>> pattern = re.compile('sta*r')
>>> pattern.match('star')
<_sre.SRE_Match object; span=(0, 4), match='star'>
>>> pattern.match('stair')
>>> pattern = re.compile('sta?r')
>>> pattern.match('str')
<_sre.SRE_Match object; span=(0, 3), match='str'>
>>> pattern = re.compile('sta+r')
>>> pattern.match('staaar')
<_sre.SRE_Match object; span=(0, 6), match='staaar'>
>>> pattern = re.compile('sta.r')
>>> pattern.match('stabr')
<_sre.SRE_Match object; span=(0, 5), match='stabr'>
```

**图 3.6　通配符的使用**

除了上述 4 种通配符之外，还需要了解一下特殊字符，如表 3.1 所示。例如，"^string"将匹配"string"处于行首的情况；"string$"将匹配"string"处于行尾的情况。

**表 3.1　正则表达式中的特殊字符**

| 特殊字符 | 说明 |
| --- | --- |
| ^ | 匹配行首 |
| $ | 匹配行尾 |
| [] | 表示其中的任意一个字符 |
| - | 表示范围，通常用在[]中 |
| \| | 表示或者关系 |
| \ | 转义字符 |

表 3.2 所示是常见的正则表达式的例子。

**表 3.2　正则表达式常见的例子**

| 模式 | 说明 |
| --- | --- |
| [abc] | 字符"a""b""c"中的任意一个 |
| [a-z] | 表示一个小写字母 |
| [a-z0-9] | 小写字母或数字中的一个 |
| [^abc] | 字符"a""b""c"之外的任意一个 |
| ^abc | 匹配"abc"开头的行，不匹配"dabc" |
| abc$ | 匹配"abc"结尾的行，不匹配"abcd" |
| (a\|b)*c | 匹配 0 个或多个"a"或"b"，后面跟字母"c" |
| \d | 单个数字 |
| \s | 单个空格 |

### 2．匹配次数

在定义好一些基本模式之后，有时候这些基本模式会出现多次，或者是会出现在某个范围内的次数。例如，检测手机号码的时候，如果一个数字定义为一个基本模式，那么，通常需要检测数字出现的次数，连续出现 11 次可能是一个手机号码。这种情况下，需要用到匹配次数。

匹配次数指定的方法是在需要重复的模式后面添加 "{m, n}"，表示模式重复匹配 m 至 n 次。表 3.3 所示列出了常见的匹配次数的用法。

表 3.3　正则表达式匹配次数的用法

| 匹配次数 | 说明 |
| --- | --- |
| '\d{1, 3}' | 数字至少出现 1 次，不多于 3 次 |
| '\d{1, }' | 至少出现 1 个数字 |
| '\d{3}' | 正好出现 3 个数字 |

例如，通过 "^\d{1,3}\.\d{1,3}\.\d{1,3}\.\d{1,3}$" 可以匹配合法的 IP 地址；通过 "\d{4}-\d{1,2}-\d{1,2}" 可以匹配类似 "2019-8-10" 的日期格式。

### 3．re 模块中的方法

Python 提供了 "re" 模块，可以完成正则表达式相关的操作。这个模块提供了常用的方法。第一个常用方法，"split(pattern, string[, maxsplit = 0])"，根据指定的模式 "pattern" 分割字符串 "string"，可以指定最大的分割次数，默认值为 0，返回分割之后的列表。第二个常用方法，"findall(pattern, string)"，在 "string" 中查找所有的 "pattern"，并返回满足模式条件的结果列表。第三个常用方法，"sub(pattern, replace, string[, count = 0])"，将字符串 "string" 中所有满足 "pattern" 的匹配项用 "replace" 替换，可以指定替换的次数 "count"，默认值为 0，返回替换之后的字符串。上述 3 个方法的例子如图 3.7 所示。

```
>>> import re
>>> text = 'one.two....three..four'
>>> re.split('[\. ]+', text) # 模式表示 1 个或多个点
['one', 'two', 'three', 'four']
>>> re.findall('[a-zA-Z]+', text) # 模式表示 1 个或多个任意字母
['one', 'two', 'three', 'four']
>>> re.sub('[\. ]+', ', ', text, 2) # 替换 2 次
'one, two, three..four'
```

图 3.7　"re" 模块常用方法的例子

### 4．编译正则表达式对象

在正则表达式处理字符串的时候，有另外一种常用的方法：将正则表达式先编译成对象，以提升字符串处理的效率。具体的流程为先使用 "re" 模块的 "compile()" 方法，将正则表达式编译成正则表达式对象，然后通过正则表达式对象处理字符串。正则表达式对象提供了一系列的方法，最为常用的有两个。

第一个是 "findall(sring[, startpos[, endpos]])" 方法，它将在字符串的指定位置 "startpos" 和 "endpos" 之间查找所有符合模式的字符串，位置参数可以为空，此时会从字符串的开头进行搜索。图 3.8 所示的模式 "\ba\w+\b" 中，"\b" 和 "\w" 是正则表达式中的特殊字符，分别表示：单词的开始和结尾，包括大小写字母、数字等字符。这里需要注意，在字符串前面加一个字母 "r" 表示原始字符串（Raw String），即字符串里面的所有符号都表示普通字符。例如，

字符串中的"\n"通过转义字符表示换行,加上"r"之后"r'\n'"表示"\"和"n"两个字符。

第二个是"match(sring[, startpos[, endpos]])"方法,它将在字符串的指定位置"startpos"和"endpos"之间匹配模式。在图3.8中,在"How are you!"中查找空格分割的1个或多个字符串"(\w+) (\w+)"。如果匹配成功,那么返回"match"对象;否则,返回空值。通过"match"对象提供的方法,可以对结果进行处理。这里的方法主要有以下几个:"group()"方法,返回匹配的1个或多个子模式的内容;"groups()"方法,返回包含所有子模式的元组;"start()"方法,返回指定子模式内容的起始位置;"end()"方法,返回子模式的结束位置;"span()"方法,返回子模式的开始和结束位置。

```
>>> import re
>>> text = 'How are you!!'
>>> pattern = re.compile(r'\ba\w+\b') # 模式表示以"a"开头的单词
>>> pattern.findall(text)
['are']
>>> pattern = re.compile(r'\b[a-zA-Z]{3}\b') # 查找长度为3的字符串
>>> pattern.findall(text)
['How', 'are', 'you']
>>> m = re.match(r"(\w+) (\w+)", "How are you!")
>>> m
<_sre.SRE_Match object; span=(0, 7), match='How are'>
>>> m.groups()
('How', 'are')
>>> m.group(0) # 整个子模式
'How are'
>>> m.group(1) # 子模式第1部分内容
'How'
>>> m.group(2) # 子模式第2部分内容
'are'
>>> m.start()
0
>>> m.span()
(0, 7)
```

**图3.8 "re"模块编译正则表达式对象**

另外,正则表达式对象提供了"search(string[, startpos[, endpos]])"方法以在整个字符串中进行搜索,提供了"split(string[, maxsplit = 0])"方法以对字符串"string"进行分割,提供了"sub(repl, string[, count = 0])"方法以对字符串"string"进行查找替换。这3种方法的使用和前面的使用方法类似。例如,给定一个字符串,里面包含两个电话号码,用正则表达式提取其中的电话号码。针对这个问题,首先要正确写出电话号码的正则表达式,通常第一个字母为"0",后面有2~3位数字表示区号;然后用一个"-"分割,后面有7~8位数字表示具体的号码。根据以上模式写出的正则表达式为"0\d{2}-\d{7,8}",如图3.9所示。将该正则表达式编译成正则表达式对象"pattern"。在第6行使用"pattern"对象的"search()"方法在字符串中进行检索,得到第一个结果并且输出"Searched Number: 025-1234567   Start: 19 End: 30 span: (19,

30）"。在第一个结果的结束位置之后继续搜索，得到第二个结果并且输出"Searched Number: 010-12345678　　Start: 54 End: 66 span: (54, 66)"。重复执行以上过程，直到在字符串中不能再找到可以匹配的模式。

```
1   import re
2   text = 'My phone number is 025-1234567, yours phone number is 010-12345678.'
3   pattern = re.compile("0\d{2}-\d{7,8}")
4   index = 0
5   while True:
6       result = pattern.search(text, index)
7       if not result:
8           break
9       print('Searched Number:', result.group(), ' Start:', result.start(),
        'End:', result.end(), 'span:', result.span())
10      index = result.end()
```

图 3.9　使用正则表达式搜索电话号码

## 3.4　NumPy 和 SciPy 模块

变量可以用于存放单个数据值，而列表、元组、字典、集合等高级数据结构可以存放更复杂、更灵活的数据。然而，针对复杂、高效的数据分析任务，这些仍然是不够的。图 3.10 所示的例子可以说明以上数据结构存在的主要问题。

```
>>> a = [1, 2, 3, 4]
>>> b = [5, 6, 7, 8]
>>> c = a + b
>>> print(c)
[1, 2, 3, 4, 5, 6, 7, 8]
```

图 3.10　通过列表进行算数运算的不便利

在图 3.10 中，数据分别存放在列表"a"和"b"中，希望通过算数运算符"+"将列表中对应的元素值相加。然而事与愿违，两个列表相加的结果是列表元素的连接"[1, 2, 3, 4, 5, 6, 7, 8]"。这个例子说明了一个比较有代表性的问题：使用列表的时候，不能简单地通过算数运算符进行"加""减""乘""除"等操作。而基于数据存储的这类操作在数据分析、数据挖掘中经常被用到。为了能够更有效地进行数据的科学计算，更有效地表示高维数据、提升数据分析的效率，需要有新的数据表示方式。目前，Python 提供了 NumPy 模块可以达到以上目的。如果当前的系统中没有安装这个模块，则需要通过以下命令进行安装：

```
pip install numpy
```

1995 年，吉姆·侯格尼（Jim Hugunin）与合作者针对 Python 下的科学计算进行了最初的尝试，共同开发了 Numeric。后来，又出现了 Numarray 包用于科学计算。2005 年，特拉维斯·奥利潘特（Travis Oliphant）对 Numeric 和 Numarray 进行了扩展，开发了 NumPy 的第一个版本，并且进行了开源。

作为一个 Python 下的扩展库，NumPy 支持高维度数据存储和数据运算，同时提供了大量的数学函数库。其在科学计算方面的运行速度非常快，如图 3.11 所示。NumPy 主要包括以下功能：第一，一个强大的 $N$ 维数组对象 ndarray；第二，广播功能函数；第三，线性代数、傅立叶变换、随机数生成等功能。NumPy 通常与 SciPy（Scientific Python）和绘图库 Matplotlib

一起使用，可提供一个强大的科学计算环境，有助于通过 Python 学习数据科学。

图 3.11 所示代码的结果为 "[6, 8, 10, 12]"，可以看出，使用 NumPy 创建的数组可以更加方便地进行科学计算，如 "a + b" "a*b" 等。

### 3.4.1 NumPy

NumPy 可以通过数组操作同类型多维的对象。它与前面学的 Python 列表有以下区别：第一，NumPy 数组在创建时就指定了大小，如果更改数组的大小，则需要删除原来的数组并创建一个新的数组，而在列表中，可以动态地更新大小；第二，NumPy 数组中的元素是具有相同数据类型的对象，而列表中则可以存放不同类型的对象；第三，NumPy 是专门针对科学计算而设计的，因此，它具有比列表更高的计算效率。例如，如果要将两个长度相同的数组中对应的元素相乘，那么需要通过一个 "for" 循环来实现，如图 3.12 所示。在这个例子中是一个简单的一维数组的情况。如果是一个二维数组，为了遍历数组中的元素，则至少需要两个 "for" 循环。同理，如果是多维数组，则 "for" 循环的个数将会更多。这样会导致代码复杂，进而增加程序出错的概率。而 NumPy 提供了有效解决这个问题的方式，只需一行简单的代码 "c = a * b" 即可。

```
1    import numpy as np
2    a = np.array([1, 2, 3, 4])
3    b = np.array([5, 6, 7, 8])
4    c = a + b
5    print(c)
```

**图 3.11　NumPy 可以更便利地进行科学计算**

```
1    a = [1, 2, 3, 4]
2    b = [5, 6, 7, 8]
3    c = []
4    for i in range(len(a)):
5        c.append(a[i]*b[i])
6    print(c)
```

**图 3.12　列表的效率不高**

由于 NumPy 经常用于处理多维数据、矩阵等，因此，这里有一个重要的概念 "轴（axis）"，它是为了理解多维数组而定义的一个属性。通常来讲，"轴"的个数等于数组的维数。即：针对一维数组有 1 个轴，针对二维数组有 2 个轴，针对三维数组有 3 个轴，以此类推。

针对二维数组，对应的两个轴的计算如图 3.13 所示。当 "axis = 0" 时，表示沿着图中的每一列进行规定的运算；当 "axis = 1" 时，表示沿着图中的每一行进行规定的运算。例如，图 3.14 所示的第 2 行创建了一个二维数组，第 3 行输出查看数组创建的结果。第 4 行和第 6 行使用 NumPy 中的求和方法对数组进行求和，但是这两行指定的求和计算的轴不一样，一个是 "0"，一个是 "1"。根据前述规则，第 5 行的结果应该是 "axis 0 [4, 6]"，第 7 行的结果应该是 "axis 1 [3, 7]"。

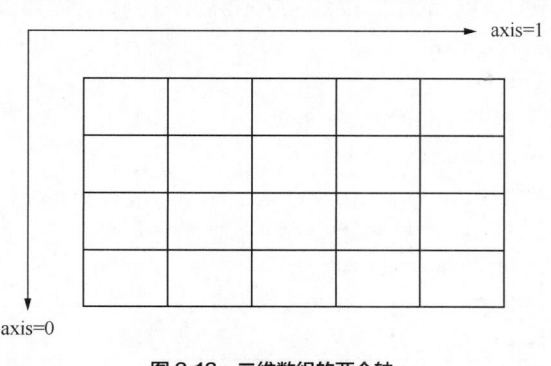

**图 3.13　二维数组的两个轴**

```
1    import numpy as np
```

```
2    x = np.array([[1, 2], [3, 4]])
3    print('x = %s' % x)
4    sum0 = np.sum(x, axis=0)
5    print('axis 0 %s' % sum0)
6    sum1 = np.sum(x, axis=1)
7    print('axis 1 %s' % sum1)
```

**图 3.14　二维数组中 axis 的例子**

三维数组具有 3 个轴，如图 3.15 所示。当"axis = 0"时，各维数组中对应位置的元素进行计算；当"axis = 1"时，每一维数组沿着列进行计算；当"axis = 2"时，每一维数组沿着行进行计算。

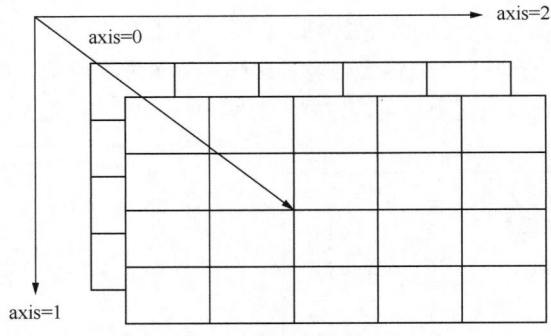

**图 3.15　三维数组的 3 个轴**

图 3.16 所示是三维数组进行求和运算的例子。第 2 行定义了一个"3×3×3"的数组，最外围的元素分别是"[[0, 1, 2], [3, 4, 5], [6, 7, 8]]""[[9, 10, 11], [12, 13, 14], [15, 16, 17]]""[[18, 19, 20], [21, 22, 23], [24, 25, 26]]"。在第 3 行中，当"axis = 0"时，对应位置的元素相加，以第一个结果为例"0 + 9 + 18 = 27"；当"axis = 1"时，同一列的元素相加，仍然以第一个结果为例"0 + 3 + 6 = 9"；当"axis = 2"时，同一行的元素相加，仍然以第一个结果为例"0 + 1 + 2 = 3"。

```
1    import numpy as np
2    x = np.array([[[0, 1, 2], [3, 4, 5], [6, 7,
     8]], [[9, 10, 11], [12, 13, 14], [15, 16, 17]],
     [[18, 19, 20], [21, 22, 23], [24, 25, 26]]])
3    a = np.sum(x, axis = 0)
4    print(a)
     [[27 30 33] [36 39 42] [45 48 51]]
5    b = np.sum(x, axis = 1)
6    print(b)
     [[ 9 12 15] [36 39 42] [63 66 69]]
7    c = np.sum(x, axis = 2)
8    print(c)
     [[ 3 12 21] [30 39 48] [57 66 75]]
```

**图 3.16　三维数组中 axis 的例子**

NumPy 中的核心对象是"ndarray"，它具有大量操作数组的属性和方法。属性规定了当前数组的特征，常用的属性如表 3.4 所示。

表 3.4   ndarray 对象常用的属性

| 属性 | 含义 |
| --- | --- |
| ndim | 数组维数的值 |
| shape | 数组每个维度的值组成的元组，对于 *n* 行 *m* 列的矩阵，shape 为（n, m） |
| size | 数组元素的个数 |
| dtype | 描述数组元素的类型的对象，可以是 Python 创建的类型，也可以是 NumPy 提供的数据类型 |
| itemsize | 数组中每个元素所占字节数 |
| data | 数组元素实际存储的缓存区 |

图 3.17 所示的 NumPy 的"array()"函数创建了一个简单的二维数组，通过"type()"函数可以查看它的类型为"numpy.ndarray"。

创建好了一个数组之后，就可以访问其中的元素了。在 NumPy 中，数组元素的下标也是从 0 开始的，访问一个元素的方法与列表类似，也是通过"数组名[下标]"的形式。例如，图 3.18 所示的二维数组"x"，第一维是"x[0]"，第二维是"x[1]"，"x[1, 1]"就对应着第二维的第二个元素，其返回的值为 4。针对二维数组的情况，也可以把"x[1, 1]"中的第一个"1"看作是第 2 行，第二个"1"看作是第 2 列。

```
>>> import numpy as np
>>> x = np.array([[1, 2], [3, 4]])
>>> print(type(x))
<class 'numpy.ndarray'>
>>> print(x.ndim)
2
>>> print(x.shape)
(2, 2)
>>> print(x.size)
4
>>> print(x.dtype)
int64
>>> print(x.itemsize)
8
>>> print(x.data)
<memory at 0x1145b27e0>
```

图 3.17   ndarray 对象属性的例子

```
>>> import numpy as np
>>> x = np.array([[1, 2], [3, 4]])
>>> print(x[1])
[3 4]
>>> print(x[1,1])
4
>>> x[1,1] = 5
>>> print(x)
[[1 2] [3 5]]
```

图 3.18   NumPy 数组元素的访问

如果需要修改数组中某一个元素的值，同样需要使用数组名加下标的形式找到对应的数组元素，然后执行赋值操作。在图 3.18 中，将刚才的"x[1,1]"元素的值赋值为 5。这里需要注意，NumPy 中的数组元素类型都是一样的，在这个例子里面，元素类型是整型，如果使用了类似"x[1,1] = 5.1"的赋值方法，则会将浮点型的数转换成整型的数，因此"x[1,1]"的值仍然是 5。

在 NumPy 中，多维数组的应用特别频繁，另外，多维数组元素的切片本身特别复杂，因此，需要了解多维数组的切片。这里为了展示方便，仍然以二维数组为例子。假设有一个 6 行、6 列的数组，数组元素的值如图 3.19 所示。在创建这个二维数组的时候，除了直接赋初值的方式，有没有其他更加方便的方法呢？

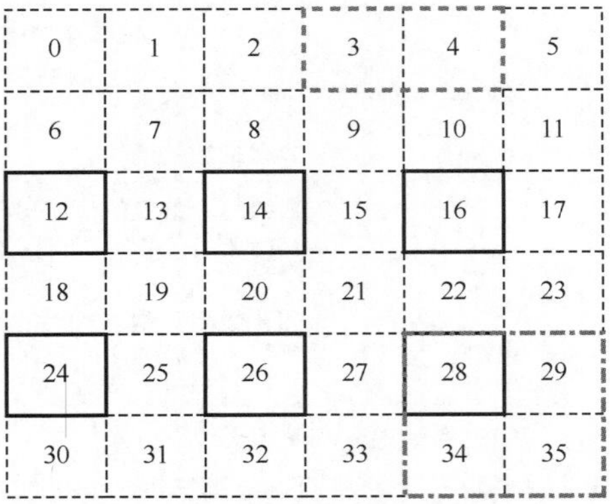

Python 提供了内置函数 "range()" 可以生成有序序列，NumPy 也提供了类似的函数 "arange(start, end, step, dtype)"。其中，"start" 表示数组元素的起始值；"end" 表示数组元素的结束值，该值不出现在最终的数组中；"step" 表示步长，默认值为 1；"dtype" 表示数组元素类型，如果没有指定，则将从其他输入参数自动推断。在使用的时候，可以单独指定一个 "end" 值，产生 "0～(end−1)" 范围内

图 3.19　NumPy 数组切片

的连续整数。如果指定了 "step" 值，则必须给出 "start" 的值。最终，该函数返回一个 "ndarray" 类型的数组。根据图 3.19 中的数组元素的值，图 3.20 所示通过 "arrange()" 函数生成了 "0～35" 范围内的 35 个整型数。然而这个数组是一维的，它有 36 个元素，这和图 3.19 中的数组形状不一致。NumPy 提供了函数 "reshape()" 来改变数组的形状，具体的语法格式为 "reshape(array, newshape, order)"。其中，参数 "array" 表示需要处理的数组，"newshape" 指定新的形状，它通常是一个整型数或者一个由整型数构成的元组。这里需要注意，无论是整型数还是元组，计算出来的新形状的数组元素个数应该与原来的数组元素个数相等。"order" 表示以何种索引顺序读取 "array" 数组中的元素，并且按照该索引顺序将元素放到变换之后的数组中。系统默认的值为 "C"，表示用类 C 语言的索引顺序读写元素，即最后一维变化快，第一维变化慢。例如，在二维数组中优先读写行，"reshape()" 函数将返回变换形状之后的 "ndarray" 类型的数组。在图 3.20 中，该函数将原来的一维数组变换为 6 行 6 列的二维数组，这样就得到了一个新形状的数组。这种形状变换的方式在数据分析模型构建领域应用非常广泛。进而我们可以通过数组名的形式访问数组中的元素。"x[0, 3:5]" 表示第 1 行的第 4 和第 5 个元素，如图 3.19 中的虚线所围区域所示；"x[4:, 4:]" 表示从第 5 行、第 5 列开始的所有元素，如图 3.19 中的点划线所围区域所示；"x[:, 2]" 表示第 3 列元素。在切片访问的时候可以指定步长，格式为 "start: end: step"。图 3.20 所示的 "x[2::2, ::2]" 表示从第 3 行开始，依次加 2 行，并且所有的列之间也都是间隔 2 列，返回的值如图 3.19 中的实线所围区域所示。

通过布尔运算可以获取满足特定条件的元素，并以数组的形式返回，称为 "布尔索引"。例如，"x[x > 30]" 表示在 "x" 中查找大于 30 的所有元素。利用整数数组进行索引称为 "花式索引"，它将索引数组的值作为目标数组的某个轴的下标来取值。对于使用一维整型数组作为索引，如果目标是一维数组，那么索引的结果就是对应位置的元素；如果目标是二维数组，那么索引的结果就是对应下标的行。在图 3.20 中，"x[[1, 3, 5]]" 表示获取第 1、3、5 行的数组元素。

针对维度相同且每一维长度相等的数组的计算，只需要对对应位置元素执行操作。然而，如果维度不相同呢？或者说，如果参与计算的两个数组的形状不一致呢？NumPy 提供了广播（Broadcast）机制来应对这种情况。图 3.21 所示有一个 3×3 的二维数组 a 和一个一维数组 b，下面介绍这两个数组的相加操作。

```
>>> import numpy as np
>>> x = np.arange(36)
>>> print(x)
[ 0  1  2  3  4  5  6  7  8  9 10 11 12 13 14 15 16 17 18 19 20 21 22 23
 24 25 26 27 28 29 30 31 32 33 34 35]
>>> x = x.reshape((6, 6))
>>> print(x)
[[ 0  1  2  3  4  5] [ 6  7  8  9 10 11] [12 13 14 15 16 17] [18 19 20
21 22 23] [24 25 26 27 28 29] [30 31 32 33 34 35]]
>>> print(x[0, 3:5])
[3 4]
>>> print(x[4:, 4:])
[[28 29] [34 35]]
>>> print(x[:, 2])
[ 2  8 14 20 26 32]
>>> print(x[2::2, ::2])
[[12 14 16] [24 26 28]]
>>> print(x[x > 30])
[31 32 33 34 35]
>>> print(x[[1, 3, 5]])
[[ 6  7  8  9 10 11] [18 19 20 21 22 23] [30 31 32 33 34 35]]
```

图 3.20  NumPy 多维数组元素的切片访问

```
>>> import numpy as np
>>> a = np.array([[1, 2, 3], [4, 5, 6], [7, 8, 9]])
>>> b = np.array([1,2,3])
>>> print(a + b)
[[ 2  4  6] [ 5  7  9] [ 8 10 12]]
```

图 3.21  NumPy 中不同形状的数组相加

　　广播机制最重要的原则是所有参与运算的数组向形状最长的看齐，形状中不足的部分补 1，计算之后的数组形状是各个参与运算数组在各维度上的最大值。将数组 b 拉伸成 3×3 的数组，如图 3.22 所示。这样数组 b 就和数组 a 具有了相同的形状，计算的结果就是对应元素的求和。其实也可以理解为数组 b 针对数组 a 中的每一行执行了相同的 3 次操作。

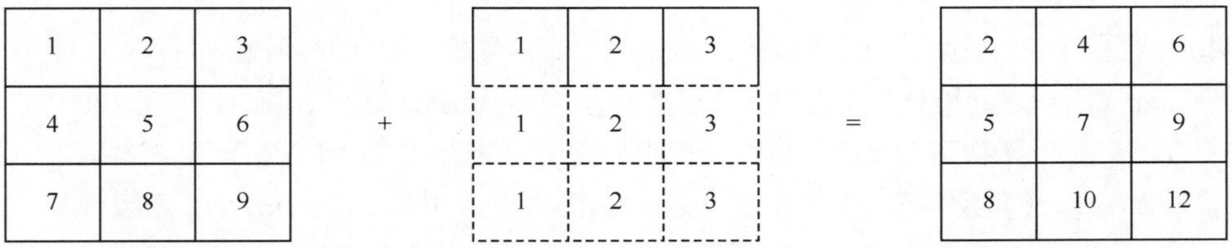

图 3.22  NumPy 中的广播机制

　　NumPy 提供了一系列的函数，可以非常方便地进行数值运算。这些函数主要分为 3 类：第一类是字符串操作的相关函数，第二类是算术计算和统计的相关函数，第三类是矩阵操作的相关函数。

在字符串操作函数中，数组中的元素类型"dtype"必须是"numpy.string_"。函数定义在字符数组类"numpy.char"中。其中，"add()"函数可以对两个数组中对应的元素依次进行连接；"multiply()"函数可以对字符串进行多次连接；"split()"函数可以对字符串进行分割，并可以指定分隔符，默认情况下的分隔符是空格；"strip()"函数可以移除字符串开头和结尾处的特殊字符，如果不指定特殊字符，则默认移除空格，另外，字符串可以放到一个数组里统一进行移除处理；"join()"函数可以指定分隔符来连接数组中的字符串；"replace()"函数可以实现字符串的替换，它将在字符串中查找字串，找到之后进行替换。NumPy 中常用的字符串操作函数如图 3.23 所示。

```
>>> import numpy as np
>>> print(np.char.add(['hello', 'hi'], [' world!', ' Python!']))
['hello world!' 'hi Python!']
>>> print (np.char.multiply('Python ', 2))
Python Python
>>> print (np.char.split ('This.is.Python!', sep = '.'))
['This', 'is', 'Python!']
>>> print (np.char.strip('!hello world!', '!'))
hello world
>>> print (np.char.strip(['!hello', 'world!'], '!'))
['hello' 'world']
>>> print (np.char.join([':','-'],['hello','world']))
['h:e:l:l:o' 'w-o-r-l-d']
>>> print (np.char.replace ('hello world', 'hello', 'hi'))
hi world
```

图 3.23 NumPy 中常用的字符串操作函数

在算术计算相关的函数中，NumPy 提供了常见的三角函数，如"sin()""cos()"等。在数据分析过程中，经常会对数值进行四舍五入。例如，"around（数组，小数位数）"函数将处理数组元素，并且可以根据指定的小数点位数进行四舍五入，小数位数默认情况下为 0；"floor()"函数返回数值的下舍整数；"ceil()"函数返回数值的上入整数。NumPy 分别提供了"add()""subtract()""multiply()""divide()"函数进行数组的加、减、乘、除操作。"power()"函数可以进行幂运算，该函数的第一个参数是底数，第二个参数是指数，它们都可以是数组的形式，此时，两个数组对应的元素分别作为底数和指数。"mod()"函数可以进行取余操作。NumPy 中常用的算术函数如图 3.24 所示。

NumPy 提供了统计函数，如查找最大、最小值，计算均值、方差等函数，如图 3.25 所示，具体包括："amin()"函数可以计算指定轴上的元素最小值；"amax()"函数可以计算指定轴上的元素最大值；"median()"函数可以计算数组中元素的中值（中位数），并可指定沿特定的轴进行计算；"mean()"函数可以计算数组元素的算术平均值，并可指定计算的轴；"average()"函数可以计算在给定数组和权重数组的情况下的加权平均值（将两个数组对应元素相乘之后求和，并除以权重数组元素值的和），并可指定计算的轴，如果没有给出权重数组，则其作用相当于"mean()"函数；"var()"函数可以计算样本的方差，即每个样本值与全体样本的均值之差的平方值的平均数；"std()"函数可以计算样本的标准差（衡量样本平均值分散程度的指标，是方差的算术平方根）。

```
>>> import numpy as np
>>> x = np.array([0, 30, 90])
>>> print (np.sin(x*np.pi/180))
[0.  0.5 1. ]
>>> print (np.cos(x*np.pi/180))
[1.00000000e+00 8.66025404e-01 6.12323400e-17]
>>> y = np.array([2.33, 0.78, 1.0])
>>> print (np.around(y))
[2. 1. 1.]
>>> print (np.around(y, 1))  #小数点后1位
[2.3 0.8 1. ]
>>> z = np.array([1.1, 2.2, 3.3])
>>> print(np.floor(z))
[1. 2. 3.]
>>> print(np.ceil(z))
[2. 3. 4.]
>>> print(np.add(y, z))
[3.43 2.98 4.3 ]
>>> print(np.subtract(y, z))
[ 1.23 -1.42 -2.3 ]
>>> print(np.multiply(y, z))
[2.563 1.716 3.3  ]
>>> print(np.divide(y, z))
[2.11818182 0.35454545 0.3030303 ]
>>> print(np.power([2, 2, 2], [1, 2, 3]))
[2 4 8]
>>> print(np.mod([1, 2, 3], [2, 2, 2]))
[1 0 1]
```

图 3.24　NumPy 中常用的算术函数

```
>>> import numpy as np
>>> x = np.array([[1, 2, 3],[4, 5, 6],[7, 8, 9]])
>>> print(np.amin(x, 1))
[1 4 7]
>>> print(np.amax(x, 0))
[7 8 9]
>>> print(np.median(x))
5.0
>>> print(np.median(x, 1))
[2. 5. 8.]
>>> print(np.mean(x))
5.0
>>> print(np.mean(x, 0))
[4. 5. 6.]
>>> print(np.average(x[0], weights = np.array([3, 2, 1])))
1.67
>>> print(np.var(x[0]))
0.67
>>> print (np.std(x[0]))
0.82
```

图 3.25　NumPy 中常用的统计函数

57

NumPy 中与矩阵相关的操作包含在"numpy.matlib"模块中，该模块中的函数返回的不是"ndarray"对象，而是一个矩阵。其主要包括以下函数。"empty(shape, dtype, order)"函数可以创建一个矩阵，其中，参数"shape"是一个元组，表示矩阵的形状；参数"dtype"表示矩阵元素的数据类型；参数"order"取值为"C"时表示行序优先，取值为"F"时表示列序优先，返回规定形状的矩阵，初始元素的值为随机数值。"zeros()"函数可以创建一个以 0 填充的矩阵，"ones()"函数可以创建一个以 1 填充的矩阵。"eye()"函数可以创建一个对角元素的值为 1、其他元素的值为 0 的矩阵，注意，该函数的参数不是一个元组，第一个参数表示矩阵的行数，第二个参数表示矩阵的列数。"identity()"函数可以创建一个给定大小的单位矩阵。"rand()"函数可以创建一个以随机数填充的矩阵。"asarray()"函数可以将一个矩阵转换为"ndarray"对象的数组，反之，"asmatrix()"函数也可以将一个"ndarray"对象的数组转换为矩阵。"dot()"函数可以计算两个数组的点积，图 3.26 所示的两个数组"[1, 2, 3]"和"[4, 5, 6]"的点积计算过程为"$1 \times 4 + 2 \times 5 + 3 \times 6 = 32$"。"inner()"函数用于计算两个数组的内积，当数组是一维数组时，作用和"dot()"函数一致；当数组是多维数组时，它们之间是有区别的。例如，存在两个二维数组"[[1, 2], [3, 4]]"和"[[5, 6], [7, 8]]"，"dot()"函数的计算过程为"$[[1 \times 5 + 2 \times 7, 1 \times 6 + 2 \times 8], [3 \times 5 + 4 \times 7, 3 \times 6 + 4 \times 8]]$"，"inner()"函数的计算过程为"$[[1 \times 5 + 2 \times 6, 1 \times 7 + 2 \times 8], [3 \times 5 + 4 \times 6, 3 \times 7 + 4 \times 8]]$"。"matmul()"函数返回两个数组的矩阵乘积。

```
>>> import numpy as np
>>> import numpy.matlib
>>> print (np.matlib.empty((2,2)))
[[2.22809558e-312 2.52517499e-312]  [2.41907520e-312 2.12199579e-312]]
>>> print(np.matlib.zeros((2,2)))
[[0. 0.]  [0. 0.]]
>>> print(np.matlib.ones((2,2)))
[[1. 1.]  [1. 1.]]
>>> print(np.matlib.eye(2,2)
[[1. 0.]  [0. 1.]]
>>> print(np.matlib.identity(2))
[[1. 0.]  [0. 1.]]
>>> print(np.matlib.rand((2,2)))
[[0.71766644 0.29870277]  [0.49658816 0.39802301]]
>>> print (np.asarray(np.matlib.rand((2,2))))
[[0.96893034 0.89476551]  [0.3770672  0.61445175]]
>>> print(np.dot(np.array([1, 2, 3]), np.array([4, 5, 6])))
32
>>> print(np.dot(np.array([[1, 2], [3, 4]]), np.array([[5, 6], [7, 8]])))
[[19 22]  [43 50]]
>>> print(np.inner(np.array([[1, 2], [3, 4]]), np.array([[5, 6], [7, 8]])))
[[17 23]  [39 53]]
>>> print (np.matmul(np.array([[1, 2], [3, 4]]), np.array([[5, 6], [7, 8]])))
[[19 22]  [43 50]]
```

图 3.26　NumPy 中矩阵的相关函数

NumPy 中其他常用的函数如图 3.27 所示。"sort(array, axis, kind, order)"函数使用"kind"指定的排序算法（快速排序"quicksort"、归并排序"mergesort"、堆排序"heapsort"）对"array"

数组中的元素进行排序。可以通过"axis"指定排序时沿着的数组的轴,"axis = 0"表示按列排序,"axis = 1"表示按行排序。如果数组中包含字段,则可以通过"order"指定要排序的字段。"argsort()"函数返回数组元素值从小到大的下标值。"argmax()"和"argmin()"函数分别返回数组元素的最大值下标和最小值下标,可以指定沿特定的轴计算最大或最小值。当数组是多维数组时,如果不指定,就是多维数组展开之后的下标值。"flattern()"函数可以查看多维数组展开的结果。"where()"函数返回满足特定查询条件的元素的索引。

```
>>> import numpy as np
>>> x = np.array([[2, 1], [4, 3]])
>>> print(np.sort(x))
[[1 2]  [3 4]]
>>> print(np.sort(x, axis = 1))
[[1 2]  [3 4]]
>>> print(np.sort(x, axis = 0))
[[2 1]  [4 3]]
>>> print(np.argsort(np.array([2, 3, 1])))
[2 0 1]
>>> print(x.flatten())
[2 1 4 3]
>>> print(np.argmax(x))
2
>>> print(np.argmax(x, axis = 1))
[0 0]
>>> print(np.argmax(x, axis = 0))
[1 1]
>>> print(np.where(x > 3))
(array([1]), array([0]))
```

图 3.27　NumPy 中其他常用的函数

## 3.4.2　SciPy

SciPy 是在 NumPy 基础上开发的一个开源的 Python 科学计算工具包,与 MATLAB 的工具箱类似,它提供了科学计算相关的算法和函数实现。主要包括的功能有最优化、线性代数、积分、插值、分布和统计函数、快速傅立叶变换、信号处理和图像处理、常微分方程求解和其他科学与工程中常用的计算。SciPy 主要包括的模块如表 3.5 所示。

表 3.5　常用的 SciPy 模块

| 模块 | 简介 |
| --- | --- |
| constant | 常量定义 |
| integrate | 积分 |
| interpolate | 插值 |
| linalg | 线性代数 |
| Optimize | 优化 |
| stats | 统计 |
| io | 数据输入输出 |

在使用 SciPy 之前需要确认当前系统是否安装了该包,如果没有安装,则需要通过以下命令进行安装:

```
pip install scipy
```

SciPy 的应用主要分为 3 个部分:第一,矩阵计算;第二,方程求解;第三,数据拟合。SciPy 常与 NumPy 中的矩阵协同工作,从而有效地解决问题。

矩阵计算包括计算行列式的值、逆方阵等,主要会用到"linalg"模块。在该模块中,"delt()"函数用于计算方阵的行列式值,例如,对于一个 $2 \times 2$ 的方阵"[[1, 2], [3, 4]]",计算所得行列式的值为"-2.0"。"inv()"函数用于求解一个方阵的逆方阵,如图 3.28 所示,可以通过点积运算进行验证,原方阵和逆方阵的点积须是单位矩阵。

```
>>> import numpy as np
>>> from scipy import linalg
>>> x = np.array([[1, 2], [3, 4]])
>>> dx = linalg.det(x)
-2.0
>>> ix = linalg.inv(x)
array([[-2. ,  1. ], [ 1.5, -0.5]])
>>> np.dot(x, ix)
array([[1.0000000e+00, 0.0000000e+00],  [8.8817842e-16, 1.0000000e+00]])
```

图 3.28　SciPy 中的矩阵计算

SciPy 另外一个常用的功能是对求解所得方程和函数的极值进行判断,这里会用到"optimize"模块。在该模块中,"fmin_bfgs()"函数将会在一个给定的初始点开始进行梯度下降算法,查找最小值点。图 3.29 所示定义了一个二次函数,并且给出了 7 个点作为"x"的值,调用"fmin_bfgs()"函数可以判断函数的最小值点为 0。在"optimize"模块中还提供了其他求极值的函数,如"brute()""anneal()"等。使用"fsolve()"函数可以求解方程的根,针对被定义的方程"f",求解"f(x) = 0"的点,返回值为 0。

```
>>> from scipy import optimize
>>> def f(x):
>>>     return x**2
>>> x = np.array([-3, -2, -1, 0, 1, 2, 3])
>>> optimize.fmin_bfgs(f, 0)
Optimization terminated successfully.
    Current function value: 0.000000
    Iterations: 0
    Function evaluations: 3
    Gradient evaluations: 1
array([0])
>>> optimize.fsolve(f, 0)
array([0.])
```

图 3.29　SciPy 中的方程求解和函数极值

曲线拟合是数据分析中的重要应用之一。为了更好地说明问题，假设上例中的函数"f"使用了输入的 7 个点"x"，并得到了 7 个输出点"y"，这里在输出上增加了噪声数据，即随机值。假设有一个新的函数"f2"，它是一个二次分布，但是系数不确定，需要根据"f"给出的 7 组数据通过曲线拟合来确定系数的值。显然，正常情况下，这个系数应该是 1。"optimize"模块提供了"curve_fit()"函数进行曲线的非线性最小二乘法拟合，并且将拟合之后的结果返回，如图 3.30 所示。在本例中，返回值为"0.99446714"，约等于 1。

```
>>> from scipy import optimize
>>> def f(x):
>>>      return x**2
>>> x = np.array([-3, -2, -1, 0, 1, 2, 3])
>>> y = f(x) + np.random.randn(x.size)
>>> def f2(x, a):
>>>      return a*x**2
>>> params, params_covariance = optimize.curve_fit(f2, x, y)
>>> params
array([0.99446714])
```

**图 3.30　SciPy 中的曲线非线性最小二乘法拟合**

还有另外一种常用的最小二乘法可用于曲线拟合，其需要用到"optimize"模块提供的"leastsq ()"函数。图 3.31 所示的代码定义了训练数据"x"和"y"，规定拟合函数为直线函数，通过进行最小二乘法拟合可得，拟合直线的斜率为"2.035"、截距为"2.85"。这基本符合原始训练数据的分布规律。

```
>>> import numpy as np
>>> from scipy.optimize import leastsq
>>> x = np.array([1, 2, 3, 4, 5, 6, 7])
>>> y = np.array([5, 7, 9, 10, 14, 15, 17])
>>> def f(p, x):
>>>      k, b = p
>>>      return k*x+b
>>> def error(p,x,y):
>>>      return f(p, x)-y
>>> p = [3, 5]
>>> result = leastsq(error,p,args=(x, y))
>>> k, b = result[0]
>>> print('k=',k,'\n','b=',b)
k = 2.0357142882837094
b = 2.8571428460136685
```

**图 3.31　SciPy 中的曲线最小二乘法拟合**

## 3.5　Pandas 库

在数据科学中，Pandas 由于易用、易懂等特性，已经成为最常用的 Python 数据处理模块之一，可以完成从数据加载、预处理、模型分析到结果可视化的完整流程。Pandas 在 NumPy 的基础上构建了更加高级的数据结构，并包含了快速处理大规模数据集的工具。

Pandas 具有以下特性：首先，它提供了高效的数据处理对象，如"Series"和"DataFrame"；其次，这提供了读取多种格式文件中加载数据的方法；再次，它提供了有效处理数据的方法，如丢失数据的处理、数据的索引与切片等；最后，它可以方便地处理时间序列数据。

在使用 Pandas 之前，如果当前的系统中没有安装 Pandas，则须通过以下命令进行安装：

```
pip install pandas
```

在使用 Pandas 提供的功能之前，需要通过以下命令导入该包：

```
import pandas as pd
```

在 Pandas 中，有 3 个常用的数据结构："Series""DataFrame""Panel"，可以把它们分别理解为一维数组、二维数组和三维数组。其中，较高维数组是较低维数组的容器，即"DataFrame"是"Series"的容器，"Panel"是"DataFrame"的容器。"Series"与 NumPy 中的一维数组"Array"类似，它们都与 Python 的数据结构列表的基本功能近似，但是存放的数据类型不同。为了提升运算效率，"Series"和"Array"只能存储相同类型的数据，而"List"可以存储不同类型的数据。在"Series"结构中，每个元素都有一个标签，这个标签是一个索引值，其可以是数字或者字符，如图 3.32 所示。

Series 对象的创建有 3 种常见的方法：通过列表创建、通过字典创建、通过列表创建的时候指定索引值。针对最后一种情况，在创建 Series 对象的时候通过"index"指定索引值为"a, b, c, d"，如图 3.33 所示。

| 元素 | 1 | 2 | 3 | 4 |
|------|---|---|---|---|
| 索引 | a | b | c | d |

图 3.32 Series 结构

创建的 Series 对象的访问主要包括两种情况：索引访问和切片。显然，通过列表或者数组创建的 Series 对象的访问与通过字典创建的对象的访问方法不一样，它们分别与列表和字典中的元素访问类似。图 3.33 所示为针对列表创建的对象，可以通过下标访问，如"x[0]""x['a']"等；针对字典创建的对象，可以通过键值访问，如"x['a']"。在索引 Series 对象时，有 3 个重要的属性："loc[start:end]"、"iloc[start:end]"和"ix[start:end]"。其中，"loc"表示在 Series 对象的下标对应的标签上进行索引，范围从"start"到"end"；"iloc"表示在 Series 对象的下标上进行索引，范围不包括"end"；"ix"表示在 Series 对象下标对应的标签上索引，如果索引不到，则在下标位置上进行索引，范围不包括"end"。在 Python 3 之后的版本中"ix"的用法已经失效，因此建议使用前两种方法。针对 Series 对象的切片，列表创建的切片形式为"x[start:end]"，结果不包括"end"位置的元素；字典创建的切片形式为"x['start':'end']"，其中，"start"和"end"分别是 Series 对象中的键和值。

对 Series 对象中数据的操作主要包括两种情况：第一种情况为对 Series 对象中的数据进行算术运算；第二种情况为应用函数处理 Series 对象中的数据。算术运算中，可以进行标量运算，例如，"x"是一个 Series 对象，"x × 2"。也可以在两个不同的 Series 对象之间进行"+""−""×""/"等算术运算。在运算的时候，会在索引对齐之后计算，如果存在不同的索引，则计算结果的索引是两个 Series 对象索引的并集。例如，图 3.34 所示的代码中，假设 Series 对象"x"的数据索引分别为"a""b""c""d"，对象"y"的数据索引分别为"a""b""e""f"，则"x + y"结果的索引是"a""b""c""d""e""f"。在 Series 的两个对象中，只有"a""b"

是共有的，其他几个索引的计算结果为"NaN"。常用的函数处理包括："mean()"函数求均值，"sum()"函数求和，"add()""sub()""mul()""div()"函数分别实现两个 Series 对象的加、减、乘、除操作。

```
>>> import pandas as pd
>>> x = pd.Series([1, 2, 3, 4])  #列表创建
0    1
1    2
2    3
3    4
dtype: int64
>>> print(x[0])
1
>>> x = pd.Series([1, 2, 3, 4], index=['a', 'b', 'c', 'd'])
a    1
b    2
c    3
d    4
dtype: int64
>>> print(x['a'])                # 索引访问
1
>>> print(x.loc[:2])
0    1
1    2
2    3
>>> print(x.iloc[:2])
0    1
1    2
>>> print(x[0:2])                # 切片访问
0    1
1    2
>>> x = pd.Series({'a':1, 'b':2, 'c':3, 'd':4}) #字典创建
a    1
b    2
c    3
d    4
dtype: int64
>>> print(x['a'])                # 索引访问
1
>>> print(x['a':'c'])            # 切片访问
a    1
b    2
c    3
```

图 3.33  Series 对象的创建和访问

```
>>> import pandas as pd
>>> x = pd.Series([1, 2, 3, 4])
>>> y = pd.Series([5, 6, 7, 8])
>>> x * 2
0    2
1    4
2    6
3    8
>>> x + y
0     6
1     8
2    10
3    12
>>> x[x > 2]    #布尔值过滤
2    3
3    4
>>> x.mean()
2.5
>>> x.sum()
10
>>> x.add(y)
```

图 3.34　Series 对象的操作

在 Pandas 中，使用"NaN（Not a Number）"来表示缺失数据，内置的"None"值也会被当作"NaN"处理。针对缺失数据，有以下处理方法。在图 3.35 所示的代码中，两个 Series 对象"x"和"y"相加的时候，只有索引"c"和"d"对应的位置有值，其他位置是"NaN"。为了消除"NaN"的出现带来的不便，通常有以下几种处理形式：通过"dropna()"函数去除所有的"NaN"值；通过"fillna(num)"函数将"NaN"值填充为"num"；另外，在运算函数中，可以使用"fill_value"参数，表明在两个 Series 对象进行算术运算的时候，如果索引对应的值是"NaN"则可以用一个指定的数值来代替。例如，当两个 Series 对象相加时，使用"1"代替"NaN"。

```
>>> import pandas as pd
>>> x = pd.Series([1,2,3,4],index=['a','b','c','d'])
>>> y = pd.Series([4,5,6,7],index=['c','d','e','f'])
>>> print (x + y)
a    NaN
b    NaN
c    7.0
d    9.0
e    NaN
f    NaN
>>> print ((x + y).dropna())
```

图 3.35　Series 缺失数据的处理

```
c      7.0
d      9.0
>>> print ((x + y).fillna(0))
a      0.0
b      0.0
c      7.0
d      9.0
e      0.0
f      0.0
>>> print (x.add(y,fill_value=1))
a      2.0
b      3.0
c      7.0
d      9.0
e      7.0
f      8.0
```

图 3.35   Series 缺失数据的处理（续）

数据帧（DataFrame）可以看作一个具有异构数据的二维数组，它具有表格型的数据结构，如表 3.6 所示。这是用于表示学生信息的 DataFrame，可以看出，DataFrame 具有行和列两个标记轴，即其可以分别对行或者列进行算术运算。一个 DataFrame 中的数据可以是不同的类型，如字符串、整型等。另外，可以对该 DataFrame 进行操作，如增加、删除或访问数据。

表 3.6   DataFrame 结构示意

| 学号 | 姓名 | 性别 | 年龄 | 成绩 |
| --- | --- | --- | --- | --- |
| 1 | 张三 | 男 | 20 | 90 |
| 2 | 李四 | 男 | 21 | 80 |

通常，在数据处理中，需要将保存在文件中的数据读入 DataFrame 结构中，然后进行数据的计算等操作，最后，还需要把处理好的数据保存在一个文件中，这包括读取文件、数据操作、写入文件等。以上是使用 DataFrame 进行数据处理的基本流程。

在数据处理中，"CSV""JSON""Excel" 是 3 种常用的数据文件存储格式。Pandas 分别提供了读取 3 种文件的方法："read_csv()""read_json()""read_excel()"。其中，"CSV" 格式是最为常用的数据文件格式，以下主要以它为例进行说明。"CSV"（Comma Separate Values）格式是指用逗号分隔值的数据存储格式。每一条记录占一行，记录中的字段使用逗号分隔，并且逗号前后的空格会被忽略。例如，针对表 3.6 中的数据，对应的 "CSV" 格式如下：

```
学号,姓名,性别,年龄,成绩
1,张三,男,20,90
2,李四,男,21,80
```

其中，"学号,姓名,性别,年龄,成绩" 是表头，默认情况下不能为空。如果为空，则在调用 "read_csv()" 函数的时候，需要添加参数 "header = None" 以表明表头为空；否则，将第一条记录作为标题。在调用函数读入数据的时候可以通过 "names" 添加表头。如果有些数据不需要，则可以使用"skiprows"参数忽略掉指定的行，不进行读入。如果要将某一列设置为索引，则需要通过"index_col"参数进行设定。

另外，在进行数据读入的时候，Pandas 会将无法识别的值设置为"NaN"，如图 3.36 所示。

```
>>> import pandas as pd
>>> df = pd.read_csv("student_score.csv")
  学号 姓名 性别 年龄 成绩
0 1    张三 男   20  90
1 2    李四 男   21  98
2 3    王五 女   19  88
3 4    赵六 男   20  80
>>> df = pd.read_csv("student_score.csv", header=None)      #如果没有表头
>>> df = pd.read_csv("student_score.csv", names=["学号", "姓名", "性别",
"年龄", "成绩"])  #设置表头
>>> df = pd.read_csv("student_score.csv", skiprows=[1, 3]) #忽略第 1、3 行
>>> df = pd.read_csv("student_score.csv",index_col="成绩")  #将"成绩"这一列设
                                                          #置为索引
>>> df = pd.read_csv("student_score.csv",nrows=2)
  学号 姓名 性别 年龄 成绩
0 1    张三 男   20  90
1 2    李四 男   21  98
```

图 3.36　Pandas 读 CSV 文件

将数据读入 DataFrame 之后，可以对数据进行操作和处理，主要包括：数据概况浏览、数据读取和过滤、数据排序和算术运算等。

首先，通过 DataFrame 的"head()"函数和"tail()"函数可以对数据格式的概况进行浏览，如图 3.37 所示，它们分别输出数据中的前 5 行和最后 5 行。也可以通过参数指定希望显示的行数，例如，"head(2)"表示显示数据中最开始的 2 行。"describe()"函数显示数值型列的统计信息，包括数量、均值、方差、最小值、最大值等。如果只是需要部分统计信息，则可以通过"sum()"函数求和，"mean()"函数求所有值的平均值，"std()"函数求方差，"min()"函数求最小值，"max()"函数求最大值，"abs()"函数求绝对值。属性"shape"可以输出当前 DataFrame 对象的形状。在图 3.37 中，输出"(4, 5)"表示当前 DataFrame 的形状是一个 4 行 5 列的表格。属性"ndim"返回 DataFrame 对象的维数。属性"size"返回 DataFrame 对象中的元素个数。属性"T"对 DataFrame 对象进行转置，即交换行与列。属性"axes"返回行轴和列轴的标签列表。调用"len(df)"函数可以返回数据中的记录总数。属性"columns"输出 DataFrame 所有列的名称。属性"dtypes"输出 DataFrame 所有列的类型。

将数据读入 DataFrame 对象"df"中后，操作可以分为两种：第一种是针对行的操作，第二种是针对列的操作。行操作包括选择、添加、删除等。"loc[行标签]"函数可以根据标签选择一行。例如，图 3.38 所示的"df.loc[1]"选择行标签为"1"的行并返回本行的数据。当然，也可以通过位置来选择一行，具体的方法为"df.iloc[位置]"，这里的位置是一个整数。通过行切片可以一次选择多行，具体的形式为"df[start:end]"，将返回从"start"开始到"end"结束的所有行，需要注意的是，返回结果不包括"end"行。在 Pandas 中，可以通过"DataFrame()"构造函数来创建一个对象，它最常用的参数有两个：一个是"data"，表示数据格式，这里可以是列表、

字典、Series 或者是 Numpy 中的数组；另外一个是"columns"，表示列标签。通过这种方式可以创建一个新的行，命名为"df2"。如果要往原来的数据里添加新创建的行，则需要使用"append()"函数。由于新创建的行标签也是"0"，因此，默认情况下，添加之后的 DataFrame 对象中将存在两个行标签"0"，为了避免这种情况，需要使用"ignore_index=True"。通过"drop（行标签）"函数可以将指定行标签的行删除，如果有多个重复的行标签，则会删除多个行。

```
>>> import pandas as pd
>>> df = pd.read_csv("student_score.csv")
>>> df.head()    #显示前 5 行
>>> df.tail()    #显示最后 5 行
>>> df.head(2)   #显示前 2 行
   学号 姓名 性别 年龄 成绩
0 1    张三 男   20  90
1 2    李四 男   21  98
>>> df.describe()
       学号 年龄 成绩
count 4.000000 4.000000 4.000000
mean 2.500000 20.000000 89.000000
std 1.290994 0.816497 7.393691
min 1.000000 19.000000 80.000000
25% 1.750000 19.750000 86.000000
50% 2.500000 20.000000 89.000000
75% 3.250000 20.250000 92.000000
max 4.000000 21.000000 98.000000
>>> df.std()
学号      1.290994
年龄      0.816497
成绩      7.393691
>>> df.shape
(4, 5)
>>> df.ndim
2
>>> df.size
20
>>> df.columns
Index(['学号', '姓名', '性别', '年龄', '成绩'], dtype='object')
>>> df.dtypes
学号      int64
姓名      object
性别      object
年龄      int64
成绩      int64
>>> len(df)
4
```

**图 3.37  DataFrame 的数据概览函数**

```
>>> import pandas as pd
>>> df = pd.read_csv("student_score.csv")
>>> df.loc[1] #选择行标签为"1"的行
学号      2
姓名      李四
性别      男
年龄      21
成绩      98
Name: 1
>>> df[1:3] #行切片
  学号 姓名 性别 年龄 成绩
1 2    李四 男   21   98
2 3    王五 女   19   88
>>> df2 = pd.DataFrame([[5, '陈七', '女', 20, 78]], columns = ['学号','姓名',
'性别','年龄','成绩'])
  学号 姓名 性别 年龄 成绩
0 5    陈七 女   20   78
>>> df = df.append(df2,ignore_index=True)
>>> df = df.drop(0) #删除标签为"0"的行
```

**图 3.38　DataFrame 的行数据操作函数**

　　在 DataFrame 对象"df"中选择某一列数据的形式为"df [列标签]"。如果需要同时选择多列，则格式为"df [[列标签 1,…, 列标签 n]]"。在 DataFrame 中添加一个新列，直接将添加的值赋值给"df"对象的一个新列名。例如使用 Series 结构为 4 行数据创建一个新的列——成绩 2：用"index"参数分别指定数值对应的行下标，然后把这个值直接赋值给"df['成绩 2']"，则将创建一个新的列"成绩 2"，如图 3.39 所示。这里也可以通过对列进行计算创建一个新的列，例如，创建一个新的列"总分"，并使它里面的值是"成绩"与"成绩 2"的和。通过"del df [列标题]"或者"df.pop（列标题）"可以删除"列标题"对应的列。

```
>>> import pandas as pd
>>> df = pd.read_csv("student_score.csv")
>>> df['年龄']
0   20
1   21
2   19
3   20
4   20
Name：年龄
>>> df [['年龄','成绩']] #同时选择"年龄"和"成绩"两列
>>> df ['成绩 2']=pd.Series([80,90,97,70],index=[0,1,2,3])
```

**图 3.39　DataFrame 的列数据操作函数**

```
     学号  姓名  性别  年龄  成绩  成绩 2
0  1     张三   男    20    90    80
1  2     李四   男    21    98    90
2  3     王五   女    19    88    97
3  4     赵六   男    20    80    70
>>> df['总分']=df['成绩'] + df['成绩 2']
     学号  姓名  性别  年龄  成绩  成绩 2  总分
0  1     张三   男    20    90    80    170
1  2     李四   男    21    98    90    188
2  3     王五   女    19    88    97    185
3  4     赵六   男    20    80    70    150
>>> del df[总分']
>>> df.pop('成绩 2')
```

图 3.39 DataFrame 的列数据操作函数（续）

数据过滤是指根据一定的条件来选择符合条件的数据。可以直接通过 DataFrame 列使用运算符比较的形式进行数据过滤。如果有多个条件，则可分别使用“&”（逻辑与）“｜”（逻辑或）来连接。例如，过滤所有成绩大于或等于 90 的学生，格式为"df [df ['成绩'] >=90]"；过滤所有成绩大于 90 并且年龄大于 20 的学生，格式为"df [(df ['成绩'] >= 90) & (df ['年龄'] > 20)]"。如果通过"df [df ['性别'] == '男']"和"df [df ['性别'] == '女']"分别分离出男生和女生的数据，且需要把这两部分数据合并，则需要使用"contact()"函数。针对具有重复列的两组数据，可以通过"merge()"函数进行合并。例如，图 3.40 所示的第一组数据是"姓名"和"年龄"，第二组数据是"姓名"和"成绩"，可以通过"merge()"函数指定根据"姓名"进行数据的合并。有时候需要分别统计男生和女生的分数，这时需要用到"groupby()"函数先对数据进行分组，它根据一个或者多个键拆分 DataFrame 对象，返回重构格式的 DataFrame 对象。一旦数据分组完成，就需要通过"aggregate()"函数对各组数据进行计算，该函数指定具体针对数据进行的算术运算。运算方式可以是 NumPy 中的运算函数，如"np.sum"表示求和。另外，可以通过"reset_index()"函数重置行索引。

```
>>> import pandas as pd
>>> df = pd.read_csv("student_score.csv")
>>> df_90 = df[df['成绩'] >= 90]
     学号  姓名  性别  年龄  成绩
0  1     张三   男    20    90
1  2     李四   男    21    98
>>> df_90_20 = df[(df['成绩'] >= 90) & (df['年龄'] > 20)]
     学号  姓名  性别  年龄  成绩
1  2     李四   男    21    98
>>> df_boy = df[df['性别'] == '男']
>>> df_girl = df[df['性别'] == '女']
>>> df_all = pd.contact([df_boy,df_girl])
```

图 3.40 DataFrame 的数据过滤和分离

```
   学号 姓名 性别 年龄 成绩
0  1    张三 男    20   90
1  2    李四 男    21   98
3  4    赵六 男    20   80
2  3    王五 女    19   88
>>> df_age = df[['姓名','年龄']]
>>> df_score =  df[['姓名','成绩']]
>>> df_merge = pd.merge(df_age,df_score,on='姓名',how='left')
   姓名 年龄 成绩
0  张三 20   90
1  李四 21   98
2  王五 19   88
3  赵六 20   80
>>> df_sex = df.groupby(['性别']).aggregate({'成绩':np.sum}).reset_index()
   性别 成绩
0  女   88
1  男   268
```

**图 3.40  DataFrame 的数据过滤和分离（续）**

Pandas 中有两种对数据进行排序的方法，分别是按标签排序和按实际值排序，如图 3.41 所示。调用"sort_index()"函数按照标签进行排序，默认情况下是"升序"排序，可以修改"ascending =False"参数来改变排序顺序。通过"axis"参数指定排序的方式，默认情况下，"axis=0"表示逐行排序，"axis=1"表示逐列排序。"sort_values()"函数可以按照实际值进行排序，"by"参数指定依据的排序值的列标题。

```
>>> import pandas as pd
>>> df = pd.read_csv("student_score.csv")
>>> df_sort = df.sort_index(ascending=False)
   学号 姓名 性别 年龄 成绩
3  4    赵六 男    20   80
2  3    王五 女    19   88
1  2    李四 男    21   98
0  1    张三 男    20   90
>>> df_sort = df.sort_values(by='年龄')
   学号 姓名 性别 年龄 成绩
2  3    王五 女    19   88
0  1    张三 男    20   90
3  4    赵六 男    20   80
1  2    李四 男    21   98
```

**图 3.41  DataFrame 的数据排序**

处理好的数据需要保存到文件中，不同的文件格式有不同的函数。调用"to_csv(文件名[,index=None])"函数可以将数据保存到 CSV 文件中。这里需要指定文件名，"index=None"表示将数据按照原格式写入，不增加额外的行。其他常用的写文件的函数包括："to_json()"函数将数据写入 JSON 文件，"to_excel()"函数将数据写入 Excel 文件，如图 3.42 所示。

```
>>> import pandas as pd
>>> df = pd.read_csv("student_score.csv")
>>> df_sort = df.sort_index(ascending=False)
  学号 姓名 性别 年龄 成绩
3 4    赵六 男   20  80
2 3    王五 女   19  88
1 2    李四 男   21  98
0 1    张三 男   20  90
>>>df_sort.to_csv('sorted_student_score.csv', index=None)
```

图 3.42　DataFrame 的写文件

## 3.6　习题

（1）自定义一个数学计算模块 NewMath，在其中实现两个数字加、减、乘、除运算的函数，即 NewAdd、NewSub、NewMul、NewDiv。编写测试代码，引用该模块，并进行相应的运算。

（2）编程实现"使用正则表达式在一段文本中查找所有的 11 位手机号码，设计测试用例，并测试文本自定义"。

（3）什么是 NumPy 中的轴（axis）？

（4）NumPy 的优势主要包括哪些方面？

（5）编程实现以下功能，使用 NumPy 生成数组以保存 0～20 之间的数字，并将其中所有的偶数替换为 0。

（6）在 Pandas 中，常见的数据类型包括哪几个？它们区别是什么？

（7）生成 10 个学生的成绩数据，主要包括学号（取值范围为 1～10）和成绩（取值范围为 50～100，随机生成），构建学生成绩的 DataFrame 对象，并统计学生的平均成绩。

（8）生成 10 个学生的成绩数据，主要包括学号（取值范围为 1～10）和成绩（取值范围为 50～100，随机生成），将学号和成绩通过空格分割，写入文件 score.txt 中，并将数据重新在文件中读出。

# 04 chapter

# Python 数据获取

随着互联网技术的发展，在虚拟的信息空间——万维网（Web）上积累了大量的数据。Web 1.0 时代的代表"普通页面"为用户提供了获取信息的重要途径。Web 2.0 时代的代表"社交网络"为大众提供了可以交互的重要平台，用户不仅可以浏览页面的内容，而且可以通过发表内容、发表评论等行为进行互动。更重要的是，随着移动互联网技术的发展，智能终端已经成为人们日常活动中不可缺少的部分。人们可以在任何地方、任何时候获取自己需要的信息、参与日常互动。因此，Web 上汇聚了庞大的可以进行数据处理和挖掘的数据源。

合理地使用 Web 大数据具有重要的意义。在电子商务平台上，根据用户的浏览情况、购买历史等，可以分析、挖掘他们的购物兴趣，进而为其推荐商品。在搜索平台上，根据用户的搜索历史，可以发现当前大众的观点，发现社会问题，进而及时采取有效的治理措施。

综上，Web 数据具有重要的应用价值。为了更好地应用这些数据，首要的工作是获取并且清理 Web 数据。网络爬虫（Web Crawler）是获取 Web 数据的重要途径之一。简单地说，网络爬虫是一个探测机器人，它模拟人获取 Web 数据的方式。在人们使用 Web 的过程中，需要不停地点击页面中的链接（Links），当打开一个页面之后，还要在页面中检索自己需要的信息，并且获取这些信息。而网络爬虫就是把这个过程自动化，用一个机器人来代替人的上述活动：从一个指定的链接出发，完成点击的操作，打开页面之后把用户指定的信息保存下来，并且选择下一个链接点击。

一个网络爬虫需要以下知识：首先需要网络编程的基础知识，主要包括 Web 中主要的通信协议——超文本传输协议（HyperText Transfer Protocol，HTTP）、网页数据的主要组织工具超文本标记语言（HyperText Markup Language，HTML）；其次是网络爬虫的 Python 实现，即如何通过 Python 实现一个爬虫；最后是多线程和多进程，以多线程或多进程的方式实现数据的并发获取，提高数据获取的效率。

## 4.1  Web 的客户端/服务器工作模式

HTTP 是客户端访问 Web 服务器页面的重要协议，而 HTML 则规定了 Web 页面内容的组织形式。它们是网络爬虫工作的时候需要的两个重要组成部分，因此我们需要对它们做一个简单的了解。

通常，Web 的工作原理如图 4.1 所示。Web 采用客户端/服务器（Client/Server，CS）工作模式。客户端是一个提供用户 Web 服务的软件，一般是指浏览器，也可以是一个其他程序，它通过网络通信访问远端的服务器。服务器能够提供 Web 服务，包括运行在后端的 Web 服务及相关支撑软件，如数据库等。客户端通过 HTTP 协议向服务器发起请求，并将获取的 HTML格式的数据展示出来。而客户端需要明确请求的服务器资源的位置，这需要通过统一资源定位符（Uniform Resource Locator，URL）来指定。

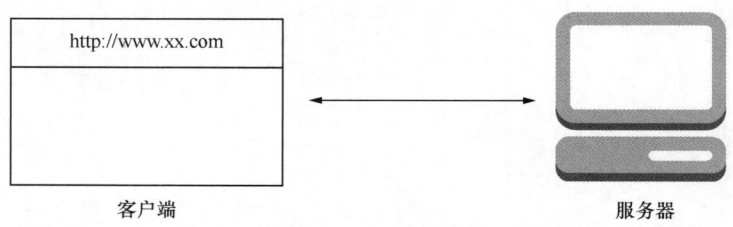

http://www.xx.com

客户端          服务器

**图 4.1  Web 工作原理示意**

URL 由 3 部分组成，分别是协议类型、主机名和文件名。格式如下所示：

```
protocol://hostname[:port]/path/[parameters]
```

其中，"protocol"表示协议类型，如 HTTP、文件传输协议（File Transfer Protocol，FTP）等。"hostname"表示主机名，它是存放访问资源的服务器的域名（Domain Name System，DNS）或 IP 地址，"port"是访问的服务器端口号，为可选项。"path"是目标文件或目录在主机上的地址，由"/"分割的字符串组成。"parameters"是其他参数，也是可选项。

### 4.1.1　Web 数据传输协议

HTTP 是目前在互联网上使用最为广泛的应用层协议，主要用于在客户端和服务器之间传输数据。它的通信模式具有快速简单的特点，适用于互联网中。HTTP 自提出之后，就在不断地完善。因此出现了许多 HTTP 的版本，这些协议可以在互联网工程任务组（The Internet Engineering Task Force，IETF）发布的请求评论（Request For Comments，RFC）协议标准中查看。最早的 HTTP 版本（HTTP 0.9）于 1990 年发布，它相对比较简单，只支持简单的通信方法。HTTP 1.0 版本定义在 1996 年发布的 RFC1945 中。HTTP 1.1 版本首先通过 RFC2068 推出，1999 年推出 RFC2616，废弃了 RFC2068。目前，HTTP 1.1 是应用最为广泛的版本。

HTTP 采用请求-响应（Request-Response）的通信方式，基本过程如图 4.2 所示。首先，客户端和服务器之间建立连接；然后，客户端发送请求到服务器；接着，服务器发送响应到客户端；最后，通信结束之后关闭连接。

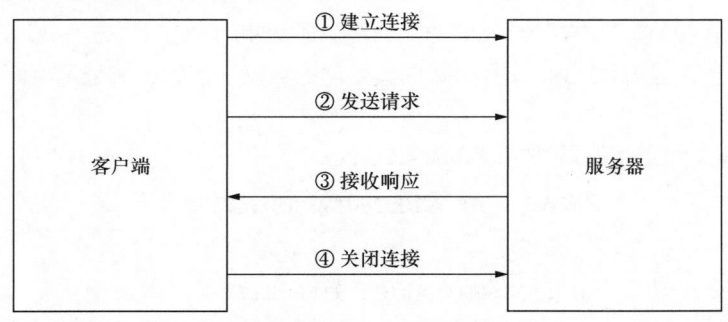

**图 4.2　HTTP 协议的通信过程**

在 HTTP 的通信过程中，有两个重要的步骤：发送请求和接收响应。与大多数的通信协议类似，这两个过程是通过报文的形式实现的，分别称为请求报文和响应报文。请求报文是从客户端向服务器发送的带有请求信息的报文，它的格式如图 4.3 所示。

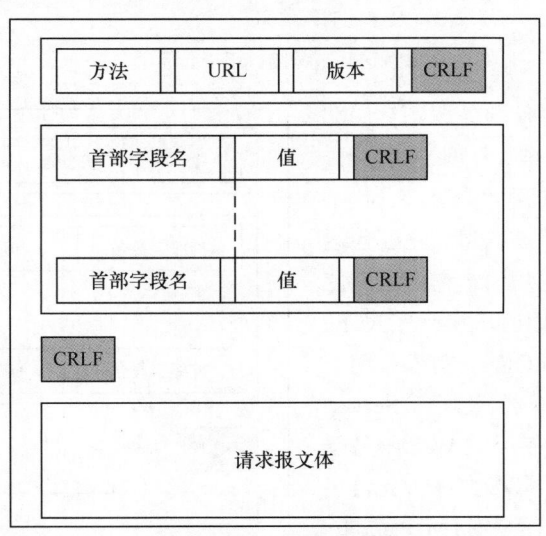

**图 4.3　HTTP 请求报文格式**

一个 HTTP 请求报文主要包括 3 部分：请求行、首部行和报文体。请求行包括请求方法、请求 URL 和协议版本号，"CRLF"表示回车换行。它们之间使用空格分割，如"GET /index.html

HTTP/1.1"。首部行包含了请求主体（如浏览器）的基本信息，通常包括首部字段名和值，它们之间也通过空格分割。例如，"User-Agent: Mozilla/7.0"说明当前浏览器的信息。请求报文中的方法是对请求对象进行的操作，常见的方法如表 4.1 所示。

表 4.1　HTTP 请求报文中常用的方法

| 方法 | 说明 |
|---|---|
| GET | 请求获取一个 Web 页面 |
| POST | 请求 Web 页面的同时附加被处理的数据 |
| HEAD | 请求获取一个 Web 页面的首部 |
| DELETE | 删除一个 Web 页面 |
| PUT | 请求存储一个 Web 页面 |
| CONNECT | 用于代理服务器 |

其中，最为常用的是"GET"和"POST"方法。通常使用"GET"方法获取一个指定 URL 的 Web 页面的内容，使用"POST"方法附加被处理的数据，例如，在登录页面需要提交用户名和密码的时候。

HTTP 请求报文中常用的首部字段如表 4.2 所示。

表 4.2　HTTP 请求报文中常用的首部字段

| 首部字段名 | 说明 |
|---|---|
| User-Agent | 请求客户端的类型信息，如 Mozilla7.0 |
| Accept | 客户端可以处理的页面类型，如 text/html |
| Accept-Charset | 客户端可以接收的字符集，如 Unicode-1-1 |
| Accept-Language | 客户端能够处理的语言，如 zh-cn |
| Host | 服务器的 DNS 名称 |
| Date | 请求报文发送的时间信息 |
| Cookie | 将 Cookie 发送回服务器，用于会话中 |

HTTP 的响应报文是从服务器到客户端的应答，它也由 3 部分组成，分别是状态行、首部行和响应报文体，如图 4.4 所示。状态行里包含 HTTP 请求的状态信息，主要包括协议版本、状态码、描述短语，它们之间使用空格分割，并且状态行以回车换行"CRLF"结尾，如"HTTP/1.1 200 OK"。首部行用于说明服务器的信息，如服务器的类型"Server: Apache/1.5.5(Unix)"表示使用的 Web 服务器是"Apache"服务器。响应报文体中包含了返回给客户端的内容，通常是 HTML 格式的数据。

响应报文中有一个重要的组成部分——状态码，它指明了本次 HTTP 请求的最终服

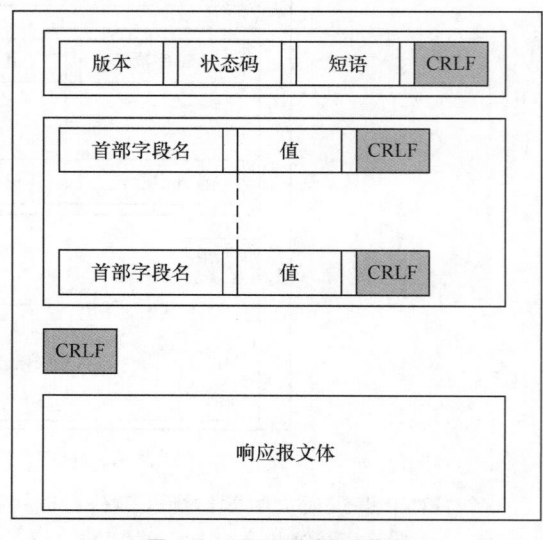

图 4.4　HTTP 响应报文格式

务器处理状态成功或者失败的原因。通常，状态码是一个 3 位数字，主要包括表 4.3 所示的 5 种。

表 4.3　HTTP 响应报文中的状态码

| 状态码 | 说明 |
| --- | --- |
| 1XX | 通知信息，如 100 表示服务器正在处理客户端请求 |
| 2XX | 客户端请求成功，如 200 表示请求成功 |
| 3XX | 重定向，如 301 表示页面位置发生了改变 |
| 4XX | 客户端错误，如 404 表示页面未找到 |
| 5XX | 服务器错误，如 500 表示服务器内部错误 |

HTTP 响应报文中常用的首部字段如表 4.4 所示。

表 4.4　HTTP 响应报文中常用的首部字段

| 首部字段名 | 说明 |
| --- | --- |
| Server | 服务器相关的信息，如 Apache |
| Content-Encoding | 响应内容的编码格式 |
| Content-Language | 页面使用的语言 |
| Content-Length | 页面的长度，以字节为单位 |
| Last-Modified | 页面最后被修改的时间 |
| Date | 响应报文发送的时间信息 |
| Location | 提示将客户端请求重定向到另外一个 URL |

假设 Web 服务器上有一个简单的页面，名字为 "example.htm"，内容为 "<html><body>Hello World</body></html>"。在浏览器的地址栏输入地址 "http://local██████80/example.htm"，浏览器将向 Web 服务器发送一个 HTTP 请求，报文格式大体如下：

```
GET /example.htm HTTP/1.1 <CRLF>
Accept: image/gif, image/jpeg, application/x-shockwave-flash <CRLF>
Accept-Language: zh-ch <CRLF>
Accept-Encoding: gzip <CRLF>
User-Agent: Mozilla/4.0 (compatible; MSIE 6.0; Windows NT 5.1) <CRLF>
Host: localhost:8080 <CRLF>
<CRLF>
```

如果请求成功，得到的 HTTP 响应报文格式如下：

```
HTTP/1.1 200 OK <CRLF>
Server: Microsoft-IIS/5.1 <CRLF>
Date: Fri, 03 Mar 2019 10:20:10 GMT <CRLF>
Content-Type: text/html <CRLF>
Last-Modifiled: Fri, 03 Mar 2019 10:10:20 GMT <CRLF>
Content-Length: 37 <CRLF>
```

```
<CRLF>
<html><body>Hello World</body></html>
```

## 4.1.2　Web 页面标记语言

由于数据存储的局限性，传统的如图书、文章之类的文档采用的是顺序结构，即从一开始就线性地记录内容，哪怕是在故事情节丰富的小说中。然而，现实世界的信息是非线性的，个体之间、情节之间具有复杂的网状结构的关系。这种网状结构能够体现联想性，更符合人类的思维方式。

很早的时候，信息领域的先驱们就试图建立信息之间的这种网状关联关系。范内瓦·布什（Vannevar Bush）提出了信息机器的概念 Memex（Memory Extender），开创了数字计算机和搜索引擎的时代。Memex 试图建立一个基于微缩胶卷存储的图书馆，通过照相机等外部设备记录新的资料，通过"交叉引用"建立资料之间的关联关系。读者可以通过链接，在不同的微缩胶卷片段之间进行浏览。

美国学者泰德·尼尔森（Ted Nelson）于 1965 年提出了超文本的概念。他所认为的超文本是"分叉的、允许读者做出选择的、最好能够在交互的屏幕上阅读的文本"。泰德·尼尔森认为纸上的文字是对事物之间丰富关系的一种弱化。而实物之间的丰富联系（Connections）是人们抽象、感知和思考的重要部分，丢掉关联的传统媒体形式不利于思想的交流与表达。因此，他提出了超链接文件系统——"Xanadu"。他认为所有的文档都能转移到交互式的计算机中，并且事物之间的丰富联系可以在计算机中很好地表达。

1969 年以后，研究人员开始设计"标记语言"，试图用约定好的标签集合对电子文档进行标记，从而实现对电子文档格式以及语义的定义。当然，这些标签应该和内容区分，并且易于识别。

1980 年左右，IBM 为了能够在不同的文档之间共享相似的属性，设计了一种文档系统，它通过使用标签来标记文档中的不同内容。并且将这种标记语言称为通用标记语言（Generalized Markup Language，GML）。随后基于 GML，产生了各种为了标准化文档而定义的标记语言。

1991 年左右，蒂姆·伯纳斯·李（Tim Berners-Lee）创建了 Web，他编写了一份"HTML"标签的文档，包含大约 20 个用于标记网页的 HTML 标签。

HTML 是一种应用于 Web 页面进行内容标记的语言。通常，这种语言标记的内容被保存在一个以".htm"或者".html"为扩展名的纯文本文件中。浏览器可以读取该文件，并对标签进行解释，将内容正确显示出来。HTML 从出现开始，经历了一个不断完善、发展的过程，每一个新的版本都增加了一些重要的标签以实现新的功能。目前，应用较为广泛的是 HTML 5，于 2014 年发布。

一个 HTML 文档由 HTML 元素构成。而一个 HTML 元素是指从开始标签（Start Tag）到结束标签（End Tag）之间的所有内容。其格式如下：

```
<标签名称 [属性名称=属性值…]> 内容 </标签名称>
```

通常，HTML 标签成对出现，前面的称为开始标签，后面的称为结束标签。所有在开始标签<标签名称>和结束标签</标签名称>之间的内容都将受到这个标签的影响。另外，每一个标签后面可以有一个或者多个属性，表现形式为"属性名称=属性值"，不同的标签具有不同的属性。有少数标签没有结束标签，格式相对简单，如下所示：

```
<标签名称>
```

一个 HTML 文档的基本结构如图 4.5 所示。文档中主要使用 3 个 HTML 标签，分别是"<html>""<head>""<body>"。它们将文档分为两个主要部分：文档头区和主体区。标签"<html>"表示当前文件是一个 HTML 文件，标签"<head>"表示文档头，可以省略。其中，可以通过"<title>"标签设定文档的标题，设定的标题将在浏览器的左上方显示。标签"<body>"中的内容是 Web 页面显示的正文，其中可以包含大量其他的标签，以此来组织整个 Web 页面的内容。

HTML 常用的标签及其属性如表 4.5 所示。

```
<html>
    <head>
        文档头
        <title> 文档标题</title>
    </head>
    <body>
        文档主体
    </body>
</html>
```

**图 4.5　HTML 文档的基本结构**

**表 4.5　HTML 常用标签及属性**

| 标签 | 含义 | 常用属性 | 说明 |
|---|---|---|---|
| <meta> | 描述文档信息，如开发工具、作者、关键字等 | name：描述文档的关键字<br>content：针对 name 的具体描述 | <meta name="Keywords" content="python, computer"> |
| <body> | 正文标签 | bgcolor：页面背景颜色<br>background：页面背景图像<br>text：默认的文本颜色<br>link：未被访问的链接源文字颜色<br>vlink：访问过的链接源文字颜色<br>topmargin：内容顶边距<br>leftmargin：内容左边距 | <body bgcolor="#FF0000"> |
| <h1>、<h2>、<h3>、<h4>、<h5>、<h6> | 标题，字体大小依次减小 | align：标题对齐方式，left 表示居左，right 表示居右，center 表示居中 | <h1 align=center>1 级标题 </h1> |
| <p> | 段落 | align：段落对齐方式，left 表示居左，right 表示居右，center 表示居中，justify 表示两端 | <p align=center> 段落 </p> |
| <br> | 强制换行 | | |
| <div> | 文档分节 | align：段落对齐方式，left 表示居左，right 表示居右，center 表示居中 | <div align=center> 段落<br></div> |
| <center> | 内容居中 | | <center><br><h1> 标题 </h1><br></center> |
| <pre> | 显示预排格式，保留空格、回车、Tab 等格式 | | |

| 标签 | 含义 | 常用属性 | 说明 |
|---|---|---|---|
| \<hr\> | 添加水平线分割文档内容 | size：粗细，用整数表示<br>width：长度，用像素长度或百分比表示<br>color：颜色<br>align：对齐方式 | \<hr size=5 width=50% color=red align=center\> |
| \<font\> | 字体控制 | size：字体大小，用整数表示<br>color：字体颜色<br>face：字体样式 | \<font size=1 face=Times New Roman\> 1 号字体 \</font\> |
| \<ol\> | 有序列表 | type：数字序列样式<br>start：数字序列起始值 | \<ol type=a\><br>\<li\>列表项\</li\><br>\</ol\> |
| \<ul\> | 无序列表 | type：列表项前的显示符号，disc 表示实心圆，circle 表示空心圆，square 表示方块 | \<ul type=circle\><br>\<li\>列表项\</li\><br>\</ul\> |
| \<a\> | 超链接 | href：超链接的目标 | \<a href="http://www.baidu.com"\>百度 \</a\> |
| \<table\> | 表格 | width：宽度，用像素点值或者百分比表示<br>border：边线宽度<br>frame：表格边框的控制<br>rules：单元格之间的分割线控制<br>align：表格的对齐方式<br>bgcolor：背景颜色<br>background：背景图案 | \<caption\>标签表示标题<br>\<tr\>表示 1 行<br>\<th\>填充单元格<br>\<table align=center\><br>\<caption\> 表格标题 \</caption\><br>\<tr\> \<th\> 单元格 1<br>\<tr\> \<th\> 单元格 2<br>\</table\> |
| \<img\> | 图像 | src：显示图像的 URL<br>alt：图像无法显示或加载时显示的文字<br>align：对齐方式<br>height：高度<br>width：宽度 | \<img src="dog.jpg" width=60 height=80\> |
| \<form\> | 表单 | action：处理提交表单数据的程序<br>method：提交给服务器的方法<br>enctype：表示发送时的内容类型 | \<form action="process.jsp"method=GET enctype="text/plain"\> |
| \<input\> | 表单域 | type：表单控件类型，text 表示文本框，password 表示口令框，checkbox 表示复选框，radio 表示单选框<br>submit、reset、button 表示按钮<br>name：表单控件的名称<br>value：表单元素的初始值<br>size：表单控件的显示长度 | \<form action="process.jsp" method=POST\><br>姓名：\<input type=text name=姓名\> \<BR\><br>密码：\<input type=password name=密码\> \<BR\><br>\<input type=submit name=发送\><br>\<input type=reset name=重置\><br>\</form\> |

HTML 中可以添加注释，格式由开始标签"<!--"和结束标签"-->"构成。两个标签之间的内容为注释内容。浏览器在解释 HTML 文件的时候，不会显示注释内容。注释可以放在一个 HTML 文档的任何位置。

诸如"<""＞"之类的符号已经被应用于 HTML 文档中作为标签的一部分，因此，如果在 HTML 文档中的其他地方需要显示以上符号，则需要用特殊的方法：以"&"符号开始，以";"结束。这些特殊的符号可以有两种表示形式：第一种是数字代码，第二种是代码名称。HTML 中的特殊符号如表 4.6 所示。

**表 4.6　HTML 中的特殊符号**

| 特殊符号 | 数字代码 | 代码名称 |
| --- | --- | --- |
| ＜ | &#60; | &lt; |
| ＞ | &#62; | &gt; |
| 空格 |   |   |
| & | &#38; | &amp; |

## 4.1.3　Web 样式设计

HTML 在使用的过程中存在以下问题。第一，维护困难。对一个标签显示样式进行修改，可能会花费大量的精力。例如，如果把图 4.6 所示的所有字体颜色改为红色，那么需要在所有的"<font>"标签中添加"color=red"属性，这对一个复杂的文档来说是相当烦琐的。第二，网页过于臃肿。没有对风格样式的统一控制，单纯通过 HTML 标签组织页面内容，导致页面过大，这在传输的过程中会占用网络带宽，效率不高。

```
<html>
    <head>
        <title> HTML 文档维护</title>
    </head>
    <body>
        <h1> <font> 标题 1 </font> </h1>
        <h1> <font> 标题 2 </font> </h1>
        <h1> <font> 标题 3 </font> </h1>
    <body>
</html>
```

**图 4.6　HTML 文档的维护**

为了弥补传统的 HTML 的缺陷，1994 年，维姆莱（Wium Lie）和伯特·波斯（Bert Bos）开始合作设计层叠样式表（Cascading Style Sheet，CSS）。CSS 是一种用于控制 Web 页面样式的标记性语言，它的主要思想是将页面的内容与显示风格进行分离。在设计 HTML 文档的时候，可以加入样式设计，如字体颜色、字体大小等。设计者可以通过 CSS 更有效地设置页面的格式，以扩展 HTML 的功能。

CSS 可以通过内嵌样式表、内部样式表和外部样式表的形式扩展到 HTML 文档中。无论用哪种方式，都有类似以下的语法格式：

```
selector {property: value;
         property: value;
         …}
```

一个 CSS 样式由 3 部分构成：选择器、属性和值。选择器（Selector）用于选择需要定义样式的 HTML 标签。属性（Property）是将要改变的标签的属性。值（Value）是标签属性设置的新值。

内嵌样式表是将样式定义在标签中，这种方法只可以控制当前标签的样式，语法格式如下：

```
<标签名称 style="样式属性:属性值;样式属性:属性值;…">
```

内部样式表在 HTML 的头部标签中定义，这里需要使用新的标签"<style>"，并须将所有的 CSS 样式定义放到该标签中。语法格式如下：

```
<style type="text/css">
选择器 1{属性:属性值;…}
选择器 1{属性:属性值;…}
</style>
```

使用 CSS 的例子如图 4.7 所示。

```
<html>
    <head>
        <style>
        p{
                text-align:center;
                color:blue;}
        </style>
    </head>
    <body>
        <p> CSS 例子 </p>
    </body>
</html>
```

图 4.7  使用 CSS 的例子

在 CSS 中，可以使用类选择符为一个 HTML 标签定义多个不同的样式，具体格式如下：

```
<style type="text/css">
X.S1{属性:属性值;…}
…
X.Sn{属性:属性值;…}
</style>
```

这里的"X"是一个占位符号，它可以是标签名，也可以是"*"，还可以为空。如果是"*"，则表示所有的标签都可以应用。"S1"是样式名称。

CSS 类选择符的例子如图 4.8 所示。

```html
<html>
    <head>
        <style>
        p.right{text-align: right}
        p.center{text-align: center}
        </style>
    </head>
    <body>
        <p class="right"> 右对齐 </p>
        <p class="center"> 居中对齐 </p>
</body>
</html>
```

**图 4.8　CSS 类选择符的例子**

如果需要对特定的 HTML 标签指定样式，则需要用到 ID 选择器，它的定义形式如下：

```
<style type="text/css">
标签 1#S1{属性:属性值;…}
…
标签 n#Sn{属性:属性值;…}
</style>
```

这里，"标签 1""标签 n"是要定义样式的 HTML 标签，它们可以省略。"S1""Sn"是样式的名字。

CSS ID 选择符的例子如图 4.9 所示。

```html
<html>
    <head>
        <style>
        p#info{font-size: 150%; color: #ff0000; }
        </style>
    </head>
    <body>
        <h3 id="info"> h1 标题 </p>
        <p id="info"> 段落 </p>
    </body>
</html>
```

**图 4.9　CSS ID 选择符的例子**

在图 4.9 中，对标签"<p>"定义了样式。在标签"<body>"中使用的时候，标签"<h3>"
"<p>"都指定了定义的样式，之后标签"<p>"的样式会发生变化。

在 CSS 中也可以添加注释，以增加 CSS 样式定义的可读性。与 HTML 中的注释不同，
CSS 的注释内容需要放在"/*"和"*/"之间。

## 4.2 Python 设计爬虫软件

爬虫是按照事先定义的规则，在 Web 页面上自动地分析、抓取数据的程序。它可以模拟人使用浏览器访问页面的过程：打开一个页面之后，过滤出自己感兴趣的内容，并且保存起来。它的优势在于可以自动完成批量的工作，代替了人工浏览的过程，具有更高的效率。图 4.10 所示是一个电影网站中一部电影的评论页面。大众的评论体现了他们的态度与观点，因此，通过对这些评论数据进行分析和挖掘，能够发现大众对这个电影的支持、否定、中立等情感状态。首先需要获取电影评论数据。然而，电影的评论数据通常有几十页。因此，应用爬虫技术对获取这些数据有重要的帮助。

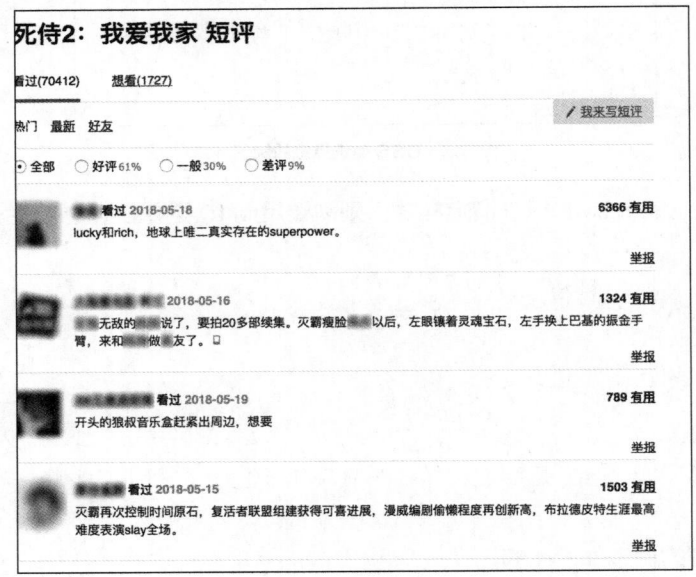

**图 4.10　电影网站的评论**

Python 由于其强大的第三方库的支撑，可以用简洁的代码实现一个爬虫程序。在计算机编程中，多线程/多进程可以有效地提升程序的效率，因此，针对爬虫这一任务，在多线程/多进程的环境下，可以提高获取数据的效率。另外，除了库的支持，在 Python 环境下，有一些常用的爬虫框架。通过这些框架可以快速地实现某一站点页面数据的获取。PySpider 是一个开源的爬虫框架，它可以对多个站点的特定页面进行结构化数据提取，并且该框架灵活、稳定，具有较强的可扩展性。Scrapy 也是一个常用的在站点页面上提取结构化数据的爬虫框架，它可以抓取应用程序接口所返回的数据。

用户拿到一个页面 URL，通过浏览器向远端的服务器发送一个 HTTP 请求，并得到响应。一个爬虫工作的流程类似于上述过程。首先，根据一个给定的页面 URL 向远端服务器发送请求；然后，根据返回的 HTML 数据进一步过滤和分析，检索用户需要保存的内容。针对以上两个关键步骤，Python 分别提供了两个有用的库来帮助完成。第一个是可以向目的服务器发送 HTTP 请求的 URLLib 库，第二个是可以对接收到的 HTML 数据进行过滤和检索的 BeautifulSoup 库。

### 4.2.1　页面请求库 URLLib

URLLib 是 Python 自带的与网络请求相关的库，它主要包括 4 个模块，分别是"urllib.request" "urllib.error""urllib.parse"和"urllib.robotparser"。

"urllib.request"是最常用的模块，它可以模拟浏览器向服务器发起一个 HTTP 请求。此时，需要用到该模块中的"urlopen()"方法，其构造函数的原型如下：

```
urllib.request.urlopen(url, data=None, [timeout, ], cafile=None,
capath=None, cadefault=False, context=None)
```

其中，第一个参数"url"是请求的 URL。第二个参数"data"是可选参数，在以"POST"方式提交表单时，通过该参数可配置表单内容。第三个参数"timeout"用于设置请求超时的时间，单位为秒。第四个参数"cafile"和第五个参数"capath"在使用 HTTPS 的时候，用于设置 CA 证书和路径。第六个参数"cadefault"已经不再使用。urlopen 的例子如图 4.11 所示。

```
>>> import urllib.request

>>> url = "http://███████████████"
>>> response = urllib.request.urlopen(url, timeout=1)
>>> print(type(response))
<class 'http.client.HTTPResponse'>
>>> html = response.read()
>>> print(html.decode('utf-8'))
<!DOCTYPE html PUBLIC "-//W3C//DTD XHTML 1.0 Transitional//EN" "http://█
███████████████████████████████████████████████">
<html xmlns="http://██████████████████████"><head>
<title>南京邮电大学电子邮件系统</title>
</head>
<body>
…
</body>
```

图 4.11　urlopen 的例子

在使用"urlopen()"方法之前需要导入"urllib.request"模块。函数调用之后返回结果保存在一个"HTTPResponse"类的对象中，该对象的"read()"方法可以读取 HTML 内容，如图 4.11 所示。访问一个页面的主要目的是获取 HTML 内容，即 HTTP 响应报文的主体数据部分。通过"HTTPResponse"类的对象调用其中的"getheaders()"方法可以得到 HTTP 响应报文头的信息，具体的方法如图 4.12 所示。

"urlopen()"方法只是根据一个给定的 URL 向远端的服务器发起 HTTP 请求，并得到 HTTP 响应。然而，对爬虫而言，需要更加完整的 HTTP 请求报文，从而尽可能地模拟本次请求是浏览器发起的，而不是一个程序发起的，否则本次请求很容易被识别。一个更加完整的 HTTP 请求报文可以包含多个首部字段，或者称为请求头（Headers）。另外，HTTP 请求的方法也需要被指定。这时需要用到"Request"类，它的构造函数原型如下所示：

```
urllib.request.Request(url, data=None, headers={}, origin_req_host=
None, unverifiable=False, method=None)
```

```
>>> import urllib.request
>>> url = "http://▒▒▒▒▒▒▒▒▒▒▒▒▒"
>>> response = urllib.request.urlopen(url, timeout=1)
>>> print('Status:', response.status, response.reason)
Status: 200 OK
>>> for k, v in response.getheaders():
>>> print('%s: %s' % (k, v))
Server: Apache-Coyote/1.1
Pragma: No-cache
Cache-Control: no-cache
Expires: Thu, 01 Jan 1970 00:00:00 GMT
Content-Type: text/html;charset=UTF-8
Content-Language: zh-CN
Transfer-Encoding: chunked
Date: Tue, 12 Nov 2019 12:38:05 GMT
Connection: close
```

**图 4.12　urlopen 输出响应报文头**

其中，"url"表示请求的 URL。"data"表示通过"POST"方法提交表单时，进行表单内容的配置。"header"是一个字典类型的参数，其中保存了 HTTP 请求报文的请求头数据。如果在"Request"类的对象创建之后希望添加新的请求头数据，则可以通过"add_header()"方法添加。"origin_req_host"表示请求报文发送方的主机名称。"unverifiable"表示 HTTP 请求是否不可验证，即请求方是否有足够的权限来接收响应。"method"指定 HTTP 请求所使用的方法，包括"GET""POST""DELETE"等。

对上面的"urlopen()"请求一个 URL 的方法进行完善，可以通过"Request()"方法构建一个请求头"user-agent"，并发送请求，如图 4.13 所示。虽然返回的 HTTP 响应没有太大的差别，但是本次 HTTP 请求携带了请求头。

```
>>> import urllib.request
>>> url = "http://▒▒▒▒▒▒▒▒▒▒▒▒▒"
>>> headers = { 'User-Agent': 'Mozilla/5.0 (Windows NT 6.1; Win64; x64)
AppleWebKit/537.36 (KHTML, like Gecko) Chrome/56.0.2924.87 Safari/537.36' }
>>> request = urllib.request.Request(url=url, headers=headers)
>>> response = urllib.request.urlopen(request)
>>> html = response.read()
>>> print(html.decode('utf-8'))
<!DOCTYPE html PUBLIC "-//W3C//DTD XHTML 1.0 Transitional//EN" "http://
▒▒▒▒▒▒▒▒▒▒▒▒▒▒▒▒▒▒▒▒▒▒▒▒▒">
<html xmlns="http://▒▒▒▒▒▒▒▒▒▒▒▒▒"><head>
<title>南京邮电大学电子邮件系统</title>
</head>
<body>
…
</body>
```

**图 4.13　通过 Request 类添加 HTTP 请求报文头**

在 URLLib 中，"urlopen()" 是一种 "opener"，它是默认的打开一个 URL 的方法。但是有时候需要自定义 "opener"。自定义的 "opener" 需要和 "handler" 一起使用，通过 "handler" 来执行特殊的 URL 打开方式，如 HTTP 重定向、HTTP Cookie 等。与 "opener" 和 "handler" 对应的分别是 "urllib.request.OpenerDirector" 和 "urllib.request.BaseHandler" 两个类。其中，"BaseHandler" 是所有 Handler 的基类，几个常见的派生类包括：为请求设置代理的 "ProxyHandler" 类、处理 HTTP 请求中的 Cookies 的 "HTTPCookieProcessor" 类、处理 HTTP 响应错误的 "HTTPDefaultErrorHandler" 类、处理 HTTP 重定向的 "HTTPRedirectHandler" 类、用于认证登录和密码管理的 "HTTPPasswordMgr" 和 "HTTPBasicAuthHandler" 类。一个 "OpenerDirector" 对象需要通过 "build_opener()" 方法创建，并且使用 "install_opener()" 方法安装。

图 4.14 所示介绍了如何在 HTTP 请求中使用 "opener" 和 "handler" 添加一个代理。其实，在爬虫程序的运行过程中，如果针对某一个站点的访问频率过高，客户端的 IP 地址会被站点的反爬虫机制检测，有可能会导致 IP 地址被禁止访问。通过代理服务器（甚至 "代理服务器池"）来切换爬虫访问的 IP 地址，可以有效地避免 IP 地址被禁止的问题。

```
>>> import urllib.request
>>> url = "http://          "
>>> headers = { 'User-Agent': 'Mozilla/5.0 (Windows NT 6.1; Win64; x64)
AppleWebKit/537.36 (KHTML, like Gecko) Chrome/56.0.2924.87 Safari/537.36' }
>>> proxy_handler = urllib.request.ProxyHandler({
    'http': 'xxx.xxx.com:8080',
    'https': 'yyy.yyy.com:8080'
})
>>> opener = urllib.request.build_opener(proxy_handler)
>>> request = urllib.request.Request(url=url, headers=headers)
>>> response = urllib.request.urlopen(request)
>>> html = response.read()
>>> print(html.decode('utf-8'))
<!DOCTYPE html PUBLIC "-//W3C//DTD XHTML 1.0 Transitional//EN" "http://
                    ">
<html xmlns="http://            "><head>
<title>南京邮电大学电子邮件系统</title>
</head>
<body>
…
</body>
```

图 4.14　在 HTTP 请求报文中添加代理

在进行 HTTP 请求的时候，可能会产生异常，因此，在代码里需要进行异常处理。常见的异常包括两个。一个是 "URLError"，它有一个属性 "reason" 用于返回错误的原因，如图 4.15 所示；另一个是 "HTTPError"，当 HTTP 请求发生错误的时候产生这个异常。

"HTTPError" 有 3 个属性：第一个是 "code"，表示 HTTP 请求返回的状态码；第二个是 "reason"，表示 HTTP 请求产生错误的原因；第三个是 "headers"，表示 HTTP 请求返回的响应报文头的信息。捕获 HTTPError 异常如图 4.16 所示。

```
>>> import urllib.request
>>> import urllib.error
>>> url = "http://    .com"
>>> try:
>>>     response = urllib.request.urlopen(url)
>>>     print(response)
>>> except urllib.error.URLError as e:
>>>     print(e.reason)
[Errno 60] Operation timed out
```

图 4.15　捕获 URLError 异常

```
>>> import urllib.request
>>> import urllib.error
>>> url = "http://    .com "
>>> try:
>>>     response = urllib.request.urlopen(url)
>>> except urllib.error.HTTPError as e:
>>>     print('code: ' + e.code + '\n')
>>>     print('reason: ' + e.reason + '\n')
>>>     print('headers: ' + e.headers + '\n')
```

图 4.16　捕获 HTTPError 异常

### 4.2.2　增强的网络请求库 Requests

URLLib 提供了根据 URL 访问远端服务器上页面的基本功能,但是在实际爬虫开发的过程中,使用流程较复杂。例如,URLLib 在爬取完数据之后,将直接断开网络连接,后续的请求不能复用连接。而 Requests 库提供了更加直观、便捷的 HTTP 请求方式。在使用 Requests 库之前,首先需要检查该库是否已经安装到当前的系统中,如果没有,则需要通过以下命令安装:

```
pip install requests
```

Requests 库的工作原理与 URLLib 近似,都是以发送 HTTP 请求和接收 HTTP 响应的形式工作。因此,Requests 库中也包含了以下几个基本的功能:基本的 HTTP 页面请求、POST 方式请求、添加代理等额外信息的请求、HTTP 响应的获取等。

对应于 HTTP 请求中不同的请求方法 "GET" "POST" "HEAD" "PUT" "DELETE", Requests 提供了以下几种请求方法:

```
requests.get(url, params=None, **kwargs)
requests.post(url, data=None, json=None, **kwargs)
requests.head(url, **kwargs)
requests.put(url, data=None, **kwargs)
```

```
requests.delete(url, data=None, **kwargs)
```

其中，参数"url"表示要操作的页面的 URL，参数"params"是参数"url"中可能携带的额外参数，参数"data"是 HTTP 请求的内容，形式可以是字典、字节序列或文件，参数"json"是以 JSON 格式表示的 HTTP 请求内容，参数"kwargs"是控制访问参数。Requests 库的 GET 请求方法和 POST 请求方法分别如图 4.17 和图 4.18 所示。

```
>>> import requests
>>> url = 'http://            '
>>> headers = { 'User-Agent' : 'Mozilla/4.0 (compatible; MSIE 5.5; Windows
NT)' }
>>> response  = requests.get(url,headers = headers)
>>> print(response.text)
<!DOCTYPE html PUBLIC "-//W3C//DTD XHTML 1.0 Transitional//EN" "http://
                                                             ">
<html xmlns="http://                  "><head>
<title>南京邮电大学电子邮件系统</title>
</head>
<body>
…
</body>
```

**图 4.17  Requests 库的 GET 请求方法**

```
>>> import requests
>>> url = 'http://            '
>>> headers = {'User-Agent' : 'Mozilla/4.0 (compatible; MSIE 5.5; Windows
NT)'}
>>> data = { 'key':'value' }
>>> response = requests.post(url,data=data,headers=headers)
>>> print(response.text)
```

**图 4.18  Requests 库的 POST 请求方法**

以上所有的 HTTP 请求，可以用一个"request()"方法来完成，具体的格式如下所示：

```
requests.request(method, url, params, data, json, headers, timeout,
proxies, **kwargs)
```

其中，参数"method"表示请求的方法，可以是"GET""POST""HEAD""PUT""DELETE"中的任何一种；参数"url"表示发送请求的 URL；参数"params"为参数"url"中的参数；参数"data"表示 HTTP 请求的内容，可以是字典、字节序列或者文件；参数"json"是 JSON 格式表示的 HTTP 请求的内容；参数"headers"是以字典形式表示的 HTTP 报文请求头；参数"timeout"表示设置请求超时时间，单位为秒；参数"proxies"表示设置代理服务器，形式为字典类型；参数"kwargs"表示控制访问的参数。

以上参数中"method"和"url"是必需的，其他几个是可选的参数，使用的方式为在参数后面添加具体的参数值，如图 4.19 所示。

```
>>> import requests
>>> url = 'http://██████.█████.███.██'
>>> headers = {'User-Agent' : 'Mozilla/4.0 (compatible; MSIE 5.5; Windows
NT)'}
>>> param = { 'key1':'value1', 'key2':'value2' }
>>> data = { 'key':'value' }
>>> response = requests.request('GET', url, params=param, data=data, headers=
headers, timeout=5)
>>> print(response.text)
```

图 4.19　Requests 库的 request 请求方法

HTTP 请求返回一个 Response 对象，通过对该对象属性的访问可以获取 HTTP 响应报文的属性信息，具体的属性及其含义如表 4.7 所示。

表 4.7　Response 对象的属性及其含义

| 属性 | 含义 |
| --- | --- |
| status_code | HTTP 响应报文中的状态码 |
| text | HTTP 响应报文内容，用字符串表示 |
| encoding | HTTP 响应报文头中的内容编码 |
| content | HTTP 响应报文内容，用二进制形式表示 |

获取 Response 对象的属性如图 4.20 所示。

```
>>> import requests
>>> url = 'http://██████.█████.███.██'
>>> response  = requests.get(url)
>>> print('Status:', response.status_code)
Status: 200
>>> print('Encoding:', response.encoding)
Encoding: UTF-8
>>> print(response.text)
Text: <!DOCTYPE html PUBLIC "-//W3C//DTD XHTML 1.0 Transitional//EN" "http:
//███.██.███/██/█████/█████████/████████████.███">
<html xmlns="http://███.██.███/████/█████">;<head>
<title>南京邮电大学电子邮件系统</title>
</head>
<body>
…
</body>
```

图 4.20　获取 Response 对象的属性

在使用 Requests 库发送 HTTP 请求的时候，如果请求发生异常，则会捕获相应的异常，具体的异常种类如表 4.8 所示。

**表 4.8　Requests 库发送 HTTP 请求时常见的异常**

| 异常 | 含义 |
|------|------|
| HTTPError | HTTP 错误 |
| ConnectionError | 网络连接异常 |
| URLRequied | URL 缺失 |
| ConnectTimeout | 连接服务器超时 |
| Timeout | 请求 URL 超时 |

## 4.2.3　页面内容解析库 BeautifulSoup

　　将远端服务器上的 HTML 页面的内容通过 HTTP 请求获取到本地之后，一个重要的任务是将需要的信息从这些数据中提取出来。通常，在字符串形式的内容中提取信息时，正则表达式是一个有力的工具。但是针对多样性的页面数据，正则表达式方式效率并不是很高。针对这种情况，在 Python 环境下，有一个高效、便捷的库——BeautifulSoup，它可以灵活地处理 HTML 页面，并且兼容多种其他的解析器。HTML 页面解析器是指用于解析 HTML 网页内容、按照需求提取信息的工具。在 Python 中自带了一个解析器 "html.parser"，它是一个 Python 模块，可以对 HTML 文档进行结构化的解析，但是文档容错能力较差。另外一个常用的解析器是 "lxml"，是一个第三方的 Python 库，它的优势是速度快、文档容错能力强，除了可以解析 HTML 文档外，还可以解析 XML 文档。通常，"html.parser" 和 "lxml" 可以同 BeautifulSoup 一起使用。在使用 BeautifulSoup 之前，需要使用以下命令进行安装：

```
pip install bs4
pip install lxlm
```

　　HTML 文档的结构化解析的目的是能够分析 HTML 文档的层次结构，进而访问文档中的标签、属性和内容。通常使用文档对象模型（Document Object Model，DOM）来表示一个 HTML 文档的结构，它将 HTML 文档的结构表示成一个树形结构。例如，针对以下 HTML 文档，对应的 DOM 树如图 4.21 所示。由图 4.21 可以看出，一颗 DOM 树可以很清晰地反映一个 HTML 文档各元素之间的层次关系。它从 "Document" 节点开始，下面依次是作为根节点的 "<html>" 元素、作为 "<html>" 子节点的 "<head>" 和 "<body>" 元素，以此类推。在具体的编程实现中，或者在具体的解析库中，如果把这样一个 DOM 树实现成一个 Document 对象，那么就可以通过对该对象所提供的方法或者属性进行访问来实现对 HTML 文档中的各个元素的遍历。

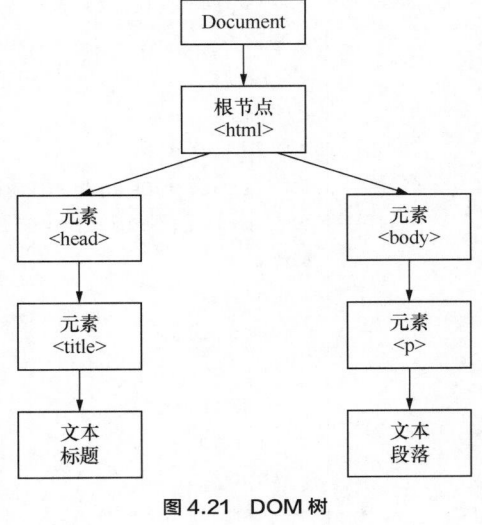

**图 4.21　DOM 树**

```
<html>
```

```
        <head>
            <title> 标题 </title>
        </head>
        <body>
            <p> 段落 </p>
        </body>
    </html>
```

BeautifulSoup 将一个复杂的 HTML 文档中的内容转换成树形结构，并以 BeautifulSoup 对象的形式返回。BeautifulSoup 对象可以访问树中的节点，每一个节点又是一个 Python 对象，可以通过这种对象访问的形式，实现 HTML 文档中内容的提取。根据不同的节点类型，节点对象包括以下 3 种："Tag""NavigableString""Comment"。其中，"Tag"对象表示 HTML 文档中的一个标签，可以通过该对象访问 HTML 标签。它有两个重要的属性，属性"name"表示当前标签的名字，属性"attrs"表示标签的所有属性。"has_attr()"方法可以判断一个标签中是否有某个属性，以字典的形式表示。"NavigableString"表示节点的内容。"Comment"对象是注释对象。

为了更好地说明 BeautifulSoup 中各个对象的使用方法，这里假设有一个 HTML 文档"html"。图 4.22 所示的代码展示了如何通过对象访问该 HTML 文档中的标签及其内容。

```
>>> from bs4 import BeautifulSoup
>>> html = """
<html><head><title> Hello World! </title></head>
<body>
<p class="p_style1"> paragraph1 </p>
<p class="p_style2">
<!-- link -->
<a href="http://                 "> email </a>
</p>
</body>
</html>
"""
>>> soup = BeautifulSoup(html, 'lxml')
>>> print(soup.prettify())
<html>
  <head>
    <title>
      Hello World!
    </title>
  </head>
  <body>
    <p class="p_style1">
      paragraph1
```

**图 4.22　BeautifulSoup 中的对象使用**

```
        </p>
        <p class="p_style2">
          <!-- link -->
          <a href="http://███████████">
            email
          </a>
        </p>
      </body>
</html>
>>> print(soup.title)
<title> Hello World! </title>
>>> print(type(soup.title))
<class 'bs4.element.Tag'>
>>> print(soup.p.name)
p
>>> print(soup.p.attrs)
{'class': ['p_style1']}
>>> print(soup.p.attrs['class'])
['p_style1']
>>> print(soup.p['class'])
['p_style1']
>>> print(soup.p.has_attr('class'))
True
>>> print(soup.p.string)
paragraph1
>>> print(type(soup.p.string))
<class 'bs4.element.NavigableString'>
```

**图 4.22   BeautifulSoup 中的对象使用（续）**

在图 4.22 中，针对"html"中的内容创建一个 BeautifulSoup 对象"soup"，这里使用的解析器是"lxml"。调用"prettify()"方法可以格式化输出"soup"对象中的内容。通过 BeautifulSoup 对象名加标签名的形式可以获取对应的标签对象，例如，"soup.title"输出 HTML 文档中的"title"标签对象，这里可以查看它的类型是"Tag"类型。标签"p"对象的"name""attrs"属性分别返回名字和属性值。属性值保存在一个字典里，通过字典的访问方法可以得到一个属性对应的值。除此之外，还可以通过标签名字或属性名字直接访问属性值，两种方式是等价的。如果需要获取某一个标签中的内容，则只需要在标签对象后面添加"string"，具体的形式为"标签对象.string"，可以查看返回的值的类型是"NavigableString"。

HTML 文档中的内容复杂多样，为了能够更好地过滤出需要的信息，BeautifulSoup 提供了两个重要的方法："find_all()"和"find()"。它们之间的区别是"find_all()"方法通过列表的形式返回所有满足过滤查询条件的结果，而"find()"方法返回符合查询条件的第一个结果，具体的格式如下所示：

```
    find_all(name=None, attrs={}, recursive=True, text=None, limit=None,
**kwargs)
```

```
find(name=None, attrs={}, recursive=True, text=None, **kwargs)
```

其中，参数"name"最为重要，表示需要查询的内容，它可以是一个标签名，也可以是一个正则表达式，或者是一个列表。针对列表的情况，将返回列表中所有元素的查询结果。参数"attrs"中可以定义查询的标签的特殊属性。参数"recursive"表示是否搜索标签对象的子孙节点。参数"limit"表示返回结果的数量，在"find_all()"方法中，当"limit=1"时，其功能和"find()"方法一致。参数"text"表示查询的字符串内容，它的取值范围与参数"name"相同。

对 CSS 进行过滤的时候，由于 CSS 定义的两种形式，类名前是"."，ID 名前是"#"符号，因此 BeautifulSoup 提供了"select()"方法进行查找，它返回的是满足查询条件的列表。传给该方法的参数可以是一个标签名，也可以是一个类名，还可以是一个 ID 名。图 4.23 所示介绍了如何通过一个类名查找标签。

```
>>> from bs4 import BeautifulSoup
>>> html = """
<html><head><title> Hello World! </title></head>
<body>
<p class="p_style1"> paragraph1 </p>
<p class="p_style2">
<!-- link -->
<a href="http://               "> email </a>
</p>
</body>
</html>
"""
>>> soup = BeautifulSoup(html, 'lxml')
>>> print(soup.find(name='p'))
<p class="p_style1"> paragraph1 </p>
>>> print(soup.find_all(name='p'))
[<p class="p_style1"> paragraph1 </p>, <p class="p_style2"> <!-- link -->
 <a href="http://               "> email </a> </p>]
>>> print(soup.select('.p_style2'))
[<p class="p_style2"> <!-- link --> <a href="http://               ">
email </a> </p>]
```

**图 4.23　BeautifulSoup 中的过滤方法**

BeautifulSoup 将 HTML 文档解析成了树形结构，每一个节点与其他节点之间具有关系，如孩子节点、父辈节点、兄弟节点等。BeautifulSoup 提供了相应的属性，可以访问对应的节点。常用的属性如表 4.9 所示。

**表 4.9　BeautifulSoup 中常用的属性**

| 属性 | 说明 |
| --- | --- |
| contents | 以列表形式返回当前 Tag 等对象的所有子节点 |
| children | 对直接子节点进行迭代访问 |

| 属性 | 说明 |
|---|---|
| strings | 循环访问 Tag 中的多个字符串 |
| parent | 返回元素的父节点 |
| next_siblings | 向后迭代当前节点的兄弟节点 |
| previous_siblings | 向前迭代当前节点的兄弟节点 |
| next_elements | 向后迭代解析对象 |
| previous_elements | 向前迭代解析对象 |

BeautifulSoup 中的元素属性的例子如图 4.24 所示。

```
>>> from bs4 import BeautifulSoup

>>> html = """
<html><head><title> Hello World! </title></head>
<body>
<p class="p_style1"> paragraph1 </p>
<p class="p_style2">
<!-- link -->
<a href="http://▨▨▨▨"> email </a>
</p>
</body>
</html>
"""
>>> soup = BeautifulSoup(html, 'lxml')
>>> print(soup.head.children)
<list_iterator object at 0x1060c5a20>
>>> for c in soup.head.children:
>>>     print(c)
<title> Hello World! </title>
>>> print(soup.head.next_siblings)
<generator object PageElement.next_siblings at 0x106889930>
>>> for s in soup.head.next_siblings:
>>>     print(s)
<body> <p class="p_style1"> paragraph1 </p> <p class="p_style2"> <!-link
--> <a href="http://▨▨▨▨"> email </a> </p> </body>
```

图 4.24　BeautifulSoup 中的元素属性的例子

### 4.2.4　案例：在互联网上获取电影评论数据

图 4.10 给出了某个电影网站上的评论，用浏览器打开给定的 URL，可以看到评论信息，如果需要把这些评论抓取下来，并且保存到文件中，则可以通过 URLLib 和 BeautifulSoup 来完成。

首先,需要通过浏览器打开页面源代码,对页面进行初步分析,找到评论数据所在的 HTML

标签位置，在本例中，其在 CSS 的"comment"类标记符下。浏览完一页之后，需要进行翻页操作，以继续浏览下一页，因此需要找到"下一页"所在的位置，在本例中，其在 CSS 的"next"类标记符下。

然后设计爬虫的流程。调用 URLLib 或者 Requests 对象的方法打开初始 URL 并且读取数据。返回的数据使用 BeautifulSoup 解析，从中找到"comment"和"next"类标记符所在的位置。根据"comment"获取评论数据，根据"next"获取下一页，并且将评论数据写到文件中。继续根据下一页的信息翻页浏览。为了防止访问过于频繁，可以让进程在访问期间随机休眠一段时间之后继续执行，以模拟人的浏览过程。

具体实现如图 4.25 所示。第 1~4 行导入需要的 Python 包。第 5~11 行定义了一个函数，通过获取的 HTML 内容，在其中查找评论数据和"下一页"信息并返回。第 13~21 行定义了一个 HTTP 请求报文头。第 25~34 行是爬虫的主体。在循环里面，从起始页面开始获取页面的内容，并且调用函数完成解析操作，将评论数据写入"comments.txt"。第 34 行调用随机数生成函数产生一个随机数，以使爬虫进程休眠。

```
1    import urllib.request
2    from bs4 import BeautifulSoup
3    import time
4    import random
5    def get_data(html, i):
6        i += 1
7        soup = BeautifulSoup(html,'lxml')
8        comment_list = soup.select('.comment > p')
9        next_page = []
10       next_page= soup.select('.next')[-1].get('href')
11       return comment_list, next_page, i
12   absolute = "https://███████████████████████████████████"
13   headers = {
14   'Host':'movie.douban.com',
15   'Connection':' keep-alive',
16   'Upgrade-Insecure-Requests':' 1',
17   'User-Agent':' Mozilla/5.0 (Windows NT 10.0; WOW64) AppleWebKit/
     537.36 (KHTML, like Gecko) ' 'Chrome/63.0.3239.84 Safari/537.36',
18   'Accept':' text/html,application/xhtml+xml,application/xml;q=0.9,
     image/webp,image/apng,*/*;q=0.8',
19   'Referer': 'https://██████████████',
20   'Accept-Language':' zh-CN,zh;q=0.9',
21   'Cookie':'ll="108258"; bid=fm9kQJpAfJU; _vwo_uuid_v2=DF5A8B09599CAC
     5A2FF17C47401F37B43|',}
22   i = 0
23   comment_list = []
24   next_page = " "
25   while next_page != None :
```

**图 4.25　抓取电影评论数据**

```
26          print(absolute + next_page)
27          request = urllib.request.Request(url = absolute + next_page,
            headers = headers)
28          html = urllib.request.urlopen(request).read().decode("UTF-8")
29          comment_list, next_page, i = get_data(html,i)
30          with open(u"comments.txt", 'a+', encoding='utf-8') as f:
31              for l in comment_list:
32                  comment = l.get_text().strip().replace("\n", "")
33                  f.writelines(comment + u'\n')
34          time.sleep(1 + float(random.randint(1, 50)) / 20)
```

**图 4.25　抓取电影评论数据（续）**

## 4.2.5　浏览器中模拟点击的 Selenium 库

URLLib 和 Requests 库结合 BeautifulSoup 实现爬虫的工作原理如下：首先，使用库提供的内置对象及其方法构建 HTTP 请求报文，包括请求报文的请求头，并根据指定的 URL 向远端服务器发起 HTTP 请求；然后，客户端程序接收服务器响应，并使用 BeautifulSoup 等工具格式化解析收到的 HTML 文档；最后，将需要的数据保存到本地。以上这种方式是常用的爬虫技术，可以抓取大部分的 Web 页面，但是存在以下问题。首先，爬虫客户端仍然是以程序的形式实现。在爬虫进行远端 Web 页面数据获取的时候，虽然可以通过使用切换代理、让爬虫进程随机休眠等方法尽可能地模拟人使用浏览器浏览页面的过程，但是，仍然可以被反爬虫机制检测，从而导致爬虫程序不能正常访问目标页面。其次，爬虫程序很难获取动态页面信息。目前，随着 Web 技术的发展，页面的元素很少是完全静态的，为了提升整个页面的交互性、扩展性等，大部分的 Web 页面内容都是动态生成的，即通过 JavaScript 等脚本生成。

因此，可以借助浏览器对远端的 Web 页面进行访问，通过控制浏览器来对目标 URL 进行 HTML 解析、CSS 渲染，甚至脚本的执行。Selenium 就是这样一个工具，通过它可以控制真实的浏览器，如鼠标点击、用户输入、表单填充、弹出对话框、执行 JavaScript 脚本等。并且，它支持 IE、Firefox、Opera、Safari、Chrome 等多种主流的浏览器。最早，Selenium 用于 Web 应用程序的自动测试，可以执行测试的编写、运行等操作。它是基于 JavaScript 开发的，因此，可以用于任何支持 JavaScript 的浏览器。在使用 Selenium 之前，需要通过以下命令安装：

```
pip install selenium
```

Selenium 需要和 WebDriver 一起使用，这样才能操作浏览器。不同的浏览器需要提供不同的 Driver。假设希望使用谷歌的 Chrome 浏览器来进行页面的访问和内容的获取，首先需要安装谷歌（Chrome）浏览器，并且需要到官网上下载 ChromeDriver。根据 Chrome 浏览器的版本，查找对应的 ChromeDriver 的版本，并根据当前操作系统的类型选择安装。例如，在 Mac OS 中，只需要将下载的 ChromeDriver 复制到 "/usr/bin/" 目录下即可。

以上环境配置完成之后，可以进行一个简单的测试来判断环境配置是否成功。具体的步骤如图 4.26 所示。如果可以打开 Chrome 浏览器，说明当前系统的 Selenium 环境配置成功。

```
>>> from selenium import webdriver
>>> browser = webdriver.Chrome()
>>> browser.get("http://            ")
>>> inputText = browser.find_element_by_id('kw')
>>> searchButton = browser.find_element_by_id('su')
>>> inputText.send_keys("Selenium")
>>> searchButton.click()
>>> browser.close()
```

图 4.26　Selenium 环境配置测试

在图 4.26 中，列出了一个使用 Selenium 控制 Chrome 浏览器的例子。创建一个 WebDriver 对象 "browser"，然后调用该对象的 "get(url)" 方法，打开参数 "url" 指定的页面。在调用这个方法的时候，WebDriver 将一直等待，直到页面加载完毕，然后继续执行。这里有一个重要的方法 "find_element_by_id()"，显然，它适用于在打开的页面中查找 HTML 元素。根据 ID 信息依次找到页面中的输入框和查询按钮，并且调用 "send_keys()" 方法以向输入框中填写查找的字符串，调用按钮对象的 "click()" 方法点击查询按钮。操作完成之后，调用 "browser" 对象的 "close()" 方法关闭浏览器。

在打开页面之后，最重要的操作是在页面中查找 HTML 元素。由于页面结构的复杂性，并且元素定位的需求不一样，因此 WebDriver 提供了大量的方法来查找元素。这些方法查找到满足要求的元素之后，返回 WebElement 对象。根据查找的属性或内容的不同，查找方法分为两类："find_element_XXX()" 方法和 "find_elements()" 方法。前者表示查找并且返回第一个元素，如果没有找到，则返回错误；后者表示以列表的形式返回所有满足条件的元素，如果没有，则返回一个空列表。表 4.10 所示罗列了常用的 "find_element_XXX()" 方法。

表 4.10　Selenium 元素定位方法

| 方法 | 说明 |
| --- | --- |
| find_element_by_id() | 根据 ID 属性定位元素 |
| find_element_by_name() | 根据 name 属性定位元素 |
| find_element_by_tag_name() | 根据标签名字定位元素 |
| find_element_by_class_name() | 根据 class 属性定位元素 |
| find_element_by_css_selector() | 根据 CSS 选择器定位元素 |
| find_element_by_xpath() | 根据 xpath 定位元素 |
| find_element_by _link_text() | 根据超链接的文本定位元素 |
| find_element_by_partial_link_text() | 根据超链接的部分文本定位元素 |

为了更加清晰地说明问题，假设本地有一个 HTML 文件 "Users/go/Downloads/Book/test.html"，其中有一个简单的 HTML 标签 "<a id="test_id" name="test_name" class="test_class" href="http://            "> 超链接 </a>"，创建一个 WebDriver 对象，通过 "get()" 方法打开本地的 HTML 文件，可以通过图 4.27 所示的方式定位 HTML 元素。

其实，以上元素定位方法在内部的实现中，都调用了 "find_element()" 方法，也就是说，也可以通过 "find_element()" 方法来实现这几个方法。此时，需要结合 WebDriver 中的 By 模块一起使用。具体的形式如下：

```
>>> from selenium import webdriver
>>> browser = webdriver.Chrome()
>>> browser.get("file:///Users/go/Downloads/Book/test.html")
>>> test_link = browser.find_element_by_id('test_id')
>>> test_link = browser.find_element_by_name('test_name')
>>> test_link = browser.find_element_by_class_name('test_class')
>>> test_link = browser.find_element_by_link_text('超链接')
>>> print(test_link)
<selenium.webdriver.remote.webelement.WebElement (session="1a89905e71167
826fcefe060f94e8dc6", element="91a51d46-a33c-4648-baa1-83052e6b1d95")>
```

图 4.27　Selenium 定位元素的例子

```
find_element(type, value)
```

其中，参数“type”指在 By 模块中定义的元素定位方式，其定义如表 4.11 所示。参数“value”是定位需要的值。

表 4.11　By 模块中定义的元素定位类型

| 类型 | 值 | 说明 |
| --- | --- | --- |
| By.ID | "id" | 根据 ID 属性定位元素 |
| By.NAME | "name" | 根据 name 属性定位元素 |
| By.TAG_NAME | "tag name" | 根据标签名字定位元素 |
| By.CLASS_NAME | "class name" | 根据 class 属性定位元素 |
| By.CSS_SELECTOR | "css selector" | 根据 CSS 选择器定位元素 |
| By.XPATH | "xpath" | 根据 xpath 定位元素 |
| By.LINK_TEXT | "link text" | 根据超链接的文本定位元素 |
| By.PARTIAL_LINK_TEXT | "partial link text " | 根据超链接的部分文本定位元素 |

使用“find_element()”方法进行元素定位来实现上面的例子，形式如图 4.28 所示。

```
>>> from selenium import webdriver
>>> from selenium.webdriver.common.by import By
>>> browser = webdriver.Chrome()
>>> browser.get("file:///Users/go/Downloads/Book/test.html")
>>> test_link = browser.find_element(By.ID, 'test_id')
>>> test_link = browser.find_element(By.name, 'test_name')
>>> test_link = browser.find_element(By.CLASS_NAME, 'test_class')
>>> test_link = browser.find_element(By.LINK_TEXT, '超链接')
>>> print(test_link)
<selenium.webdriver.remote.webelement.WebElement (session="1a89905e71167
826fcefe060f94e8dc6", element="91a51d46-a33c-4648-baa1-83052e6b1d95")>
>>> print(test_link.get_attribute('name'))
test_name
>>> print(test_link.text)
超链接
>>> print(test_link.tag_name)
a
```

图 4.28　使用 By 模块定位元素的例子

获取 HTML 元素对象 WebElement 之后，可以通过它的属性和方法对其中的内容进行提取。"get_attribute()" 方法可以获取指定属性的属性值，属性 "text" 访问元素中的文本，属性 "tag_name" 返回元素的标签名，属性 "id" 返回元素的 ID 值，属性 "size" 获取元素的大小。

目前，在 Web 开发中，诸如 AJAX（Asynchronous JavaScript And XML）等技术已经得到了广泛应用。在这种情况下，浏览器加载一个页面时，由于异步加载的特性，元素可能在不同的时间加载，这就有可能出现在定位元素的时候元素还未加载的情况，此时会抛出 "ElementNotVisibleException" 异常。解决这种问题的方法是提供等待机制，当条件满足的时候，继续往下执行。Selenium 提供了 WebDriverWait 模块来实现上述功能。

WebDriverWait 模块提供两种类型的等待，分别是隐式等待和显式等待。隐式等待没有条件设定，只是通过 WebDriver 的 "implicity_wait()" 方法告诉 WebDriver 等待一段固定的时间之后再去定位元素，如图 4.29 所示。

```
>>> from selenium import webdriver

>>> browser = webdriver.Chrome()
>>> browser.implicitly_wait(10)  # 10 秒
>>> browser.get("http://          ")
>>> test_id = driver.find_element_by_id("test_id")
```

**图 4.29  Selenium 隐式等待**

显式等待中当预期的条件满足后才继续执行，当然，也需要设定一个最大的等待时间。因此，显式等待结束的条件有两个：一个是等待时间到达，抛出 "TimeoutException" 异常；另一个是在规定的时间内发现了查找的元素。在 Selenium 中定义了一些常用的预期条件（Expected Condition），可以直接使用。它们定义在 "expected_condition" 模块中。常见的预期条件如表 4.12 所示。

**表 4.12  Selenium 中常见的预期条件**

| 预期条件 | 说明 |
| --- | --- |
| title_is | 页面标题是否等于预期字符串 |
| title_contains | 页面标题是否包含预期字符串 |
| presence_of_element_located | 元素是否被添加到 DOM 树中 |
| visibility_of_element_located | 元素是否可见（其宽和高不等于 0） |
| visibility_of | 直接判断 WebElement 元素是否可见 |
| presence_of_all_elements_located | 是否有一个元素存在于 DOM 树中 |
| text_to_be_present_in_element | 元素的文本是否包含预期字符串 |
| text_to_be_present_in_element_value | 元素的值属性是否包含预期字符串 |
| staleness_of | 元素是否仍保存在 DOM 树中 |
| alert_is_present | 是否出现 Alert |
| element_to_be_clickable | 元素是否可以点击 |

显式等待中，常用 "until()" 方法等待一个期望条件是否满足，格式如下：

```
until(method, message= ' ')
```

其中，第一个参数"method"是在表 3.12 中定义的期望条件判断方法，当然，也可以是自定义的函数。与"until()"方法对应的是"until_not()"方法，表示相反的意思，格式如下：

```
until_not(method, message= ' ')
```

另外，通常会配合 WebDriver 的"back()"和"forward()"方法分别控制浏览器的后退与前进。

在 Selenium 中，提供了异常处理方法，使用的方式如图 4.30 所示。

```
>>> from selenium import webdriver
>>> from selenium.webdriver.common.by import By
>>> from selenium.webdriver.support.ui import WebDriverWait
>>> from selenium.webdriver.support import expected_conditions as EC
>>> from selenium.common.exceptions import NoSuchElementException
>>> browser = webdriver.Chrome()
>>> browser.get('http://            ')
>>> wait = WebDriverWait(browser, 10)
>>> input = wait.until(EC.presence_of_element_located((By.ID, 'username')))
>>> button = wait.until(EC.element_to_be_clickable((By.CSS_SELECTOR, '.login')))
>>> try:
>>>     browser.find_element_by_id('hello')
>>> except NoSuchElementException:
>>>     print('No Such Element!')
>>> finally:
>>>     browser.close()
```

图 4.30　Selenium 显式等待

爬取电影评论数据的任务如果通过 Selenium 控制浏览器的形式来完成，则具体的实现过程如图 4.31 所示。一共有 3 个类，分别是"Comment""MovieCommentFile""CommentsSpider"，其中，"Comment"类表示一条电影评论，"MovieCommentFile"负责将电影评论数据写入文件，"CommentsSpider"负责实现通过 Selenium 方式控制浏览器的执行并定位电影评论数据，将它们保存起来。

```
1    from selenium.common.exceptions import NoSuchElementException
2    from urllib import request
3    import ssl
4    ssl._create_default_https_context = ssl._create_unverified_context
5    class Comment:
6        def __init__(self, username, count, content):
7            self.username = username
8            self.count = count
9            self.content = content
10   class MovieCommentFile:
11       def __init__(self, movie):
```

图 4.31　Selenium 爬取电影评论数据

101

```
12              self.path = movie + '.txt'
13          def write(self, data):
14              with open(self.path, 'a',encoding="utf-8") as file:
15                  for comment in data:
16                      file.write(comment)
17                      file.write('\n')
18          def read(self):
19              data = []
20              with open(self.path, 'r',encoding='utf-8') as file:
21                  for ele in file:
22                      data.append(ele)
23              return data
24      class CommentsSpider:
25          def __init__(self, url):
26              self.url = url
27              self.driver = webdriver.Chrome()
28          def get_data(self, movie):
29              link = self.search(self.driver, movie)
30              self.driver.get(link)
31              comment_list = []
32              flag = True
33              cnt = 0;
34              while flag and cnt <= 15:
35                  try:
36                      cnt += 1
37                      comment_list = comment_list + self.get_comments()
38                      next = self.driver.find_element_by_class_name("next")
39                      if next.get_attribute("href") == None:
40                          flag = False
41                      else:
42                          next.click()
43                  except NoSuchElementException as e:
44                      print(e)
45              return comment_list
46          def search(self, driver, movie):
47              driver.get("https://                                        
                 +          +                   ")
48              elems = driver.find_elements_by_class_name("detail")
49              elem_root = elems[0].find_element_by_class_name("title")
50              link = elem_root.find_element_by_tag_name("a").get_attribute
                 ("href")
51              return link + "comments?status=P"
52          def get_comments(self):
```

图 4.31  Selenium 爬取电影评论数据（续）

```
53              time.sleep(3)
54              elems = self.driver.find_elements_by_class_name("comment-item")
55              comments = []
56              for elem in elems:
57                  username =elem.find_element_by_class_name("avatar").find_
                    element_by_tag_name("a").get_attribute("title")
58                  content = elem.find_element_by_class_name("comment").
                    find_element_by_tag_name("p").text
59                  vote = elem.find_element_by_class_name("comment").find_
                    element_by_class_name("votes").text
60                  comment = Comment(username, vote, content)
61                  comments.append(repr(comment))
62              return comments
63      def __del__(self):
64          self.driver.close()
65          self.driver.quit()
66  def main():
67      movieCommentsSpider = CommentsSpider('https://
        ')
68      commentsData = movieCommentsSpider.get_data("无问西东")
69      moviefile = MovieCommentFile("无问西东")
70      moviefile.write(commentsData)
71  if __name__ == '__main__':
72      main()
```

图 4.31　Selenium 爬取电影评论数据（续）

## 4.3　多线程提升数据获取的效率

　　网络爬虫是一个工作量非常大的任务，因为它需要不停地搜集 URL、打开 URL 并且在收到的响应中解析和提取需要的信息。面对成千上万的页面，逐个处理它们会影响整个网络爬虫的效率。在计算机编程中，有一个特别重要的工具——多进程/多线程，可以有效提升整个爬虫的效率。

　　在操作系统中，一个任务就是一个进程（Process），多个进程可以在 CPU 的调度下同时执行。线程（Thread）是比进程更小的任务调度单位，即一个进程中可以进一步地划分子任务，每个子任务就称为一个线程。回到爬虫问题中，前面讲的爬虫是执行单个任务的进程，如果将多进程/多线程的方法应用到爬虫中，使它可以同时处理多个页面，则将极大提升整个爬虫的处理速度。通常来讲，第一，可以将爬虫程序设计成多个进程，每个进程中包含一个线程，这样通过多进程的形式，可以完成多个页面的并行处理；第二，可以创建一个进程，然后在该进程中启动多个线程，对多个页面进行并行处理。线程的调度效率高，更加灵活、方便，因此，这里主要介绍第二种方法。

　　在多进程/多线程环境下并行处理多个任务，这种并行处理并不是杂乱的，它们之间需要协调，因此出现了进程/线程通信的方法。可以通过进程之间的同步，共同完成较复杂的任务。

## 4.3.1  多线程的使用方法

一个进程可以包含一个或多个线程。在 Python 中提供了多线程的支持，主要涉及 Threading 模块。在使用多线程之前需要通过以下格式导入该模块：

```
import threading
```

线程需要完成一个任务，通常来讲这个任务须通过一个函数来实现。因此，可以通过 Threading 模块的"Thread()"方法创建一个线程的实例，然后通过"start()"方法启动线程的执行。

和进程一样，线程具有生命周期，包括新建（New）、就绪（Ready）、运行（Running）、阻塞（Blocked）和消亡（Dead）5 种状态。当调用"Thread()"方法创建了一个 Thread 的对象之后，线程处于新建状态。当调用"start()"方法之后，线程处于就绪状态，此时的线程不一定开始运行，其具体运行的时间取决于线程调度算法。当线程被调度执行并处于运行状态时，开始执行线程体。一个运行的线程不一定一直占用 CPU 等系统资源，根据调度算法的调度策略，可能会根据优先级优先调度其他线程。线程可以调用"sleep()"等方法以进入休眠状态，主动放弃所占有的 CPU 资源，这种情况下，正在执行的线程被阻塞，其他线程将被调度执行。一个处于阻塞状态的线程，在条件满足的情况下，例如"sleep()"时间结束，可以重新回到就绪状态等待调度。当线程的线程体正常执行结束，且线程抛出了未捕获的异常或错误时，线程结束并进入消亡状态。多线程的例子如图 4.32 所示。

```
1    import time, threading
2    def myThread():
3        print('Thread %s is running …' % threading.current_thread().name)
4        n = 0
5        while n < 6:
6            print('Thread %s >>> %s' % (threading.current_thread().name, n))
7            time.sleep(2)
8            n = n + 1
9        print('Thread %s finished.' % threading.current_thread().name)
10   print('Thread %s is running …' % threading.current_thread().name)
11   myThread = threading.Thread(target=myThread, name='MyThread')
12   myThread.start()
13   myThread.join()
14   print('Thread %s finished.' % threading.current_thread().name)
输出：
Thread MainThread is running…
Thread MyThread is running…
Thread MyThread >>> 0
Thread MyThread >>> 1
Thread MyThread >>> 2
Thread MyThread >>> 3
Thread MyThread >>> 4
Thread MyThread >>> 5
Thread MyThread finished.
Thread MainThread finished.
```

图 4.32  多线程的例子

在图 4.32 中，第 2～9 行定义了一个函数"myThread()"，是线程需要完成的任务。第 11 行调用"Thread()"方法创建一个线程对象，参数"target"指定线程的目标函数名字，参数"name"表示线程的名字。第 12 行调用"start()"方法启动线程。这里需要注意，有时候会看到使用"run()"方法启动线程。调用"run()"方法之后，其中规定的进程体（函数）立刻执行，并且在该方法返回之前，其他线程无法执行。因此，在这种情况下，"run()"方法变成了一个普通的对象调用，可以理解为只有一个主线程，不会是一个多线程执行的环境。例如，以下两个线程对象依次执行：

```
threading.Thread(target=myThread, name='MyThread').run()
threading.Thread(target=myThread, name='MyThread').run()
```

第 13 行调用"join()"方法，调用该方法的线程将被阻塞，等待另外一个加入的线程完成。在本例中，主线程创建了一个新的线程"myThread"并让它处于就绪状态。此时，两个线程应该并发执行，调度顺序取决于调度算法。然而，调用了"myThread.join()"方法之后，主线程会等待"myThread"线程结束后再继续往下执行。

Threading 模块中的"current_thread()"方法返回当前线程对象，通过访问其"name"属性可以得到线程的名字。"enumerate()"方法返回正在运行的线程列表，"activeCount()"方法返回正在运行的线程数量。在 Thread 类中，"isAlive()"方法用于判断线程是否处于活动状态，"getName()"和"setName()"方法分别用于获取和设置线程名。

与多线程的环境不同，在多进程中，每一个进程具有独立的内存空间，其中的变量等内容的使用互不影响。多线程通常创建在一个进程之中，此时对进程中的共享资源（如变量的使用）可能会产生不可预料的结果。因此，需要对多线程进行同步。图 4.33 所示是一个多线程环境下需要进行同步的例子。在该例子中自定义了一个线程类"myThread"，它继承了"threading.Thread"类。其中包含两个方法：初始化方法"__init__()"和运行方法"run()"。实例化"myThread"的两个对象，并且启动运行。期望的情况是，每一个线程根据创建时候传进来的进程名和数值，依次输出进程名和数值的变化。按照这种思路创建的两个线程在启动之后，执行的顺序是杂乱无章、无法预料的。为了解决这个问题，即解决线程"myThread1"和"myThread2"之间的同步问题，Thread 类提供了 Lock 和 Rlock 锁来实现线程之间的同步。Lock 和 Rlock 对象提供了"acquire()"和"release()"方法，分别起到获取锁和释放锁的作用。因此，需要同步的资源，即某一个时刻只允许一个线程操作的资源，需要放在"acquire()"和"release()"方法之间。在图 4.33 中，第 3～15 行自定义了线程类"myThread"，第 16 行定义了 Lock 类型的锁对象"threadLock"，第 17～22 行实例化两个线程并且启动。在本例中，比较关键的是第 10 行和第 15 行，它们分别表示获取锁和释放锁，一个时刻只允许一个线程执行两个方法中间的部分，以确保两个线程的同步。

```
1    import threading
2    import time
3    class myThread (threading.Thread):
4        def __init__(self, name, number):
5            threading.Thread.__init__(self)
6            self.name = name
```

**图 4.33　多线程环境下的同步**

105

```
7                self.number = number
8        def run(self):
9            print ("Thread Start: " + self.name)
10           threadLock.acquire()
11           while self.number:
12               print(self.name, str(self.number))
13               time.sleep(2)
14               self.number -= 1
15           threadLock.release()
16   threadLock = threading.Lock()
17   myThread1 = myThread("My Thread 1", 10)
18   myThread2 = myThread("My Thread 2", 10)
19   myThread1.start()
20   myThread2.start()
21   myThread1.join()
22   myThread2.join()
23   print ("Finished!")
输出:
Thread Start: My Thread 1
My Thread 1 5
Thread Start: My Thread 2
My Thread 1 4
My Thread 1 3
My Thread 1 2
My Thread 1 1
My Thread 2 5
My Thread 2 4
My Thread 2 3
My Thread 2 2
My Thread 2 1
Finished!
```

**图 4.33　多线程环境下的同步（续）**

### 4.3.2　案例：多线程在页面数据获取中的应用

在大规模的 Web 页面数据抓取过程中，需要从一个给定的初始 URL 出发，获取页面内容。除了在页面相应数据中提取需要的信息之外，另外一个很重要的工作是未来访问的 URL 的获取。在前面的很多案例中，我们假设通过"下一页"等按钮实现页面的翻页功能，从而可以继续往下访问 Web 页面。然而，在很多 Web 页面的抓取中，如"下一页"之类的按钮并非一直存在，这就需要不断地扩张访问的 URL 列表。

大量的 Web 页面之间通过超链接连接在一起，因此，可以通过对某一个页面上的超链接的提取来丰富将来要访问的其他 Web 页面。当收集到大量的页面 URL 后，如果依赖一个进程/线程请求 URL，并接收、分析页面内容会使效率非常低，因此，需要多进程/多线程环境来提升数据爬取的效率。

Python 数据处理与挖掘

106

本案例的需求为：给定一个初始的 Web 页面 URL，用户可以设置进程/线程的个数，设计一个网络爬虫，使其可以爬取 URL 页面的内容，并保存到文本文件中。另外，爬虫需要在给定的 URL 的基础上继续获取链接，以实现页面的持续爬取和保存。

从初始 URL 出发，在该 URL 的 HTTP 响应中，进一步提取 URL，并将 URL 构建成一个链接池。另外，设计一个线程，在链接池中取出一个 URL，并处理该 URL。根据用户的设置，需要一个线程池，其中的每一个线程根据一个 URL 可以独立完成页面获取、分析和保存工作。下载的 URL 等数据需要保存起来，在多线程的环境下，需要同步访问。

本案例的实现如图 4.34 所示。一共有两个类："PageDownloadThread"类和"WebCrawler"类。"PageDownloadThread"类是 Web 页面抓取类，它实例化的时候需要两个参数：一个是访问的链接"url"，另一个是保存的文件名"fileName"，在线程里访问"url"并且将响应数据保存到文件中。"WebCrawler"类负责整个页面的爬取，在初始化函数中指定线程个数，并完成从初始 URL 开始的所有页面的抓取。

本案例中设计了几个数据结构，列表"downloadedPages"记录已经下载的页面；列表"downloadedURLs"记录已经下载的 URL，防止重复下载；列表"futureURLs"记录还未下载的 URL，所有的线程需要在列表"futureURLs"中取出一个 URL 并完成下载、保存的工作。变量"downloadedPageNum"记录所有下载的文件个数，在为文件名命名的时候用。以上数据结构可能存在多个线程访问的情况，因此，需要一个 ThreadLock 来保证数据使用的同步。多线程在爬虫中的应用举例如图 4.34 所示。第 3～7 行是数据结构的定义，第 8～25 行是"PageDownloadThread"类的定义，第 26～60 行是"WebCrawler"类的定义。第 61～63 行是主函数，包括两个类的使用。

```
1      import threading
2      import urllib
3      threadLock = threading.Lock()
4      downloadedPages = []
5      downloadedURLs = []
6      futureURLs = []
7      downloadedPageNum = 0
8      class PageDownloadThread(threading.Thread):
9          def __init__(self, url, fileName):
10             threading.Thread.__init__(self)
11             self.url = url
12             self.fileName = fileName
13         def run(self):
14             global threadLock
15             global downloadedPages
16             global downloadedURLs
17             response = urllib.urlopen(self.url)
18             text = response.read()
19             saveFile = file(self.fileName, 'w')
20             saveFile.write(text)
```

图 4.34    多线程在爬虫中的应用

```
21          saveFile.close()
22          threadLock.acquire()
23          downloadedPages.append(text)
24          downloadedURLs.append(self.url)
25          threadLock.release()
26   class WebCrawler:
27       def __init__(self,threadNumber):
28          self.threadNumber = threadNumber
29          self.threadPool = []
30       def downloadOnePage(self, url, fileName):
31          pageThread = PageDownloadThread(url, fileName)
32          self.threadPool.append(pageThread)
33          pageThread.start()
34       def downloadAllPages(self):
35          global futureURLs
36          global downloadedPageNum
37          i = 0
38          while i < len(futureURLs):
39              j = 0
40              while j < self.threadNumber and i + j < len(futureURLs):
41                  downloadedPageNum += 1
42                  self.downloadOnePage(futureURLs[i+j],str(downloade
                    dPageNum)+'.htm')
43                  j += 1
44              i += j
45              for oneThread in self.threadPool:
46                  oneThread.join(50)
47              self.threadPool = []
48          futureURLs = []
49       def updateFutureURLs(self):
50          global futureURLs
51          global downloadedURLs
52          newURLs = []
53          for s in downloadedPages:
54              newURLs += GetUrl.GetUrl(s)
55          futureURLs = list(set(newURLs) - set(downloadedURLs))
56       def Crawler(self, start_url):
57          futureURLs.append(start_url)
58          while len(futureURLs) != 0:
59              self.downloadAllPages()
60              self.updateFutureURLs()
61   if __name__ == '__main__':
62       myCrawler = WebCrawler.WebCrawler(6)
63       myCrawler.Craw("http://                    ")
```

**图 4.34  多线程在爬虫中的应用（续）**

## 4.4 习题

（1）HTTP 协议的工作方式是什么？它主要包括哪几个过程？

（2）HTTP 请求报文的格式是什么？在请求方法中，GET 方法和 POST 方法的区别是什么？

（3）HTTP 响应报文的格式是什么？常用的状态码包括哪几类？它们分别表示什么含义？

（4）一个 HTML 文档主要包括哪几部分？什么是 HTML 元素？

（5）在 HTML 文档中，CSS 设计样式的重要方法主要有哪几种常用的方式？

（6）HTML 文档的结构分析及其组成标签的定位是提取 Web 内容的重要手段。请使用浏览器（如 Chrome）打开一个 Web 页面，并使用浏览器提供的插件快速分析 HTML 文档。

（7）编程实现"使用 Request 库提供的方法访问一个 Web 页面，并以文本的形式输出页面的 HTML 文档内容"。

（8）编程实现"使用 Request 库提供的方法访问一个 Web 页面，并使用 BeautifulSoup 库提供的方法提取指定的 HTML 元素中的内容"。

（9）什么是多线程？它与多进程的区别是什么？

（10）在理解爬虫软件的基础上，简述什么是反爬机制？常见的反爬方法有哪些？

（11）编程实现"选择一个旅行网站，通过分析该网站的页面结构和内容爬取评论数据，并将其保存到文本文件中"。

# 05 chapter

# Python 数据挖掘基础

数据挖掘已经成为人工智能技术的重要应用之一。在开始一个数据挖掘任务之前，首先须对常用的术语、基本的流程有一个初步的认识，其次须了解针对不同任务获取可用数据集的方法。Python 提供了大量与数据挖掘算法相关的库，利用这些库可以有效提升数据挖掘的效率。本章将详细介绍自然语言处理库（NLTK）和机器学习算法常用库（Sklearn）的用法。

数据挖掘（Data Mining）是融合了统计学、计算机科学等多个领域的交叉学科，它是指根据用户在特定场景下的不同需求，对数据集进行处理，并进行知识提取的过程。这个过程包括数据集的准备、数据的预处理、数据挖掘模型的构建、结果的验证和可视化等。因此，数据集是能够进行知识提取的基础，它的完整性在一定程度上决定了最终提取的知识的质量。通常来讲，数据挖掘处理的数据可以是普通的文本文件中的数据，也可以是数据库中的数据。

数据挖掘中经常提到的是"啤酒和尿布"的故事。著名的连锁企业沃尔玛通过交易数据分析来定位顾客的购买习惯的时候，发现与尿布一起购买最多的商品是看起来与之关系并不大的啤酒。通过分析，他们发现了其中的潜在规律：年轻的父亲下班之后经常要去买尿布，同时，他们也会顺便为自己买啤酒。显然，在这种商业领域中，如果应用挖掘到的这种潜在模式，可以极大地提升商品的销售量。目前，数据挖掘技术已经广泛地应用在了图像识别、语音识别、推荐系统等领域。

在方法上，数据挖掘中的模型和机器学习中的算法、模型密切相关。数据挖掘中经典的算法具有广泛的应用场景。2006 年底评选出了数据挖掘领域的十大经典算法，主要包括 C4.5、CART 树、K-means 算法、KNN 算法、朴素贝叶斯算法、关联规则算法、AdaBoost 算法、支持向量机算法、EM 算法和 PageRank 算法。除经典的算法外，还出现了大量的其他面向特定数据处理的算法。所有这些算法涉及以下 4 类问题：分类、聚类、回归和关联规则。其中，分类和聚类问题是数据挖掘领域中最重要的两个问题。因此，在本章中主要介绍这两类问题，进而介绍目前流行的深度学习技术的应用。

## 5.1.1 数据挖掘中常用的术语

在数据挖掘或者机器学习算法中，有一些常见的术语，本小节首先对它们做一个简单的介绍。

模型（Model）是指根据给定的任务需求对数据进行处理，发现数据中潜在规律或模式的方法，是数据挖掘的核心部分。通常需要根据任务设计模型，并且通过数据集来训练、验证、测试模型。一个训练好的模型针对新的样本的处理能力，称为模型的泛化能力（Generalization）。

数据集（Data Set）是指数据样本的集合。样本（Sample）是对一个对象的描述。样本在某一方面的表现，称为特征（Feature）或属性（Attribute）。特征或属性的个数称为维数（Dimensionality）。在数据挖掘的任务中，数据集通常分为训练集（Training Set）、验证集（Validation Set）和测试集（Test Set）。其中，训练集指用于模型训练的数据集，验证集指用于调整模型的超参数以及用于对模型能力进行评估的数据集，测试集指用于评估训练好的模型的泛化能力的数据集。常见的评估指标包括准确率（Accuracy）、召回率（Recall）、F 值（F value）。准确率是指模型判断正确的样本数除以提取出的信息数。召回率是指模型提取出的正确信息条数除以样本中的信息总条数。F 值是准确率和召回率之间的平衡方法，它的定义如下：

$$F\_Score = Accuracy \times Recall \times \frac{2}{Accuracy + Recall}$$

真相（Ground-truth）是指在数据集中确实存在的潜在规律。

在数据挖掘中有两类基本任务，分别是分类（Classification）和聚类（Clustering）。分类模型通常应用于数据集中存在标记（Label）的情况，也称为监督学习（Supervised Learning）。标记是对数据样本打的标签。而预测（Prediction）就是给定一个数据样本，判断其标签的值。常见的分类包括二分类（Binary Classification）和多分类（Multi-class Classification），它们之间的区别是：二分类是涉及两个类别的分类任务，多分类是涉及多个类别的分类任务。聚类模型也称为无监督学习（Unsupervised Learning），它处理的数据通常没有类标记，它通过数据之间的内在分布规律将数据划分成簇（Cluster）。

例如，表 5.1 所示是一个学生成绩的数据集，每个学生通过编号来标识。成绩的评估主要考虑 3 个特征或属性：语文、数学、英语。根据成绩做了评定的标签：优秀和不优秀。学生成绩划分的问题如果采用分类模型来处理，需要用大量的学生成绩来训练分类模型，并且给定一个新的成绩，如"（98，99，95）"，再通过分类模型判断这个成绩是"优秀"还是"不优秀"。如果采用聚类模型来处理，需要计算所有数据样本之间的相似性，并把相似的样本划分在一起，以达到对数据进行划分的目的。

表 5.1　数据集示例

| 编号 | 语文 | 数学 | 英语 | 标签 |
|---|---|---|---|---|
| 1 | 98 | 99 | 95 | 优秀 |
| 2 | 62 | 65 | 66 | 不优秀 |

针对模型进行训练的过程，也称为模型的学习（Learning）过程。一个训练好的模型期望能够达到尽可能高的准确率。但是仍然可能存在两类问题：欠拟合（Underfitting）和过拟合（Overfitting）。欠拟合是指模型未能很好地学习样本特征，即对数据样本的拟合性较差。过拟合是指模型将某些样本自身的特征当成了所有样本都具有的特征，这样会导致模型的泛化能力下降。

## 5.1.2　数据挖掘的流程

数据挖掘是从原始数据中提取知识的过程。这个过程可分为 5 个阶段：数据获取、数据预处理、数据挖掘模型、模型评估和知识表示，如图 5.1 所示。

数据获取是指通过多种途径获得满足任务需求的数据。通常有两种途径：第一种是公开数据集，针对特定的数据挖掘任务，都会有同行公开的数据集，在此数据集的基础之上进行模型或者算法的验证，将具有更好的说服力；第二种是爬虫数据，数据挖掘的目标不同，所使用的数据集也会有所变化，因此，当公开数据集无法满足要求的时候，需要通过爬虫在 Web 页面等数据源上获取数据。公开数据集是经过数据预处理之后的数据集，而爬虫数据集得到的是原始数据，需要进行预处理操作。

对原始数据集进行数据预处理主要包括以下几种类型：数据清洗、数据变换、特征提取等。针对数据清洗，原始数据中通常存在 3 种常见的特殊取值：重复值、缺失值、异常值，它们会对后续的模型训练造成干扰。重复值会带来冗余的信息，此时，需要对原始数据进行预处理，删除重复值。缺失值会导致样本数据不完整。

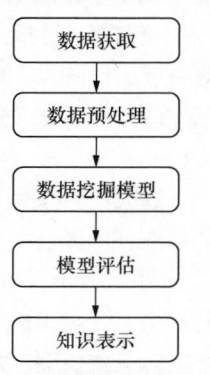

图 5.1　数据挖掘的过程

一条数据样本的属性中存在缺少的属性项，此时，需要将缺少属性项数目特别多的样本删除，或者根据该样本附近的其他样本的属性信息对其缺失值进行填充，如人工填写缺失值、采用全局常量填写缺失值或者根据同类样本的平均值或中位数填充缺失值。异常值可能会成为数据集中的干扰数据，可以通过预处理删除不需要的异常值。

为了能够获取更容易理解和解释的特征，或者降低数据的维度和复杂度，提升模型预测的准确率，需要对数据进行变换。通常根据原始数据的分布规律，应用数学运算进行变换，例如，数据分布在坐标轴上偏前，通常使用对数变换；数据分布在坐标轴上偏后，通常使用平方变换等。而比较常用的是标准化（Normalization）或者归一化变换。如果原始数据的变化尺度比较大，数据之间的特征表现得不明显，可以通过标准化变换将数据按照一定的比例进行缩放，使它们可以集中在一个固定的区间范围之内。如 Min-Max 标准化对原始数据进行变换之后，所有的值都在[0, 1]区间之内。转换的公式如下：

$$x' = \frac{x - \min}{\max - \min}$$

针对样本数据 $x$，min 表示样本数据中的最小值，max 表示样本数据中的最大值。

在数据挖掘中，数据变换的作用比较明显。但是也存在一些问题，最主要的问题是数据变换在实际应用中的可解释性。原始数据经过对数、平方等变换之后，可能丧失了原数据本身的含义。例如，对学生成绩进行对数变换之后，很难解释变换之后"学生成绩取对数"所表示的含义。

特征提取将在数据样本中选择特征，并作为数据挖掘模型的输入。因此，特征提取对整个数据挖掘任务来讲具有重要的作用。在数据挖掘领域中，有一个重要的分支，叫作特征工程（Feature Engineering）。在选择特征的时候，首先应该考虑特征与任务目标之间的相关性，相关性越大，越优先选择。另外，应该考虑特征的可区分性，即样本在该特征上应该是可区分的，否则该特征没有任何意义。方差可以帮助判断特征是否具有可区分性，如果方差接近 0，说明该特征无法体现可区分性。综合可区分性和相关性，有以下常用的特征选择方法：第一，过滤法（Filter），根据可区分性或相关性对每个特征进行评分，并选择评分大于阈值的特征；第二，包装法（Wrapper），根据目标函数进行评分，每次筛选多个特征；第三，集成法（Embedded），应用机器学习模型进行训练，得到每个特征的权值，并根据权值从大到小排列选择特征。

有时候，选择的特征过大会使后续的计算量变大，导致模型的训练时间过长。此时，需要对特征进行降维。降维的本质是将原始的样本映射到维度更低的样本空间。常用的降维方法包括主成分分析法（PCA）和线性判别分析法（LDA）等。当然，也可以使用 L1 正则作为选择特征的一种手段。

数据挖掘模型包括模型的选择和参数调整。模型选择是根据当前任务的需求以及样本特征的提取，选择合适的模型，包括分类、聚类、回归等。另外，有时候将多个模型融合，进行集成学习。例如，针对离散数据的预测，通常选择分类模型；针对连续数据的预测，通常选择回归模型；针对无标记数据的分类，通常选择聚类算法。具体到某一类问题，需要进一步选择具体的算法或模型。如果已有的模型无法实现预期的任务，则需要自己设计模型。模型设计好后，将特征作为输入对模型进行训练。此时，需要调整模型的参数，使模型具有最好的效果。调参主要包括人工调参和自动调参。人工调参依赖经验结合当前样本特征，对模型参数进行调整。人工调参的过程重复、枯燥，如在针对深度学习模型参数的调整中，通常会面临大量的参数。

自动调参通过设定几组参数值，组合尝试调整参数。

经过训练之后的模型需要进行评估（Evaluation）。通常，将数据集分为训练集和测试集。使用训练集训练模型，使用测试集对训练好的模型进行评估。根据准确率、召回率等指标，评估模型的优劣。如果单纯地将数据集分为训练集和测试集，则存在以下问题。首先，模型及参数依赖于训练集和测试集的划分比例。选择的划分方法不够好，会影响最优的模型及参数的选择。其次，只有部分数据进行了模型训练。通常来讲，数据量越大，包含的信息越多，训练出来的模型效果越好。因此，交叉验证（Cross Validation）的方法可以解决上述问题。交叉验证方法中最为常用的是 $K$ 折交叉验证（$K$-fold Cross Validation）。它将所有的数据集分成 $K$ 份，不重复地每次取其中一份作为测试集，其他 $K-1$ 份作为训练集，这样，在训练好的模型上验证 $K$ 次测试集之后得到 $K$ 个均方误差（Mean Squared Error，MSE）指标，它们的平均值就是整个数据集测试最终的平均误差。这里的误差是指预测数据与原始数据之间的差，它们的平方和的均值称为 MSE。

数据挖掘的结果需要形成知识。这些知识是数据挖掘的目的和意义所在。可以通过可视化等技术将知识呈现出来，方便做出决策和判断。因此，在知识表示中，通常使用可视化技术，通过图表的形式展示数据挖掘的结果。

## 5.2　数据集是数据挖掘的基础

数据集是整个数据挖掘的基础。通常，数据挖掘任务中有两类数据集：公开数据集和爬虫数据集。公开数据集常用在新的数据挖掘模型或者算法的验证上。以公开数据集为基准，通过不同模型评估指标的比较，来评估新设计的模型的有效性。爬虫数据集通常用在某一个特定任务的解决上。例如，在商业智能中，需要知道某类产品的市场需求、竞争对手等信息，多数需要通过爬虫获取数据，进而选择模型进行分析。

### 5.2.1　各领域公开了大量的数据集

近年来，人工智能技术已经在图像处理、自然语言处理、智能驾驶、智能医疗等领域得到了广泛地应用。这些技术的发展离不开数据集对模型和算法的推动。

#### 1．图像处理

MNIST 是手写数字数据集，其中，训练集中包括 60000 个样本（55000 个样本用于模型训练，5000 个样本用于模型验证），测试集中包括 10000 个样本。每个样本均由样本数据和标签组成。样本数据是 28 像素 × 28 像素的灰度手写数字图片，以字节形式存储。MNIST 数据集统计结果如表 5.2 所示。

表 5.2　MNIST 数据集统计结果

| 文件名称 | 说明 |
| --- | --- |
| train-images-idx3-ubyte.gz | 训练集，60000 个图片样本 |
| train-labels-idx1-ubyte.gz | 训练集样本对应的标签 |
| t10k-images-idx3-ubyte.gz | 测试集，10000 个图片样本 |
| t10k-labels-idx1-ubyte.gz | 测试集样本对应的标签 |

文件中的数据有固定的格式，以测试集中的数据为例，说明如下。在文件"train-images-idx3-ubyte.gz"中，每行数据的格式如下：第1～4个字节表示"Magic Number"；第5～8个字节保存图像的数量，即60000；第9～12个字节保存图片高度，即28；第13～16个字节保存图片的宽度，即28；从第17个字节开始，一个字节保存一个像素点值。在文件"train-labels-idx1-ubyte.gz"中，每行数据的格式如下：第1～4个字节表示"Magic Number"；第5～8个字节保存图像标签的数量，即60000；从第9个字节开始，每个字节保存一个标签的数值。使用Python读取MNIST数据集的例子如图5.2所示。

```
1    import numpy as np
2    import cv2
3    with open('train-images.idx3-ubyte', 'rb') as f:
4        file = f.read()
5        imagic_number=file[:4]
6        print(int(magic_number.encode('hex'),16))
7        print(int(file[4:8].encode('hex'),16))
8        print(int(file[12:16].encode('hex'),16))
9        image = [int(item.encode('hex'), 16) for item in file[16:16+784]]
10       print(len(image1))
11       imageArray = np.array(image, dtype=np.uint8).reshape(28,28,1)
12       print(imageArray.shape)
13       cv2.imwrite('image.jpg', imageArray)
输出：
2051
60000
28
28
784
(28, 28, 1)
```

图5.2  MNIST数据集的读取

通过NumPy模块的数组来保存图片数据，需要导入NumPy模块。另外，需要将图片数据写入图片文件，这里用到"cv2"模块，它提供了对图像进行读写、处理的方法。如果没有安装该模块，则需要通过以下命令安装：

```
pip install opencv-python
```

打开文件，并且读入数据到变量"file"中，第5～8行表示文件前面的信息。第9行将第1张图片的数据读入"image"变量中。这里使用的"encode()"方法将字节与十六进制字符串进行转换，"hex"表示十六进制，并且将十六进制数转换成一个整型数。"784"表示图片的大小是784个像素。第11行将图片数据保存到NumPy数组中，并且调用"cv2"模块的"imwrite()"方法将数据写入"image.jpg"文件，这样打开这个文件，看到的应该是以图片形式显示的手写体数据。

ImageNet是2009年由李飞飞教授等发布的图像数据集，之后成为图像识别领域的重要数据集之一，它根据WordNet的层次结构组织图像数据。WordNet是普林斯顿大学认知科学实验室的乔治·米勒（George Miller）教授建立和维护的英语字典。根据词条的语义对词条分组，同一组的词条称为一个同义词集合。字典对不同的同义词集合之间的语义关系也进行了描述。目前，ImageNet 中共有 14197122 张图片，共分为 21841 个类别，如 "animal" "bird" "fish" "flower" "fruit" 等。从 2010 年开始，每年都举办 ImageNet 视觉识别挑战赛（ImageNet Large Scale Visual Recognition Challenge，ILSVRC），主要包括图像分类、目标定位和检测、视频目标检测等任务。

CIFAR-10 是一个用于识别普适物体的小型数据集，一共包括 10 个类别，分别为："飞机" "汽车" "鸟" "猫" "狗" "鹿" "青蛙" "马" "船" "卡车"。每个类别有 6000 张彩色图片，每张图片的大小为 32 像素 × 32 像素。训练集包含 50000 张图片，测试集包含 10000 张图片。CIRAR-100 数据集有 100 个类，每个类包含 600 张图片，其中，500 张图片用于训练，100 张图片用于测试。为了更好地对这 100 个类进行管理，将其划分成了 20 个超类，对应的数据格式为："花卉 | 兰花、玫瑰、向日葵、罂粟花、郁金香"。"花卉" 表示超类，"|" 后面的是具体的类别。

在 CIFAR-10 数据集中，测试集有 5 个文件，分别是 "data_batch_1" "data_batch_2" "data_batch_3" "data_batch_4" "data_batch_5"。训练集有 1 个文件 "test_batch"。这些文件是用 Python 中的 Pickle 模块生成的序列化数据，因此，需要使用 Pickle 模块对这些数据文件进行处理。从 Python 3 开始，Pickle 已经成为一个内置的模块，它主要提供 4 个功能："dumps(data)" 函数将数据 "data" 转换为 Python 中特定格式的字符串；"dump(data, file)" 函数将数据 "data" 转换为 Python 中特定格式的字符串，并将其写入文件 "file" 中；"loads(pickle_str)" 函数将 Pickle 数据转换为 Python 数据结构；"load (file)" 函数在文件 "file" 中读取 Pickle 数据，并转换为 Python 数据结构。在使用的时候，需要导入 "pickle" 模块。使用 Python 读取 CIFAR-10 数据集的例子如图 5.3 所示。

```
1    import pickle
2    with open('data_batch_1', 'rb') as f:
3        data = pickle.load(f, encoding='latin1')
4        X = data['data']
5        Y = data['labels']
```

图 5.3　CIFAR-10 数据集的读取

在图 5.3 中，第 3 行调用 "load()" 方法在文件中读取数据，这个操作也称为 "反序列化操作"，将数据保存到 "data" 中。"data" 是一个字典结构，通过 "data['data']" 获取图片数据，并以像素值的形式提供，类型是 "ndarray"；通过 "data['labels']" 获取图片的标签，类型是列表。

人脸识别是图像处理中的成熟应用之一。在人脸识别中，常用的数据集包括以下几种。Labeled Faces in the Wild（简称 LFW）中包含了大量的来自生活中自然场景的人脸图片，因此，光照、表情、姿势等因素的影响使人脸识别模型的挑战性非常大。其中，共有 5749 个人的 13233 张人脸图片，每张图片的大小为 250 像素 × 250 像素。VGG-Face 数据集包含 2622 个人的大约两百万张人脸图片。该数据集噪声较小，常用于模型训练。而基于人脸识别的应用，如表情识别，可以分析当前人脸表情体现出来的情绪。常用的数据集是 The Japanese Female Facial Expression（简称 JAFFE），该数据集一共包含 10 位女性的 213 张图片，每人有 7 种表情，分别是 "sad" "happy" "angry" "disgust" "surprise" "fear" "neutral"。

## 2. 自然语言处理

自然语言处理主要包括文本语义分析、自然语言翻译、语音识别等应用，涉及的数据集主要包括文本数据集、声音信号数据集等。

IMDB 评论数据集是电影评论数据集，可以对电影评论进行二元情感分类。训练集中包括 25000 条电影评论数据，测试集中包括 25000 条电影评论数据。

Sentiment140 是在社交网站 Twitter 上通过应用程序接口提取的大约 1600000 条推文数据，并且这些推文数据被标注了"负面""中性""正面" 3 类标签，可以用于情绪识别模型训练，进行情感分析。

Yelp 数据集是美国最大的点评网站 Yelp 公开的内部数据集，包括商户、点评和用户数据，它们通过 JSON 文件或者 SQL 数据库的形式提供。该数据集包括 470 条用户评价，15 万条商户数据，20 万张图片，并且包含在每家商户签到的用户数。在这个数据集之上可应用自然语言处理模型，挖掘用户评价数据，推断用户对商户的评价，进行情感分析。

Enron 电子邮件数据集是电子邮件研究中最为常用的数据集之一。邮件数据由安然公司提供，主要包括公司 150 位高级管理人员之间的往来邮件。邮件数据格式包括发送者 ID、接收者 ID、邮件 ID、邮件发送时间、邮件主题等。

Reddit 数据集由 Reddit 公布，大约有 1.7 亿条数据，包含了用户在 Reddit 网站上的发帖数据以及评论数据。

## 3. 复杂网络

Zachary 空手道俱乐部成员关系网络是复杂网络、社会学分析等领域中最常用的一个小型检测网络之一。从 1970 年到 1972 年，韦恩·扎卡里（Wayne Zachary）用 3 年时间观察了美国一所大学空手道俱乐部成员间的社会关系，并构造出了社会关系网（Zachary's Karate Club Network）。网络中的每个节点分别表示俱乐部某个成员，节点间的连接表示两个成员经常一起出现在俱乐部活动（如空手道训练、俱乐部聚会等）之外的其他场合，即在俱乐部之外他们可以被称为朋友。调查过程中，该俱乐部因为主管 John A.（节点 34）与教练 Mr. Hi（节点 1）之间的争执而分裂成 2 个各自为核心的小俱乐部，不同颜色与形状的节点代表分裂后的小俱乐部成员。规模：34 个节点，78 条边。

由克雷布斯（Krebs）从 Amazon 上销售的美国政治相关书籍页面上建立起来的网络，其节点代表在 Amazon 在线书店上销售的美国政治相关图书，边代表一定数量的读者同时购买了这两本图书（由抽取网页上的"购买了这本书的读者同时也购买了一些图书"指示得到）。节点分成了 3 类：l、n、c，分别代表"自由派""保守派""中间派"。这些派别的划分是由马克·纽曼（Mark Newman）根据 Amazon 上对于图书观点以及评价情况的人工分析得到的。规模：105 个节点，441 条边。

国内学者构建了一个 2006 年中国电影演员合作网络：该数据来自国内著名的网络电影社区——MTime 网站，网络中每个节点代表一个演员，边代表两个演员共同出演过同一部电影，即存在合作关系。规模：587 个节点，1725 条边。

高德·纳（Donald Knuth）根据维克多·雨果（Victor Hugo）的小说《悲惨世界》，整理了其中的人物关系网络。网络中的节点表示小说中的角色，边表示两个角色同时出现在一幕或多幕中。网络中有 5 个主要人物，主人公冉阿让（Jean Valjean），探长贾维（Javert），神父米里哀（Myriel），女工芳汀（Fantine）及其女儿珂赛特（Cosette）。研究人际网络中关键的边（即人物之间的联系）对网络整体性能的影响，发现网络内关键的边，将对舆情和疾病等的传播方式的研究具有非常重要的意义。规模：77 个节点，508 条边。

卢梭（Lusseau）等人对栖息在新西兰 Doubtful Sound 峡湾的一个宽吻海豚群体（该群体由 2 个家族共 62 只宽吻海豚组成）进行了长达 7 年的观察，构造出了海豚关系网。网中节点代表海豚，边表示两只海豚之间接触频繁，不同颜色与形状的节点代表属于不同家族的海豚成员。规模：62 个节点，159 条边。

### 4. 智能驾驶

KITTI Vision Benchmark Suit（KITTI）是智能驾驶中常用的数据集，主要包括由高分辨率相机、高精度 GPS、IMU 惯性导航系统等传感器在大约 6 小时内拍摄的交通场景。

nuScenes 是 2019 年正式公开的智能驾驶数据集，包括从波士顿和新加坡两个城市收集的 1000 个驾驶场景的数据。该数据集包括 140 万张图像，39 万次激光雷达扫描，以及 140 万个 3D 人工注释边框。

Udacity 数据集可以用于自动驾驶算法，并且对连续图片进行了标注，包括车辆、行人等不同类型。

### 5. 其他数据集

Delicious 数据集是用户在某个时间对一个页面打的标签的数据集，因此数据集中的一条记录由"用户 ID""日期""页面 URL"和"标签"组成，共包含 1320 万个标签和大约 420 万条记录。它可以用于研究用户行为以及推荐系统。

MovieLens 数据集是电影评分数据集。根据数据量的不同，分为 1MB、10MB 和 20MB 等不同大小的数据集。最大的数据集包括大约 14 万用户对 27000 部电影的评分数据，另外该数据集也包含用户的标签数据。该数据集常用于推荐系统。

LastFM 数据集是与用户收听音乐相关的数据集，主要包括两部分：用户信息数据和音乐收听记录。用户信息数据包括 992 位听众，音乐收听记录包括 10752 位音乐家的共 19150868 条记录。该数据集可以用于音乐推荐以及用户收听音乐的行为分析。

## 5.2.2 自定义数据

爬虫可以根据自己的需求进行数据的收集。通常，爬虫需要面临的任务有进行初步的分析、确定需要数据的类型、选取可以提供数据的 Web 站点。通过分析页面的源代码，来决定是否可以提供数据。

分析完需求并选择好站点之后，需要设计爬虫软件。爬虫软件的设计和实现在第 3 章中已介绍。针对爬虫数据的保存，需要选择一个合适的文件类型。常用的文件包括文本文件、JSON格式文件和 MongoDB 文件。前两种文件的操作方式在文件读写的时候已介绍。MongoDB 是一个基于分布式文件存储的数据库，在数据存储和分析中也经常会用到。

爬虫数据通常是原始的数据，需要进行预处理之后才能使用。比较常见的情况为数据重复，因此需要设计软件去除重复数据。另外，针对时序数据分析的情况，需要按照时间对数据进行排序。

爬虫数据的使用需要符合法律、法规。在数据挖掘领域，爬虫数据是为了验证模型或者算法的有效性。如果为非法组织提供爬虫及其数据，是违反我国法律的。另外，抓取个人隐私数据、抓取版权数据等也是违规行为。

## 5.3 Python 中常用的数据挖掘库

在数据挖掘的流程中，数据挖掘模型是核心部分。根据任务的不同，需要选择合适的模型，如果已有的模型无法达到要求，则还需要设计模型。这些工作需要通过 Python 来实现。

Python 有强大的库和模块的支持。针对数据挖掘这一问题，有两个常用的库：NLTK 库和 Sklearn 库。NLTK 库提供了强大的自然语言处理工具，Sklearn 库包含了大量的机器学习相关工具。

### 5.3.1 自然语言处理常用的 NLTK 库

NLTK（Natural Language ToolKit）库是用 Python 开发的自然语言处理工具包。它的主要作用是对自然语言进行处理，并提取关键部分以组成特征数据。例如，在过滤垃圾邮件时，首先应该针对邮件数据进行处理，抽取其中的关键词以作为邮件的特征，进而可以通过数据挖掘模型进行过滤。而这些特征的提取，就需要用到自然语言处理相关的工具。如果首次使用 NLTK 库，则需要通过以下命令在系统中安装：

```
pip install nltk
```

NLTK 库安装完成之后，还需要安装 NLTK 扩展包，这样才能使用其提供的功能。安装的方式如下，在 Python 中的 Shell 环境下输入：

```
>>> import nltk
>>> nltk.download()
```

这将打开一个下载页面，如图 5.4 所示。这里列出了所有的扩展包，主要包括语料库、模型等，建议将所有的扩展包下载到本地。语料库是指以计算机为载体承载语言知识的资源，其实就是大量的文本数据。在 NLTK 库中可以使用的语料库如表 5.3 所示。

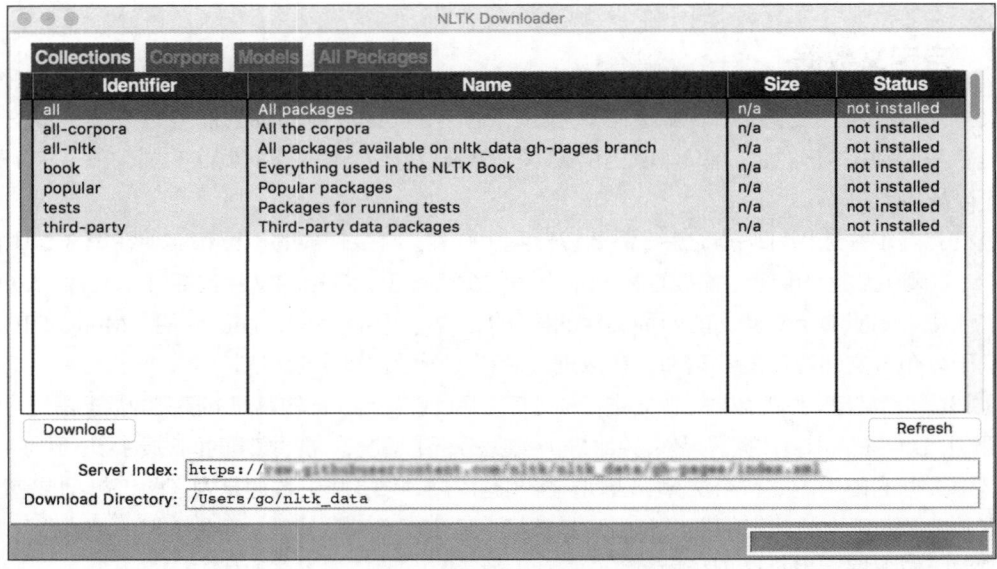

图 5.4　NLTK 扩展包下载页面

表 5.3　NLTK 库的常用语料库

| 语料库 | 说明 |
|---|---|
| brown | 布朗语料库，按文件分类 |
| gutenberg | 古典小说语料库 |
| inaugural | 总统演讲语料库 |
| nps_chat | 即时聊天消息语料库 |
| reuters | 路透社新闻语料库 |
| webtext | Web 广告语料库 |

在 NLTK 库的语料库中加载布朗语料库"brown"，并且查看布朗语料库的信息，如图 5.5 所示。通过"categories()"方法可以查看语料库中的分类信息，另外通过"len(brown.sents())"和"len(brown.words())"方法可以分别输出语料库中的句子个数以及词的个数。

```
>>> from nltk.corpus import brown
>>> print(brown.categories())
['adventure', 'belles_lettres', 'editorial', 'fiction', 'government',
'hobbies', 'humor', 'learned', 'lore', 'mystery', 'news', 'religion',
'reviews', 'romance', 'science_fiction']
>>> print(len(brown.sents()), len(brown.words()))
57340 1161192
```

图 5.5　NLTK 库加载布朗语料库

将文本或句子分解成更小单位的词，可以便于对其进行处理。在 NLTK 库中，Tokenize 表示将一段文本进行拆解。NLTK 库下的"tokenize"类中常用的方法有两个，其中"sent_tokenize(text)"方法将文本"text"分割为句子，这种分割是单纯使用正则表达式很难做到的。例如，图 5.6 所示的"Mr."后面是一个"."，正则表达式可能会判断成一个句子的结束，而"sent_tokenize(text)"方法可以很好地处理这个问题。"word_tokenize(text)"方法将文本"text"分割为单词的列表，包括标点符号。

```
>>> import nltk
>>> from nltk.tokenize import sent_tokenize
>>> from nltk.tokenize import word_tokenize
>>> text = 'Hello, Mr. Python. How are you today? I am fine.'
>>> print(sent_tokenize(text))
['Hello, Mr. Python.', 'How are you today?', 'I am fine.']
>>> print(word_tokenize(text))
['Hello', ',', 'Mr.', 'Python', '.', 'How', 'are', 'you', 'today', '?', 'I',
'am', 'fine', '.']
```

图 5.6　NLTK 库进行文本拆解

WordNet 是面向语义的英语词典，在 NLTK 库中也实现了该功能，如图 5.7 所示。模块的名字是"wordnet"。"wordnet"的"synsets()"方法可以返回查询词的所有同义词集合。其中的每一个元素都是同义词类型 Synset，它由一个三元组组成："单词.词性.序号"。其中，单词指同义词名称，词性主要包括"NOUN""VERB""ADJ""ADV"，分别表示"名词""动词""形容词""副词"。在调用"synsets()"方法的时候，可以通过"pos"参数指定要查找的同义词的词性。在 Synset 对象中，调用"definition()"方法查看该词的定义，调用"examples()"方法返回该词的一个例子，调用"lemmas()"方法返回该词的同义词的所有词条，调用"lemma_names()"方法返回该词的同义词的所有词条名称。调用"lemmas()"方法返回所有的词条列表，针对每一个词条的 Lemmas 对象，调用"antonyms()"方法可以获取该词条的反义词。如果需要计算两个词的语义相似度，可以调用"path_similarity()"方法。

```
>>> from nltk.corpus import wordnet
>>> syntext = wordnet.synsets("dog")
[Synset('dog.n.01'), Synset('frump.n.01'), Synset('dog.n.03'), Synset('cad.
n.01'), Synset('frank.n.02'), Synset('pawl.n.01'), Synset('andiron.n.01'),
Synset('chase.v.01')]
>>> syntext = wordnet.synsets("dog", pos=wordnet.VERB)
[Synset('chase.v.01')]
>>> print(syntext[0].definition())
a member of the genus Canis (probably descended from the common wolf) that
has been domesticated by man since prehistoric times; occurs in many breeds
>>> print(syntext[0].examples())
['the dog barked all night']
>>> print(syntext[0].lemmas())
[Lemma('dog.n.01.dog'), Lemma('dog.n.01.domestic_dog'), Lemma('dog.n.01.
Canis_familiaris')]
>>> print(syntext[0].lemma_names())
['dog', 'domestic_dog', 'Canis_familiaris']
>>> print(wordnet.synsets("big")[0].lemmas()[0].antonyms())
>>> print(syntext[0].path_similarity(syntext[2]))
0.125
```

图 5.7　NLTK 库中 WordNet 的使用

在英语的词语处理中，有词干和词缀的概念，词干提取就是去除词缀得到词根的过程，经常用于搜索引擎对页面的索引中。例如，单词"sleeping"的词干是"sleep"。NLTK 库提供了多种词干提取算法，主要包括以下几个常用的类："PorterStemmer""SnowballStemmer""LancasterStemmer"。不同的词干提取算法针对同一个词提取的结果不一定相同。有时候词干提取并不一定能够得到完整意义的单词。例如，单词"purple"进行词干提取得到的结果是"purpl"。而单词变体还原可以得到一个真实的单词，此时，需要用到"WordNetLemmatizer"类，如图 5.8 所示。

在自然语言处理中，经常会遇到词频统计的情况。词频就是每一个单词在当前的文本中出现的次数。NLTK 库提供了"FreqDist()"方法进行词频统计，它返回每一个单词出现的次数。图 5.9 所示的代码对一段文本进行词频统计，此时需要调用字符串的"split()"方法将字符串分割成单词，否则词频统计方法将会统计每一个字母出现的次数。

```
>>> from nltk.stem import PorterStemmer
from nltk.stem import WordNetLemmatizer
>>> stemmer = PorterStemmer()
>>> lemmatizer = WordNetLemmatizer()
>>> print(stemmer.stem('walking'))
walk
>>> print(stemmer.stem('walked'))
walk
>>> print(stemmer.stem('purple'))
purpl
>>> print(lemmatizer.lemmatize('purple'))
purple
```

**图 5.8　NLTK 库进行词干提取与变体还原**

```
>>> import nltk
>>> text = "Today is a nice day. It is a sunny day."
>>> word_frequence = nltk.FreqDist(text.split())
>>> for key,val in word_frequence.items():
>>>     print (str(key) + ':' + str(val))
输出:
Today:1
is:2
a:2
nice:1
day.:2
It:1 sunny:1
```

**图 5.9　NLTK 库进行词频统计**

　　在自然语言中，有些词或者字使用的频率非常高，然而它们并没有太多实际的意义，这对自然语言中特征的提取并没有太多帮助。例如，英语中的单词"a""is""she""he""am"等，中文中的"你""我""她""他""它""的"等。这些词会对自然语言特征的表述造成干扰，导致特征区分度不明显。因此这类词应该去掉，它们也称为停用词。NLTK 库中，提供了"stopwords"类以帮助处理停用词，如图 5.10 所示。其中，"words()"方法返回定义的停用词列表，可以通过参数指定查看哪种语言的停用词。例如，参数为"english"时指定查看英语的停用词，返回所有停用词的列表。

　　在图 5.10 中，首先获取停用词列表。检查要判断的单词列表中的每一个单词，依次判断其有没有出现在停用词列表中，如果没有出现就继续保留，这样可以将原来单词列表中的停用词去除。

　　NLTK 库的优势在于对词的处理，在使用之前需要将语句分割为单词。因此，它尤其适用于像英语之类的语言分析。因为英语文本或者句子以空格分割，可以很容易地识别单词。然而，NLTK 库并没有提供一个很好的对中文语句进行分词的方法。在使用 NLTK 库的其他功能对中文自然语言进行处理之前，需要使用其他工具进行分词。目前，最为常用的中文分词工具是结巴（jieba）分词，在使用之前需要通过以下命令安装该工具：

```
pip install jieba
```

```
>>> from nltk.corpus import stopwords
>>> text = "Today is a nice day. It is a sunny day."
>>> stop_words = stopwords.words('english')
>>> print(stop_words)
['i', 'me', 'my', 'myself', 'we', 'our', 'ours', 'ourselves', 'you', "you're",
"you've", "you'll", "you'd", 'your', 'yours', 'yourself', 'yourselves',
'he', 'him', 'his', 'himself', 'she', "she's", 'her', 'hers', 'herself',
'it', "it's", 'its', 'itself', 'they', 'them', 'their', 'theirs', 'themselves',
'what', 'which', 'who', 'whom', 'this', 'that', "that'll", 'these', 'those',
'am', 'is', …]
>>> stop_words_removed = []
>>> for word in text.split():
>>>     if not word in stop_words:
>>>         stop_words_removed.append(word)
>>> print(stop_words_removed)
['Today', 'nice', 'day.', 'It', 'sunny', 'day.']
```

**图 5.10　NLTK 库中停用词的处理**

安装好之后，导入“jieba”模块进行分词。结巴支持 3 种分词模式：第一种是精确分词模式，将句子以最精确的方式分解，适用于文本分析；第二种是全模式，可以把句子中所有可能的词语都检索出来，该模式速度快，但是存在歧义问题；第三种是搜索引擎模式，在精确模式的基础上，对长词进一步分割，适用于搜索引擎中的分词。“jieba”模块最为常用的 3 个方法是“cut()”“lcut()”“cut_for_search()”。其中，用“cut()”方法分词之后，结果通过迭代器的形式返回，参数“cut_all”控制分词的模式，默认值是“False”，表示精确分词模式，如果是“True”，则表示全模式。“lcut()”方法与“cut()”方法的不同之处在于，它返回的是一个列表。“cut_for_search()”方法根据搜索引擎模式分词。

NLTK 库提供了 Text 类，可以对文本进行初步的统计和分析。该类提供的常用方法如表 5.4 所示。

**表 5.4　NLTK 库中 Text 类的常用方法**

| 方法 | 说明 |
| --- | --- |
| Text(words) | 对象构造函数 |
| concordance(words) | 输出 words 出现的上下文 |
| common_context(words) | 输出 words 出现的同类模式 |
| similar(words) | 输出与 words 相似的词 |
| collocations(num=20, window_size=2) | 输出二词搭配 |
| count(words) | 统计 words 出现的次数 |
| vocab() | 返回去重的词典 |

在图 5.11 所示的代码中，调用“lcut()”方法对原始中文文本“raw_text”进行分词，

并将返回的列表传递给 Text 类的构造函数，生成一个 Text 类的对象。然后分别调用了"concordance(u'中文')"方法来显示"中文"这一字符串的上下文，"common_contexts([u'组件'])"方法显示组件出现的同类模式，"count(u'中文')"方法计算"中文"这一词在原文本中出现的次数。NLTK 库处理中文举例如图 5.11 所示。

```
>>> import nltk
>>> import jieba
>>> raw_text = "结巴中文分词要做最好的中文分词组件，它支持 3 种分词模式：精确模式、全
模式和搜索引擎模式"
>>> text=nltk.text.Text(jieba.lcut(raw_text))
>>> print(text)
<Text: 结巴中文分词要做最好的中文...>
>>> print(text.concordance(u'中文'))
Displaying 2 of 2 matches:
结巴中文分词要做最好的中文分词组件，它支持 3 种分词模式
结巴中文分词要做最好的中文分词组件，它支持 3 种分词模式：精确模式、全模式
>>> print(text.common_contexts([u'组件']))
分词_,
>>> print(text.count(u'中文'))
2
```

图 5.11　NLTK 库处理中文的例子

### 5.3.2　机器学习常用的 Sklearn 库

Sklearn（Scikit-learn）库是一个开源的 Python 机器学习库，由大卫·库尔纳波（David Cournapeau）设计、开发，后续又有很多人和组织参与到了其中。Sklearn 库已被广泛地应用于学术和商业领域中。它基于 Numpy、SciPy 和 Matplotlib 等 Python 库和模块，提供了强大的数据挖掘和分析工具，主要包括数据预处理、数据降维、特征选择、数据挖掘模型、模型选择、交叉验证方法等基本功能，基本涵盖了数据挖掘的完整流程。安装 Sklearn 的命令如下所示：

```
pip install sklearn
```

总体来讲，Sklearn 库主要包括的功能如图 5.12 所示。首先在数据准备部分，包括数据获取、数据降维、数据预处理和特征选择。数据获取主要有 3 种方式：第一，Sklearn 库提供了内置数据集；第二，Pandas 等工具可以加载保存在外部文件中的数据文件；第三，Sklearn 库提供的接口可以根据不同的任务创建模拟的数据集。针对数据样本数过多可能造成的模型训练效率不高的问题，Sklearn 库提供了数据降维的方法，主要包括主成分分析算法（PCA）、独立成分分析算法（ICA）等。特征选择帮助过滤冗余特征，排除噪声特征的干扰，加快模型训练速度和提升效率。其次，在 Sklearn 库中，主要包括 3 类模型。分类模型中提供了常见的分类算法，如支持向量机（SVM）、决策树（Decision Tree）、随机森林（Random Forest）、最近邻（Nearest Neighbors）、贝叶斯分类器（Naive Bayes）等。聚类模型中提供了常见的几类聚类算法，如以 K-means 为代表的基于划分的聚类、基于图论的谱聚类、以基于密度的含噪数据空间聚类（Density-Based Spatial Clustering of Application with Noise，DBSCAN）为代表的密

度聚类和以基于层次结构的平衡迭代聚类（Balanced Iterative Reducing and Clustering using Hierarchies，BIRCH）为代表的层次聚类等。回归主要包括常见的线性回归、多项式回归等。最后，在模型选择中，应根据具体的任务，通过实验等方法选择合适的模型，并对模型进行评估和验证。另外，需要通过参数的调整，使模型具有最优的性能。

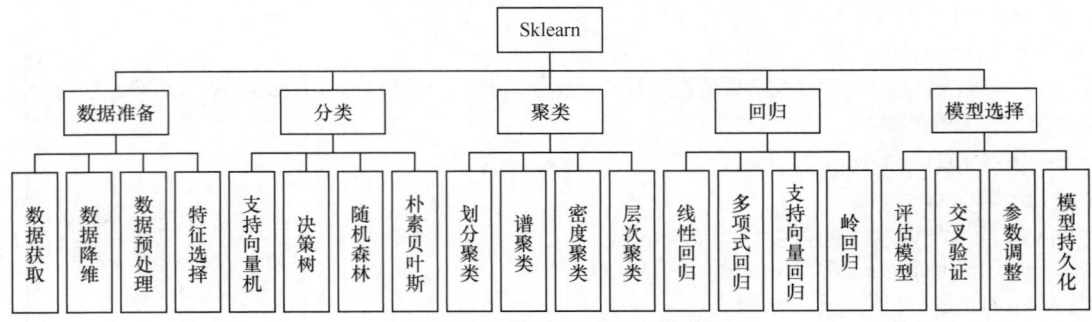

图 5.12　Sklearn 库的功能结构图

在 Sklearn 库中提供了很多个经典的数据集，可以结合不同的机器学习模型的实现来学习数据挖掘的过程。如果需要使用这些数据集，则需要导入"datasets"模块，常用的格式如下：

```
from sklearn import datasets
```

Sklearn 库中内置数据集的名称和加载方法如表 5.5 所示。

表 5.5　Sklearn 库中的内置数据集

| 数据集名称 | 加载方法 |
| --- | --- |
| 手写数字数据集 | load.digits() |
| 波士顿房价数据集 | load.boston() |
| 糖尿病数据集 | load.diabetes() |
| 鸢尾花数据集 | load.iris() |
| 人脸数据集 | fetch_lfw_people() |
| Olivetti 脸部数据集 | fetch_olivetti_faces() |
| 新闻分类数据集 | fetch_20newsgroups() |
| 路透社新闻数据集 | fetch_rcv1() |

鸢尾花数据集（IRIS）是机器学习中用于训练分类模型的经典数据集。鸢尾花有山鸢尾（IRIS-setosa）、变色鸢尾（IRIS-versicolor）和维吉尼亚鸢尾（IRIS-virginica）这 3 种类型。每一个数据样本对应一种类型的鸢尾花，其包括 4 个特征：花萼长度（Sepal length）、花萼宽度（Sepal width）、花瓣长度（Petal length）和花瓣宽度（Petal width）。即，一个数据样本包括 4 个特征变量的取值和 1 个类别变量的取值。调用"load_iris()"方法加载 IRIS 数据集，可以通过"data"属性获取特征数据集，通过"target"属性获取对应特征数据的标签数据集，如图 5.13 所示。在该图中，调用"load_digits()"方法加载了手写数字数据集，可以查看特征数据和标签数据的信息。"image"属性表示每张图片的大小是 8 像素×8 像素。可以通过 Matplotlib 模块提供的方法将手写数字的图形显示出来。"%matplotlib inline"表示在 Jupyter

Notebook 中内嵌式画图。可以通过"matshow()"方法将数据集中的下标为 100 的图片显示出来，效果如图 5.14 所示。

```
>>> from sklearn import datasets
>>> import matplotlib.pyplot as plt
>>> %matplotlib inline
>>> iris = datasets.load_iris()
>>> X = iris.data
array([[5.1, 3.5, 1.4, 0.2], [4.9, 3. , 1.4, 0.2], [4.7, 3.2, 1.3, 0.2],
[4.6, 3.1, 1.5, 0.2], [5. , 3.6, 1.4, 0.2] ])
>>> Y = iris.target
array([0, 0, 0, 0, 0, 0, 1, 1, 1, 2, 2, 2])
>>> digits = datasets.load_digits()
>>> print(digits.data.shape)
(1797, 64)
>>> print(digits.target.shape)
(1797,)
>>> print(digits.images.shape)
(1797, 8, 8)
>>> plt.matshow(digits.images[100])
>>> plt.show()
```

图 5.13　Sklearn 库加载数据集

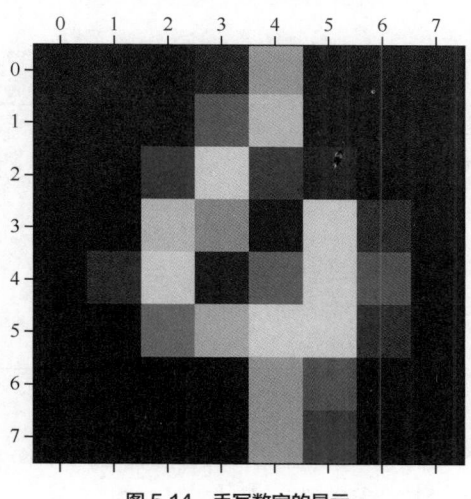

图 5.14　手写数字的显示

　　有时候自带的数据集无法满足任务要求，并且没有其他数据来源，此时可以调用"datasets"模块中的方法创建数据集。在分类问题中常用的数据样本生成器是"make_classification()"，它的格式如下所示：

```
make_classification(n_samples, n_features, n_classes, scale, random_state)
```

　　该方法中大约有 15 个参数，这里介绍常用的几个参数：参数"n_samples"表示生成的样本数量；参数"n_features"表示一个数据样本中的特征个数；参数"n_classes"表示生成样本的类别数量；参数"scale"对样本值进行缩放，默认值为 1；参数"random_state"如果是一个整型数，那么该整型数就是随机数发生器的种子，如果是 RandomState 类的实例参数，那么该参数就是随机数生成器，如果没有值，则使用默认的设置，即"np.random"使用的随机数生成器。该方法返回两个值，一个是样本数据，形式为"[n_samples, n_features]"，另一个是样本标签数据，形式为"[n_samples]"。

图 5.15 所示使用"make_classification()"方法生成 5 个样本，每个样本具有 4 个特征，类别个数为 2。

```
>>> from sklearn.datasets import make_classification
>>> X, Y = make_classification(n_samples=5, n_features=4, n_classes=2,
random_state=10)
>>> for x_,y_ in zip(X,Y):
>>>     print(y_,': ', x_)
1 : [ 1.78198367 -0.66770717 -0.54211499  1.12547913]
1 : [ 0.96482992 -0.30774856  0.94849202  1.36755686]
0 : [-1.34430587  0.40071561 -1.96996738 -2.30125766]
0 : [-0.99805696  0.36731074  0.14979754 -0.72426635]
0 : [-0.92185638  0.37311239  0.92011316 -0.1917514 ]
```

图 5.15　Sklearn 库生成分类数据集

聚类数据集的生成通常使用"make_blobs()"方法，如图 5.16 所示。它根据指定的样本数量、中心点数量、样本偏离中心点的范围等参数，随机生成数据，格式如下所示：

```
make_blobs(n_samples, n_features, centers, cluster_std, random_state)
```

```
>>> from sklearn.datasets import make_blobs
>>> from matplotlib import pyplot
>>> %matplotlib inlin
>>> data,label = make_blobs(n_samples=80, n_features=2, centers=3, random
_state=10)
>>> pyplot.scatter(data[:,0], data[:,1], c=label)
>>> pyplot.show()
```

图 5.16　Sklearn 库生成聚类数据集

该方法中常用的参数如下：参数"n_samples"表示期望产生的样本点的数量；参数"n_features"表示一个数据点的维数或特征个数；参数"centers"表示数据点的中心，如果是一个整型数，则表示中心点的个数，如果是坐标值，则表示中心点的位置；参数"cluster_std"表示数据分布的标准差，即偏离中心点的程度；参数"random_state"是随机数种子。该方法返回两个值，一个是样本数据，形式为"[n_samples, n_features]"；另一个是样本标签数据，形式为"[n_samples]"。

调用"make_blobs()"方法生成 80 个样本点的数据，每个数据有 2 个特征（二维数据方便在二维坐标下显示），一共 3 个中心点。可以通过参数"random_state"保证每次生成的数据一致。将返回的数据通过 Matplotlib 的散点图显示出来，并且根据标签值区分为不同的颜色，效果如图 5.17（a）所示。可以修改数据点偏离中心的程度，添加参数"cluster_std=[1.0, 2.0, 3.0]"，效果如图 5.17（b）所示，显示数据点的分布更加离散。

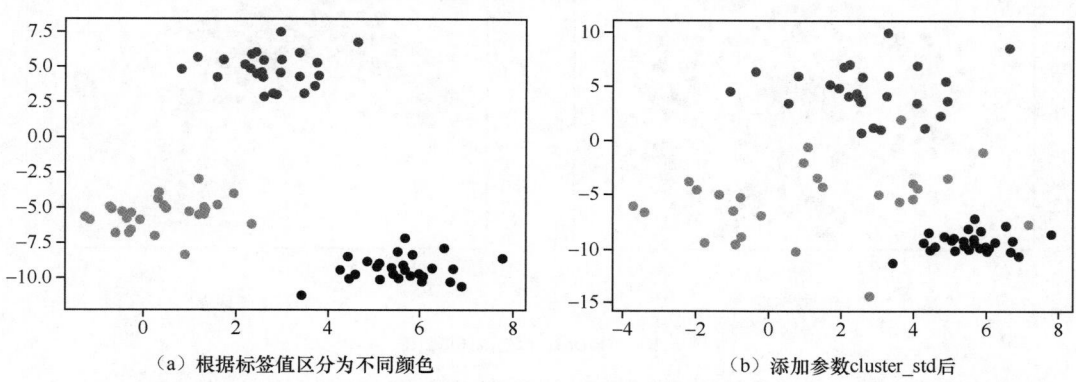

（a）根据标签值区分为不同颜色　　　　　　　　（b）添加参数cluster_std后

图 5.17　Sklearn 库生成聚类数据集的效果

　　为了测试模型的性能，特别是测试聚类模型的性能，需要特殊形状的数据，如圆环形的。"datasets" 模块提供了以下方法来生成特殊形状：

```
make_circles(n_samples, shuffle, noise, factor, random_state)
make_moons(n_samples, shuffle, noise, random_state)
```

　　其中，"make_circles()" 方法用于生成圆环形的数据，"make_moons()" 方法用于生成半圆环形的数据。参数 "n_samples" 表示生成的样本数据点的个数，参数 "shuffle" 是一个布尔值，表示是否需要打乱数据，默认值是 "True"；参数 "noise" 表示在生成的数据上添加的高斯噪声的标准差；参数 "random_state" 是随机数种子。"make_circles()" 方法多了一个参数 "factor"，表示圆环形数据的里面一层与最外一层圆之间的缩放比例，它是一个小于 1 的数，默认取值为 "0.8"。这两个方法返回两个值，一个是样本数据，形式为 "[n_samples, 2]"，另一个是样本标签数据，形式为 "[n_samples]"。

　　在图 5.18 所示的代码中，分别调用 "make_circles()" 方法生成了 500 个圆环形的数据样本点，调用 "make_moons()" 方法生成了 500 个半圆环形的数据样本点，并将它们分别画在两幅图上。具体的显示效果如图 5.19 所示，图 5.19（a）和图 5.19（b）所示分别是圆环形和半圆环形的数据。

```
>>> from sklearn.datasets import make_circles
>>> from sklearn.datasets import make_moons
>>> import matplotlib.pyplot as plt
>>> import numpy as np
>>> fig=plt.figure(1)
>>> x_c, y_c=make_circles(n_samples=500, factor=0.3, noise=0.2, random_state=10)
>>> plt.scatter(x_c[:,0], x_c[:,1], marker='o', c=y_c)
>>> fig=plt.figure(2)
>>> x_m, y_m=make_moons(n_samples=500, noise=0.2, random_state=10)
>>> plt.scatter(x_m[:,0], x_m[:,1], marker='o', c=y_m)
>>> plt.show()
```

图 5.18　Sklearn 库生成特殊形状的数据集

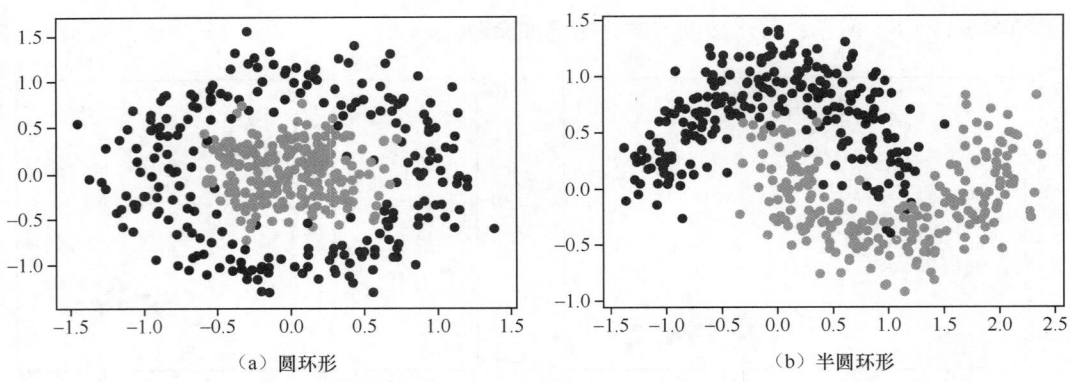

| （a）圆环形 | （b）半圆环形 |

**图5.19　Sklearn库生成环形数据**

数据预处理可以对准备好的数据做处理，以提高被模型识别的准确率。在Sklearn库中，提供了"preprocessing"模块进行数据预处理。常见的数据预处理操作包括删除无效和冗余数据、数据的标准化和正则化等。

"LabelEncoder()"方法对标签进行编码，编码的结果为"[0, label_num-1]"，其中，参数"label_num"表示标签的个数。可以通过LabelEncoder对象的"fit()"方法进行拟合，通过"classes_"查看所有类别的名称。"tranform()"方法将拟合后的编码器应用到标签序列进行编码，"inverse_transform()"方法执行相反的操作，将编码转换为标签。在Sklearn库中对标签进行编码的例子如图5.20所示。

```
>>> from sklearn import preprocessing
>>> le = preprocessing.LabelEncoder()
>>> le.fit(['happy', 'sad', 'angry', 'sorrow'])
>>> list(le.classes_)
['angry', 'happy', 'sad', 'sorrow']
>>> le.transform(['happy', 'sad', 'angry', 'sorrow'])
array([1, 2, 0, 3])
>>> list(le.inverse_transform([1, 2, 0, 3]))
['happy', 'sad', 'angry', 'sorrow']
```

**图5.20　Sklearn库中对标签编码**

在机器学习模型的实际应用中，很少直接将连续的数值作为模型的特征，而是将其离散化。离散化特征可以提升运算速度，加快模型的迭代。另外，可以有效屏蔽异常数据的干扰。顾名思义，二值离散化将特征值映射到"0"或者"1"中的一个值，此时需要用到Binarizer类，将分割点数据作为参数创建一个Binarizer类的对象，得到一个二值化器，并调用"fit_transform()"方法对特征值进行处理。如果不是离散成两个部分，而是多个部分，则可以使用Numpy中的"digitize()"方法将特征值分为几个不同的部分，也称为分箱操作。此时，需要通过参数"bins"指定划分的区间范围，具体的使用方法如图5.21所示。

有些用于训练模型的特征数据并不完整，缺少特征项，但是如果删掉会对本来就少的数据造成损失。因此，在数据预处理中有一项重要的操作就是处理缺失值。Sklearn库提供了"impute.SimpleImputer"类可以实现缺失值的填充。形式如下所示：

```
SimpleImputer(missing_values=nan, strategy='mean', fill_value=None)
```

```
>>> from sklearn import preprocessing
>>> import numpy as np
>>> score = np.array([[56], [60], [72], [88], [93]])
>>> binarizer = Binarizer(60)
>>> binarizer.fit_transform(score)
array([[0], [0], [1], [1], [1]])
>>> np.digitize(score, bins=[60, 80, 90])
array([[0], [0], [1], [2], [3]])
```

**图 5.21　Sklearn 库中离散化特征**

其中，参数"missing_values"表示缺失值的类型，默认情况下是空值"Numpy.nan"。参数"strategy"表示填充缺失值的策略，如果是"mean"，则表示用均值填充；如果是"median"，则表示用中值填充；如果是"most_frequent"，则表示用频率最多的值填充；如果是"constant"，则表示用常数填充，常数的值由"fill_value"来指定。

图 5.22 所示的一个二维数组中存在缺失值"np.nan"。分别使用两种填充策略对缺失值进行了处理，一种是均值填充，另一种是常数填充。

```
>>> import numpy as np
>>> from sklearn.impute import SimpleImputer
>>> scores = [[np.nan, 0.5, 0.4, 0.5, 0.6, 0.7, 0.3], [0.1, 0.2, 0.3, 0.4,
0.5, 0.6, 0.7]]
>>> mean_imputer = SimpleImputer(missing_values=np.nan, strategy='mean')
>>> fill_imputer = SimpleImputer(strategy="constant",fill_value=0)
>>> mean_imputed = mean_imputer.fit_transform(scores)
array([[0.1, 0.5, 0.4, 0.5, 0.6, 0.7, 0.3], [0.1, 0.2, 0.3, 0.4, 0.5,
0.6, 0.7]])
>>> fill_imputed = fill_imputer.fit_transform(scores)
array([[0. , 0.5, 0.4, 0.5, 0.6, 0.7, 0.3], [0.1, 0.2, 0.3, 0.4, 0.5, 0.6, 0.7]])
```

**图 5.22　Sklearn 库中缺失值的填充**

离群点是值明显偏离其他大多数数据点分布的数据点，它们的存在可能会影响正常的模型训练效果和数据的整体质量。Sklearn 库提供了 EllipticEnvelope 类来检测离群点。通过该类可以创建一个离群点检测对象，其中参数"contamination"用于指定离群点的检测比例。图 5.23 所示的代码使用"make_blobs()"方法创建 10 个样本具有二维特征的数据，只有 1 个中心点。然后，手动地将第一个数据点改为离群点，通过 EllipticEnvelope 类的对象对该离群点进行检测，得到的结果表明第一个数据点为离群点，并把它标记为"-1"。EllipticEnvelope 假设数据是服从正态分布的，它在数据周围画一个椭圆，将椭圆内的数据点认为是正常点，标记为"1"；将椭圆外的数据点认为是离群点，标记为"-1"。

在数据挖掘的预处理过程中，经常会用到 3 个重要的操作：归一化、标准化、正则化。所谓的归一化是指将数据映射到"0～1"范围内，通常把有量纲的数值转换为无量纲的数值。这样做可以加快模型训练的收敛速度，提升模型的准确度。另外，去除了量纲不同对模型训练的影响，使不同量纲的特征在数值上具有可比性。例如在天气的预测中，风速 10m/s，中心气压

970Pa，量纲过大会遮蔽其他特征的作用，而进行归一化之后就不会出现这种问题。常见的归一化方法是使用最小值和最大值的线性归一化，如下式所示：

$$x' = \frac{x - \min(x)}{\max(x) - \min(x)}$$

其中，"$x$"表示要进行归一化的数据，函数"min()"和"max()"分别表示求"$x$"中的最小值和最大值。

```
>>> import numpy as np
>>> from sklearn.covariance import EllipticEnvelope
>>> from sklearn.datasets import make_blobs
>>> X, _ = make_blobs(n_samples = 10, n_features = 2, centers = 1, random_
state = 1)
>>> X[0,0] = 20000
>>> X[0,1] = 20000
>>> abnormal_point = EllipticEnvelope(contamination=.1)
>>> abnormal_point.fit(X)
>>> abnormal_point.predict(X)
array([-1,  1,  1,  1,  1,  1,  1,  1,  1,  1])
```

**图 5.23　Sklearn 库中的离群点检测**

Sklearn 库中的"MinMaxScaler()"方法可以实现以上功能，其参数"feature_range"可以指定将数据归一化到什么区间范围。配合调用"transform()"方法即可完成对数据的归一化操作。

标准化也可以将数据按比例缩放。但是，它将数据变换为服从标准正态分布，即均值为 0，方差为 1。最常用的标准化方法是零 – 均值标准化（z-score 标准化），如下式所示：

$$x' = \frac{x - \mu}{\sigma}$$

其中，$\mu$ 是样本数据的均值，$\sigma$ 是样本数据的标准差。

StandardScaler 类负责将数据标准化，它首先计算样本的平均值和标准差，然后将单个样本的值减去均值，并除以标准差。可以通过"fit()"方法计算样本的均值和标准差，并且通过"transform()"方法将数据样本转换成标准正态分布。当然，也可以直接通过"fit_transform()"方法，在计算数据样本均值和标准差的同时，完成数据的转换。

正则化就是对一个问题加以限制或约束，从而达到特定目的的一种手段。在机器学习模型中，正则化可以防止过拟合。首先，需要求出样本的 LP 范数，然后将数据集中所有样本值除以该范数，使得每一个样本的范数等于 1。简单地讲，范数可以理解为向量空间中距离的表征，P 表示一个范围。常见的范数有 L0、L1、L2。L0 范数表示一个向量中非零元素的个数。L1 范数表示一个向量中元素的绝对值之和。L2 范数是比较常见的，它表示欧几里得距离。

在 Sklearn 库中，通过"normalize(data, norm)"函数对数据进行正则化，它有两个常用的参数：第一个参数"data"表示需要进行正则化的数据，第二个参数"norm"指定正则化的时候使用的范数类型。例如，在图 5.24 所示的代码中，对"train_data"进行了 L2 范数的正则化。由变换之后的结果可以发现，针对每一行数据，它们的平方和等于 1。

```
>>> from sklearn import preprocessing
>>> import numpy as np
>>> train_data = np.array([[1, 2, 3], [4, 5, 6], [7, 8, 9]])
>>> min_scaler = preprocessing.MinMaxScaler(feature_range=(0, 1)).fit(train_
data)
>>> min_scaler.transform(train_data)
array([[0. , 0. , 0. ], [0.5, 0.5, 0.5], [1. , 1. , 1. ]])
>>> stand_scaler = preprocessing.StandardScaler().fit(train_data)
>>> stand_scaler.transform(train_data)
array([[-1.22474487, -1.22474487, -1.22474487], [ 0. , 0. , 0. ],
[ 1.22474487, 1.22474487, 1.22474487]])
>>> train_data_normalized = preprocessing.normalize(train_data, norm='l2')
array([[0.26726124, 0.53452248, 0.80178373], [0.45584231, 0.56980288,
0.68376346], [0.50257071, 0.57436653, 0.64616234]])
```

**图 5.24　Sklearn 库中归一化、标准化和正则化数据**

通常需要将数据集划分成为训练集和测试集。Sklearn 库提供了"train_test_split()"方法来进行数据集的分割。该方法定义在"model_selection"模块中，它的原型如下所示：

```
train_test_split(data, target, test_size, random_state)
```

其中，参数"data"表示需要划分的数据集；参数"target"表示需要划分的样本的标签；参数"test_size"表示测试样本占有的百分比，如果是一个整数，则表示测试样本的数量；参数"random_state"是随机数种子，作用如前所述。该方法的返回值包括 4 个部分："X_train"表示划分的训练集数据，"X_test"表示划分的测试集数据，"Y_train"表示划分的训练集的标签，"Y_test"表示划分的测试集的标签。图 5.25 所示的代码加载了 IRIS 数据集，"train_test_split()"方法将该数据集划分成了训练集和测试集，由于指定了测试集占的比例是 0.2，因此，最终得到的测试集的样本个数是 30 个。

```
>>> from sklearn import datasets
>>> from sklearn.model_selection import train_test_split

>>> iris = datasets.load_iris()
>>> iris_X = iris.data
>>> iris_Y = iris.target
>>> X_train, X_test, Y_train, Y_test = train_test_split(iris_X, iris_Y,
test_size=0.2, random_state=1)
>>> print(len(X_train), len(X_test))
120 30
```

**图 5.25　Sklearn 库中将数据集划分为训练集和测试集**

Sklearn 库中实现了大部分的监督学习和无监督学习算法。在预处理数据集的基础上，需要选择合适的模型进行数据挖掘。在 Sklearn 库中有两类函数，一类是转化器（Transformer），主要进行数据的预处理，如前所述；另外一类是估计器（Estimator），它就是对预处理的数据进行挖掘的模型。在 Sklearn 库中的众多模型的使用中，基本上包括以下几个常用的方法。

第一个方法是"fit(x, y)"，将训练数据传给训练模型。其中，"x"表示训练数据，"y"表示训练数据的标签。模型训练时间的长短与数据集的大小、数据样本的特点以及参数的设定相关。

第二个方法是"score(x, y)"，用于对训练好的模型的正确率进行评分，通常返回值为"0～1"。然而，这个评分值不一定能完全反映一个模型的优劣，即正确率高并不一定说明模型训练得好，需要通过召回率、查准率等多种指标对模型进行综合评估。

第三个方法是"predict(x)"，用于根据输入的数据样本"x"对它们的标签进行预测，通常可以将该方法的返回值用于模型的评估中。

## 5.4  习题

（1）请简述在数据挖掘中什么是训练集、验证集和测试集？

（2）评估机器学习模型的时候，什么是准确率？什么是召回率？

（3）常见的数据挖掘的流程是什么？

（4）交叉验证的作用是什么？$K$ 折交叉验证的步骤是什么？

（5）公开数据集是验证数据挖掘算法的基础。使用 Python 编程分析 MNIST 和 CIRAR-10 数据集的结构，并将它们的部分图片显示出来。

（6）在数据挖掘中，NLTK 是重要的自然语言处理库。使用 Python 编程实现"输入一段文本，使用 NLTK 库统计其词频"。

（7）数据生成是数据挖掘算法评估的重要手段。使用 Sklearn 库提供的方法生成 1000 个样本点数据，并将它们分为 5 组。

（8）编程实现"使用 Sklearn 库提供的方法读取 IRIS 数据集，并对该数据集进行预处理，包括归一化、正则化等"。

# Python 数据挖掘算法

## 06 chapter

数据挖掘中的任务通常可分为两类：分类任务和聚类任务。本章将系统地介绍这两类任务的基本思想。首先，针对每类任务介绍常用的算法，并通过 Sklearn 库展示算法的使用方法。然后，分别选择简单、常用的朴素贝叶斯算法和 K-means 算法进行 Python 实现，以强化读者实现模型的能力。最后，通过两个案例分别介绍两类算法的应用。

分类和聚类被认为是人工智能研究中的两个重要的科学问题。虽然从数据挖掘算法的角度来看，根据应用情形的不同，在数据预测上还有针对连续数据预测的回归方法，在数据描述性分析上还有关联分析方法，但是分类、聚类这两类问题在整个人工智能、机器学习、数据挖掘领域占有基础、核心的地位。通常，分类也称为监督学习，聚类也称为无监督学习。

人类在认识世界、不断学习的过程中，就体现出分类的过程。通常看到一个长头发、穿高跟鞋的人，很自然地就认为这是一个女人，这是因为在人类的经验中形成了特征（长头发、高跟鞋）与分类目标（女人）之间的映射关系，而这个关系的形成，依赖于大量的经验知识。并且可以根据新的知识不断地去修正已有的认知。当再次碰到一个陌生人的时候，可以根据已有的认知，很容易地判断出这个人的性别。而在另外的情况下，不同的个体之间只是体现出了相互之间的相似关系。在一群人中，有些人是长头发、高跟鞋，有些人是短头发，很自然地也会将长头发、高跟鞋的人放在一类，把短头发的人放在一类。在社会生活中，一小部分人经常聚集在一起活动，互动比较频繁，也会很容易被划分成"小团体"。而这些情况下，单纯根据个体的特征相似性来进行数据划分，就是比较典型的聚类问题。

### 6.1.1 分类问题的基本思想

在数据挖掘中，分类（Classification）问题是研究得最为久远的问题之一，在它的发展过程中也出现了很多经典的算法。并且，这些算法广泛应用于图像识别、自然语言处理、复杂网络分析等领域。

在图像识别领域，除了比较有代表性的人脸识别，目前应用比较多的是医疗图像的识别。例如，根据大量的核磁共振的图像诊断疾病，根据视频中人的行为来判断其是否有异常行为等。通常来讲，核磁共振的图像中如果有异常现象，则其中是有一些特征的，这也是医生进行判断的依据。分类算法需要使用大量的图像来训练分类模型，以便当再次输入一个新的图像时，能够判断出来是否有疾病。

垃圾邮件、垃圾短信已经严重困扰人们的日常生活。分类算法可以实现垃圾邮件、短信的自动过滤。首先，需要有垃圾邮件的数据集，根据垃圾邮件的特点，提取垃圾邮件特征，并且将垃圾邮件和正常邮件分别进行标记，然后可以训练分类模型，以实现对新的邮件的分类判断。

另外，分类算法还可应用在用户行为的识别上。例如，根据用户的信用卡使用情况评估其诚信程度，根据用户在互联网上的购买行为历史，可以构建用户画像，从而进行有针对性的商品推荐。

分类模型需要大量的数据样本训练。一个数据样本 $S$ 可以使用元组（$x, y$）表示，其中，$x$ 表示该样本的特征或属性集合，$y$ 表示该样本的类标签，也称为目标属性。例如，表 6.1 所示是一个关于学生成绩的数据集。假设学生的最终成绩评定可以分为"优秀""良好""一般"等几个级别，而每个学生的成绩可能和其性别、是否旷课、考试成绩相关。因此，针对学生成绩评定这个问题，可以选择（性别，旷课，考试成绩）作为其特征集合，而（评定）作为类标签。

表 6.1　分类数据集的例子

| 编号 | 性别 | 旷课 | 考试成绩 | 评定 |
|------|------|------|----------|------|
| 1 | 女 | 否 | 95 | 优秀 |
| 2 | 女 | 是 | 90 | 良好 |
| 3 | 男 | 否 | 88 | 良好 |
| 4 | 男 | 否 | 96 | 优秀 |

分类是研究特征集合与类标签的映射关系的，如图 6.1 所示。也就是说，分类就是对数据样本进行学习，得到一个目标函数（Target Function）$f$，它可以将每个样本的特征集合 $x$ 映射到预先定义的类标签 $y$ 中。

图 6.1　分类实现特征集合与类标签的映射

通常，训练好的目标函数称为分类模型（Classification Model），经常用于对新样本的类标签的预测。例如，假设有一个新的数据样本"（女，是，80）"，可以通过分类模型来判断这个样本具体的类标签。

对于测试集中的所有样本，都可以进行类标签的预测，然后，根据准确率等指标来评估整个模型的性能，如图 6.2 所示。首先将训练集输入分类模型，模型经过训练之后，将测试集输入训练好的模型进行测试。

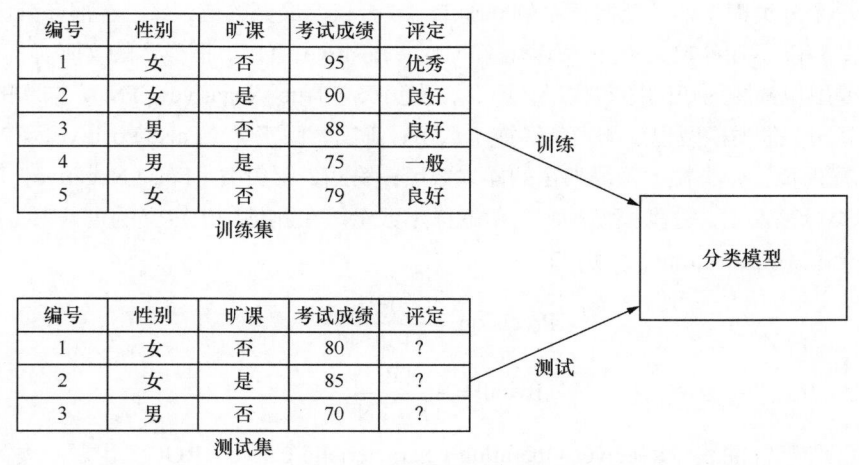

图 6.2　分类模型的训练和测试

分类模型的训练过程是一个尽量拟合特征集与类标签之间的映射关系的过程。一个分类模型应该具有很好的拟合能力，即能很好地反映样本特征集合与类标签之间的关系。另外，它应该具有较强的泛化能力，即针对新的数据样本，可以正确地预测类标签。然而，分类模型中特征集与类标签之间的这种映射关系是不确定的。也就是说，即便测试样本中的特征集合与训练集中的样本特征集合相同，也不一定能够正确地预测测试样本的类标签。这是因为，训练数据中可能存在噪声数据，另外，类标签所依赖的特征集合并不一定全面。例如，在以上例子中，学生成绩的评定除了与"性别""旷课""考试成绩"等特征有关，还有可能与其他因素相关。

在分类模型中，通常通过预测正确的数据量和错误的数据量进行性能的评估。以上统计数据可以使用混淆矩阵（Confusion Matrix）来表示。例如，针对一个二分类问题，其混淆矩阵的格式如表 6.2 所示。

表 6.2　分类中的混淆矩阵

| 实际类 | 预测类 | |
| --- | --- | --- |
| | 类 1 | 类 0 |
| 类 1 | $f11$ | $f10$ |
| 类 0 | $f01$ | $f00$ |

$f_{ij}$ 表示实际的类标签是 i，但是被分类模型预测为 j 的样本数量。例如，$f11$ 表示该测试样本实际上应该属于"类 1"，分类模型预测的也是"类 1"；$f10$ 表示测试样本实际上应该属于"类 1"，分类模型预测的是"类 0"。由该混淆矩阵可以看出，被分类模型正确预测的样本总数是"$f11+f00$"，被错误预测的样本总数是"$f10+f01$"。因此，评估一个分类模型的准确率（Accuracy）的定义如下：

$$Accuracy = \frac{f11 + f00}{f11 + f10 + f01 + f00}$$

与之对应的，错误率（ErrorRate）的定义如下：

$$ErrorRate = \frac{f10 + f01}{f11 + f10 + f01 + f00}$$

显然，一个分类模型期望获得更高的准确率，或者获得最低的错误率。在很多分类模型的评估指标中，有以下几种定义：第一，真正类（True Positive，TP），指样本的实际类标签为正，即 1，分类模型也预测为正的样本数量；第二，真负类（True Negative，TN），样本的实际类标签为负，即 0，分类模型也预测为负的样本数量；第三，假正类（False Positive，FP），样本的实际类标签为负，分类模型预测为正的样本数量；第四，假负类（False Negative，FN），指样本的实际类标签为正，分类模型预测为负的样本数量。在此基础上定义的查准率（Precision Rate）和查全率（Recall Rate）分别如下：

$$Precision = \frac{TP}{TP + FP}$$

$$Recall = \frac{TP}{TP + FN}$$

受试者工作特征曲线（Receiver Operating Characteristic Curve，ROC）也是分类算法中常用的评估指标，它的特性是，当测试集中出现类不平衡、正负样本比例很大导致正负样本的分布发生变化的时候，ROC 曲线能够保持不变。ROC 曲线的横坐标为假阳性率（False Positive Rate，FPR），FPR=FP/$N$，其中，$N$ 为真实的负样本个数。纵坐标为真阳性率（True Positive Rate，TPR），TPR=TP/$P$，其中 $P$ 为真实的正样本的个数。AUC（Area Under ROC Curve）是处于 ROC 曲线下方的面积的大小值。通常，AUC 的值大于 0.5，小于 1，它的值越大说明模型的性能越好。

当然，除了以上评估指标外，还须对模型的复杂度进行评估。主要是在模型训练或者测试的时候的计算复杂度，如时间效率等。

## 6.1.2 常见的分类算法

上面介绍了分类算法的基本流程，其中"分类模型"是最为核心的部分，涉及具体的分类算法的思想、设计与实现。本小节主要介绍经典的分类算法的核心思想以及特点，并展示如何通过 Sklearn 库实现这些分类算法。

贝叶斯分类是一类以贝叶斯定理为基础的分类模型。朴素贝叶斯分类是贝叶斯分类中最为常见的一种分类方法。"朴素"的含义来源于特征集中的特征项相互独立的假设。贝叶斯定理已经广泛地应用于人工智能、智能决策等领域。最早，托马斯·贝叶斯（Thomas Bayes）提出贝叶斯定理是为了解决"逆向概率"这一在日常生活中常见的问题。所谓的"正向概率"已经得到了很好的解决。例如，已知在一个袋子里有 3 个黑球、7 个白球，摸出一个球，计算是黑球的概率，这是一个"正向概率"的问题。而"逆向概率"问题相反：假设袋子里有球，摸出来一个球，观察球的颜色，预测袋子中白球与黑球之间的比例是多少。"正向概率"要比"逆向概率"更容易解决，而且这种问题在现实生活中普遍存在。例如，计算吸烟会导致患肺癌的概率是多大并不是一件很容易的事情，但是，如果计算患肺癌的人里面有多少人是因为吸烟导致的，在给定样本的情况下，相对比较容易计算。贝叶斯定理建立起了两个概率计算的桥梁。针对分类问题，给定一个新样本，需要预测其类标签，显然贝叶斯分类的主要思想就是计算一个条件概率，即（在给定新样本的特征的情况下）类标签的概率 $p$（类标签/新样本的特征）。这个概率的计算需要用到贝叶斯定理。然后，在各个类别的概率中选择概率最大的，就认为是新样本的类标签。贝叶斯分类模型简单、易于实现，具有较高的分类准确率。然而，它假设特征集中各个特征项之间是相互独立的，这在很多现实问题中往往是不成立的。也就是说，特征项之间的依赖关系越强，可能会对分类结果的影响越大。

支持向量机（Support Vector Machine，SVM）是一个二分类模型，它是定义在特征空间上的间隔最大的线性分类器。使用核函数也可以处理非线性的问题。SVM 的目标就是求解能够正确划分数据，并且在几何上间隔数据最大的超平面。这里需要注意，在二维空间中，这个划分是一条直线，在三维空间中，它可能是一个平面。图 6.3 所示是一个二维空间的例子，SVM 模型试图找到一条直线，$W^T \cdot x + b = 0$，它可以很好地分割数据集中的两个部分。在这个划分的超平面中，应该具有以下特点：首先，能够划分两组数据；其次，两组数据中都有到它距离最近的点，但是超平面应该尽可能远离这些点。在图 6.3 中，虚线上的点就是距离超平面最近的样本点，这里一共有两个。超平面应该离这两个点尽可能地远，即，它应该处于两条虚线的中间。因此，支持向量就是虚线上离超平面最近的点。

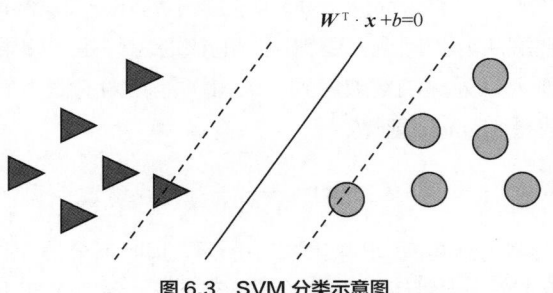

图 6.3 SVM 分类示意图

在实际问题的解决中，一条直线、一个超平面很难将数据集划分开。此时需要用到核函数，它可以将低维数据转换到高维数据，将不可分离的问题转换成可分离的问题。SVM 分类模型的优势在于对高维数据的有效处理上，当然，当数据量变大的时候，它的训练时间会变长，并且对噪声数据的处理效果不好。

决策树（Decision Tree）用树形结构来进行分类判断。通常，非叶子节点表示一个特征，每个叶子节点表示一个类别。决策过程从根节点开始，依次按照测试样本特征项中的特征值选择相应的输出，到达叶子节点结束，并且将叶子节点的类别作为最终的分类结果，举例如图 6.4 所示。决策树方法可解释性强，容易提取出规则，更符合人类决策的过程。另外，它相对简单、容易实现。但是，树形结构很容易忽略特征之间的相关性。在决策树分类中，有 3 个经典的算法，分别是 ID3、C4.5 和 CART（Classification and Regression Tree）。其中，ID3 是最早体现决策树思想的算法。

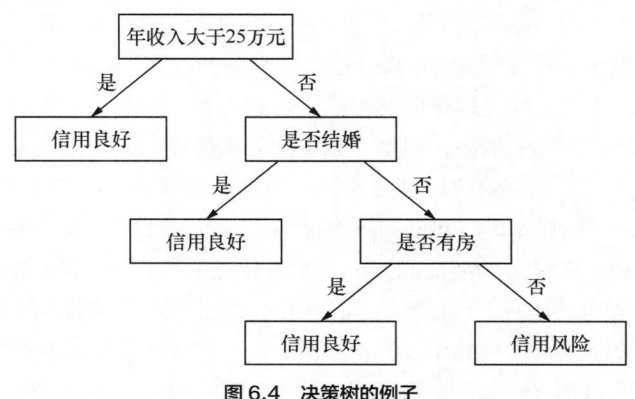

**图 6.4　决策树的例子**

K 近邻（K-Nearest Neighbor，KNN）算法是在解决分类问题时使用的相对简单的一个算法，它不需要建立模型进行训练。主要的思路为：在特征空间中，如果一个样本的特征与 K 个最相近的样本的大多数属于一个类别，那么，该样本也属于这个类别。K 的取值通常不会超过 20 个。在该算法中，K 值选择的不同可能导致最终分类效果完全不一样。而在判断与最近的样本是否属于同一个类别的时候，通常采用距离函数。K 近邻算法的优势是简单、容易实现，但是当数据量大的时候，计算 K 个样本之间的距离会非常耗费时间。

逻辑回归（Logistic Regression）通过将数据拟合到对数概率函数中，从而实现对事件发生的可能性的预测。而线性回归通过特征的线性组合来拟合数据的分布，从而可以对连续数值进行预测。在使用线性回归解决二分类问题的时候，例如，判断一个人是否生病、判断一个人信用是否达标等，通常采用设定阈值的方式来实现。构建好线性回归模型之后，设定一个阈值，假设是 0.5，超过 0.5 认为属于一类，而低于 0.5 认为属于另外一类。然而，现实的数据非常复杂，这种方式很难很好地解决分类问题。逻辑回归的核心思想是：如果线性回归的输出是一个无法限定的连续值，则可以通过函数映射到（0，1）范围内的概率值来帮助进行分类结果的判定。常用的映射函数是 Sigmoid 函数：

$$f(x) = \frac{1}{1 + e^{-x}}$$

在 Sklearn 库中，以上常用分类模型的实现如下所示。贝叶斯分类在 "naive_bayes" 模块中，根据分布不同，主要包括 3 个分类模型，分别是高斯贝叶斯、多项式贝叶斯和伯努利贝叶斯：

```
GaussianNB()
MultinomialNB(alpha=1.0, fit_prior=True, class_prior=None)
BernoulliNB(alpha=1.0, binarize=0.0, fit_prior=True, class_prior=None)
```

其中，参数"alpha"是平滑参数，参数"fit_prior"表示是否学习类的先验概率，参数"class_prior"表示是否指定类的先验概率，参数"binarize"是二值化的阈值。

SVM 的实现是"svm"下的"SVC"模块，常用的形式是：

```
SVC(C=1.0, kernel='rbf', gamma='auto')
```

其中，参数"C"表示误差项的惩罚参数，"C"越大表示分类模型对边界内的噪声点的容忍度越小，分类准确率越高，但是容易导致过拟合。一般情况下应适当减小"C"。参数"kernel"表示核函数的类型，默认是高斯核函数，如果是"linear"，则表示线性核函数；如果是"poly"，则表示多项式核函数；如果是"sigmoid"，则表示 sigmoid 核函数。参数"gamma"表示核函数的系数。

决策树分类模型在 Sklearn 的"tree"模块中，常用的形式如下：

```
DecisionTreeClassifier(criterion='gini', max_depth=None, min_sample_
split=2, min_sample_leaf=1, max_features=None, max_leaf_nodes=None)
```

其中，参数"criterion"表示特征选择的准则，默认为"gini"，可以设定为"entropy"；参数"max_depth"表示决策树的最大深度；参数"min_sample_split"表示分裂内部节点所需要的最小样本数；参数"min_sample_leaf"表示叶子节点所需要的最小样本数；参数"max_features"表示寻找最右分割点时的最大特征数；参数"max_leaf_nodes"表示优先增长到最大叶子节点数。

KNN 算法在"neighbors"模块中的使用形式如下：

```
KNeighborsClassifier(n_neighbors=5, n_jobs=1)
```

其中参数"n_neighbors"指定邻居的个数，参数"n_jobs"指定并行任务数。

逻辑回归在"linear_model"模块下常用的形式如下：

```
LogisticRegression(penalty='l2', dual=False, tol=0.0001)
```

其中，参数"penalty"表示惩罚项，通常选择"l2"正则化；参数"dual"表示目标函数是否为对偶形式；参数"tol"表示优化算法停止的条件。

以 IRIS 数据集为模型训练和测试的数据集，分别使用 Sklearn 库提供的以上方法进行分类的例子，如图 6.5 所示。

对一个分类模型来讲，并不是特征的个数越多越好，另外，并不是所有的特征对模型的贡献都是一样的。在模型训练之前，在训练集中选择对提升模型的预测准确率贡献最大的特征，这个筛选的过程叫作特征选择，如图 6.6 所示。它可以减小噪声特征对模型的影响，提高模型的准确率和减少模型的训练时间。在 Sklearn 库中，"feature_selection"模块提供了一些进行特征选择的方法。例如，循环特征削减（Recursive Feature Elimination，RFE）、特征重要性评级（Feature Importance Ranking，FIR）等。RFE 的工作原理是循环地移除特征，以模型的准确率来评估特征项对模型的贡献。RFE 方法有两个参数，参数"estimator"指定支持的分类器，参数"n_features_to_select"指定选择的特征个数。

```
>>> from sklearn import datasets
>>> from sklearn.model_selection import train_test_split
>>> from sklearn import naive_bayes
>>> from sklearn.svm import SVC
>>> from sklearn import tree
>>> from sklearn.neighbors import KNeighborsClassifier
>>> from sklearn.linear_model import LogisticRegression
>>> iris = datasets.load_iris()
>>> iris_X = iris.data
>>> iris_Y = iris.target
>>> X_train,X_test,Y_train,Y_test=train_test_split(iris_X, iris_Y, test_
    size=0.3)
>>> bayes = naive_bayes.GaussianNB()
>>> svm = SVC()
>>> tree = tree.DecisionTreeClassifier()
>>> knn = KNeighborsClassifier()
>>> lr = LogisticRegression()
>>> bayes.fit(X_train,Y_train)
>>> bayes_score = bayes.score(X_test,Y_test)
>>> svm.fit(X_train,Y_train)
>>> svm_score = svm.score(X_test,Y_test)
>>> tree.fit(X_train,Y_train)
>>> tree_score = tree.score(X_test,Y_test)
>>> knn.fit(X_train,Y_train)
>>> knn_score = knn.score(X_test,Y_test)
>>> lr.fit(X_train,Y_train)
>>> lr_score = lr.score(X_test,Y_test)
>>> print("Bayes score: %s"%bayes_score)
>>> print("SVM score: %s"%svm_score)
>>> print("Decision Tree score: %s"%tree_score)
>>> print("KNN score: %s"%knn_score)
>>> print("LogisticRegression score: %s"%lr_score)
```

图 6.5　Sklearn 库中分类模型的使用

```
>>> from sklearn.feature_selection import RFE
>>> from sklearn.linear_model import LogisticRegression
>>> from sklearn import datasets
>>> iris = datasets.load_iris()
>>> model = RFE(estimator=LogisticRegression(), n_features_to_select=2)
>>> model.fit(iris.data, iris.target)
>>> model.support_
array([False,  True, False,  True])
```

图 6.6　Sklearn 库中的特征选择

不同的数据集或者不同的分类模型得到的分类结果可能是不一样的。模型验证是指选择最合适的模型，使它对新的测试数据具有更好的表现效果。Sklearn 库中的"model_selection"模块提供了模型验证相关的方法。Sklearn 库中不同数据划分得到不同分类结果的例子如图 6.7 所示。

```
>>> from sklearn.datasets import load_iris
>>> from sklearn.model_selection import train_test_split
>>> from sklearn.neighbors import KNeighborsClassifier
>>> from sklearn import metrics
>>> iris = load_iris()
>>> X = iris.data
>>> Y = iris.target
>>> for i in range(1, 3):
>>>     X_train, X_test, Y_train, Y_test = train_test_split(X, Y, random_
        state=i)
>>>     lr = LogisticRegression()
>>>     lr.fit(X_train, Y_train)
>>>     Y_pred = lr.predict(X_test)
>>>     print(metrics.accuracy_score(Y_test, Y_pred))
0.8421052631578947
0.9210526315789473
```

图 6.7　Sklearn 库中不同数据划分得到不同分类结果

交叉验证将数据集分为训练集和测试集，通过训练集对分类模型进行训练，通过测试集评估分类模型的性能。由图 6.7 可以看出，不同的数据集划分得到的分类结果有区别。因此，$K$ 折交叉验证通过对 $K$ 个不同的数据分组进行平均来减少误差，如图 6.8 所示。首先，将原始数据随机划分为 $K$ 份，然后每次挑选 1 份作为测试集，其余的作为训练集，重复该步骤 $K$ 次，计算测试结果的平均值作为模型准确率的估计。Sklearn 库中提供了一个常用的方法"cross_val_score"，它的定义如下：

```
cross_val_score(model, X, y=None, scoring=None, cv=None, njobs=1)
```

其中，参数"model"表示分类模型；参数"X"表示数据集；参数"y"表示数据标签；参数"scoring"表示评估模型的指标，主要包括"accuracy""f1""precision""recall""roc_auc"等；参数"cv"表示 $K$ 折中的折数。

```
>>> from sklearn.datasets import load_iris
>>> from sklearn.model_selection import cross_val_score
>>> from sklearn.neighbors import KNeighborsClassifier
>>> iris = load_iris()
>>> scores = cross_val_score(KNeighborsClassifier(), iris.data, iris.
    target, cv=5)
>>> print(scores)
[0.96666667 1. 0.93333333 0.96666667 1. ]
```

图 6.8　Sklearn 库中的 $K$ 折交叉验证

分类模型的调参可以让模型获得最优的预测能力。交叉验证的方法可以用于模型调参。例如，在 KNN 模型中，不同的数据集，在参数 $k$ 取值不同的情况下，分类的效果是不一样的。针对一个特定的数据集，可以分别设定 $k$ 的值，然后通过交叉验证计算模型的准确率等指标，最后选择最优的 $k$ 值作为模型的参数值。在图 6.9 中，设定 $k$ 的取值区间是（1～10），通过交叉验证计算模型的评估指标值。可以看出指标值最优的"0.98"出现在中间位置。

```
>>> from sklearn.datasets import load_iris
>>> from sklearn.model_selection import cross_val_score
>>> from sklearn.neighbors import KNeighborsClassifier
>>> iris = load_iris()
>>> knn_scores = []
>>> for k in range(1, 10):
>>>     knn = KNeighborsClassifier(n_neighbors=k)
>>>     scores = cross_val_score(knn, iris.data, iris.target, cv=5, scoring=
        'accuracy')
>>>     knn_scores.append(scores.mean())
>>> print(knn_scores)
[0.96, 0.9466666666666665, 0.9666666666666668, 0.9733333333333334, 0.9733
333333333334, 0.9800000000000001, 0.9800000000000001, 0.9666666666666668,
0.9733333333333334]
```

图 6.9　Sklearn 库中使用交叉验证调参

同理，交叉验证的方法也可以用于模型选择和特征选择中。针对模型选择问题，可以对不同的模型分别通过交叉验证计算评估指标值，选择值最大的一个作为最优的模型。针对特征选择问题，可以将不同的特征项进行组合，然后分别通过交叉验证计算模型预测的准确率，从而帮助确定最优的特征组合。

通常，机器学习的模型需要大量的时间和计算资源。因此，一个训练好的模型为了将来可以直接使用，需要进行保存。有两种方式可以保存模型，一种是通过"pickle"模块保存，另一种是通过 Sklearn 提供的"joblib"模块保存。保存和读取模型的方式如图 6.10 所示。

```
>>> import pickle
>>> from sklearn.externals import joblib
# 通过 pickle 保存模型
>>> with open('model.pickle', 'wb') as f:
>>>     pickle.dump(model, f)
# 通过 pickle 读取模型
>>> with open('model.pickle', 'rb') as f:
>>>     model = pickle.load(f)
# 通过 joblib 保存模型
>>> joblib.dump(model, 'model.pickle')
# 通过 joblib 读取模型
>>> model = joblib.load('model.pickle')
```

图 6.10　保存和读取模型

### 6.1.3 朴素贝叶斯分类算法的原理

分类模型使用的流程是类似的，但是每一种模型的原理是不一样的。在数据处理的过程中，不仅要能够熟练地使用 Sklearn 之类的 Python 库，而且应该可以自己实现一个分类模型。针对一些特殊的问题，已有的模型并不一定有效。这里以朴素贝叶斯分类模型为例，介绍如何用 Python 实现一个分类模型进行数据的处理。

贝叶斯分类模型基于如下所示的贝叶斯公式：

$$P(A \mid B) = P(A) \frac{P(B \mid A)}{P(B)}$$

式中，$P(A|B)$ 称为后验概率（Posterior Probability），表示在事件 $B$ 发生的条件下，事件 $A$ 发生的概率。例如，如果 "$B$=抽烟""$A$=患肺癌"，那么 $P(A|B)$ 就表示抽烟将会患肺癌的概率；如果 "$B$=按时上课""$A$=成绩优秀"，那么 $P(A|B)$ 就表示按时上课将会成绩优秀的概率等。$P(A)$ 称为先验概率（Prior Probability），表示事件 $B$ 未知的情况下，对事件 $A$ 发生概率的一个主观判断。针对一个学生，在不知道其他信息的条件下，对（他/她）的成绩是否优秀的判断，以常识来讲，概率可能是 50%，即 $P(A=成绩优秀)=0.5$。贝叶斯公式中的后半部分 "$P(B|A)/P(B)$" 称为可能性函数（Likelyhood Function），可以把它理解为一个调整因子，即在先验概率 $P(A)$ 的基础上，由于新的信息——事件 $B$ 的出现，对先验概率进行调整，使这个主观的概率更加逼近真实的概率。针对学生成绩的例子，在 $P(A)=0.5$ 的基础上，发现了该学生按时上课这一新的信息，这显然会修正先验概率的值。这个修正存在 3 种情况：如果可能性函数的值大于 1，意味着事件 $B$ 将会增大先验概率，事件 $A$ 发生的可能性变大；如果可能性函数的值等于 1，意味着事件 $B$ 对事件 $A$ 发生的概率没有影响；如果可能性函数小于 1，意味着事件 $B$ 的出现会削弱事件 $A$ 发生的概率，事件 $A$ 发生的概率变小。

将上述贝叶斯公式应用到分类问题中，事件 $A$ 和事件 $B$ 的对应关系分别是"类别"和"特征"，可用以下形式的公式表示：

$$P(类别 \mid 特征) = P(类别) \frac{P(特征 \mid 类别)}{P(特征)}$$

上式表明，贝叶斯分类模型根据样本的特征来判断它属于每个类别的概率，选择概率最大的类别作为样本的类别。

针对学生成绩评定的例子，假设其是一个二分类的问题，类别为"优秀"或者"良好"。特征是属性"（性别，旷课，考试）"的结合。为了说明问题，这里以图 5.24 中的数据集来说明如何构建贝叶斯分类模型。如果需要计算在一个特征集"（女，不旷课，90）"的情况下学生成绩优秀的概率，上述公式可以表述为以下两个公式：

$$P(优秀 \mid 女，不旷课，90) = P(优秀) \frac{P(女，不旷课，90 \mid 优秀)}{P(女，不旷课，90)}$$

$$P(不优秀 \mid 女，不旷课，90) = P(不优秀) \frac{P(女，不旷课，90 \mid 不优秀)}{P(女，不旷课，90)}$$

显然，只需要计算上面两个概率，然后比较两个值的大小就可以判断该学生是否优秀。由以上两个公式可以看出，两个概率值的比较与分母 $P$（女，不旷课，90）无关，因为它在两个公式里是相同的。另外，$P$（优秀）和 $P$（不优秀）也容易计算，只需要在数据集中进行统计就可以得到这两个概率值，即 $P$（优秀）= 0.5，$P$（不优秀）= 0.5。因此最关键的就是概率 $P$

（女，不旷课，90|优秀）的计算。为了计算这个概率，有一个假设，即各个特征之间条件独立，这样其就可以扩展为 3 个概率：

$$P（女，不旷课，90|优秀）=P（女|优秀）\times P（不旷课|优秀）\times P(90|优秀)$$

式中右侧 3 个概率的计算，根据数据中特征值的情况分为两种，一种是离散特征值，另一种是连续特征值。离散特征值的概率根据数据集中的统计可以很容易求得。$P（女|优秀）= 0.5$，$P（不旷课|优秀）= 1$。连续特征值的情况无法通过简单的统计方法来计算概率。这时候，假设连续的特征变量服从某种概率分布，根据训练数据中的特征值来训练该概率分布的参数。高斯分布由于其普适性，经常用于表示连续特征值的分布。在高斯分布中，有两个参数，一个是均值 $\mu$，另外一个是方差 $\sigma^2$。需要通过训练数据来估计这两个参数的值。在本例中，均值可以通过 4 个样本（成绩）的平均值来估计，即 $\mu = 92.25$。样本的方差通过方差计算公式计算为 $\sigma^2 = 3.886^2$。利用高斯分布的两个参数，可以根据高斯分布的公式计算成绩为 90 的时候对应的概率值是多少。通过这种方法，可以计算出第一个概率值 $P（优秀|女，不旷课，90）$。同理，也可以计算出第二个概率值 $P（不优秀|女，不旷课，90）$。比较这两个概率值的大小，选择较大的概率值，就可以为该数据样本划分类别。

### 6.1.4　案例：从头实现朴素贝叶斯分类算法

Sklearn 库提供了朴素贝叶斯分类的实现模块，根据对朴素贝叶斯分类模型的分析，这里通过 Python 来实现一个分类模型。

根据 Sklearn 库中分类模型的使用可以得知，一个分类模型的实现包括以下几个部分：数据预处理、模型训练和模型测试。在数据预处理中，根据指定的文件格式，调用 Python 中读写文件的方法以实现数据文件的读写。然后根据比例，将数据集划分为训练集和测试集。在模型训练中，根据训练集，针对特征集合中的不同的特征值类型，离散值通过统计方法计算概率，连续值估计其分布参数。这里，假设所有的特征值都是连续值。最后，在模型测试中，将测试集中的样本依次输入训练好的模型来计算针对每一个类别的概率，并选择概率最大的作为预测的类标签。将预测的类标签与实际的类标签进行比较，统计正确的类标签个数，从而计算模型的预测准确率。

这里使用了一个新的数据集 "pima-indians-diabetes"，它是美国亚利桑那州的比马印第安人患糖尿病的数据。整个数据集共有 768 条记录，患病者有 268 人，未患病者有 500 人。数据集中的特征包括怀孕次数（Pregnancies）、血糖（Glucose）、血压（BloodPressure）、皮脂厚度（Skin Thickness）、胰岛素（Insulin）、体质指数（BMI）、糖尿病血统（Diabetes Pedigree Function）、年龄（Age）。类标签是 0 或者 1，表示是否患病。

在图 6.11 所示的代码中，第 4～16 行是数据预处理的实现，实现了一个函数"loadDataset()"在 CSV 格式的文件中读取数据，并转化数据格式为浮点数。另外一个函数 "splitDataset()"根据比例将数据集划分为训练集和测试集。第 17～22 行实现了两个工具函数，分别计算一组数据的均值和方差。第 23～35 行是模型的训练，主要的过程是根据每一个特征统计并计算其均值和方差。第 36～50 行是模型的测试，根据输入的测试样本的特征集，分别计算每个特征的概率和本条测试样本针对不同类标签的概率，并选择概率最大的类标签作为本条测试样本的标签。第 51～56 行对测试集中的所有样本进行类标签预测。第 57～62 行将预测的结果与测试集中的类标签进行对比，计算预测准确率。

```
1      import csv
2      import random
3      import math
4      def loadDataset(filename):
5          dataset = list(csv.reader(open(filename, "r")))
6          for i in range(len(dataset)):
7              dataset[i] = [float(x) for x in dataset[i]]
8          return dataset
9      def splitDataset(dataset, trainingDataRatio):
10         trainingData = []
11         trainingDataSize = int(len(dataset) * trainingDataRatio)
12         pickDataset = list(dataset)
13         while len(trainingData) < trainingDataSize:
14             index = random.randrange(len(pickDataset))
15             trainingData.append(pickDataset.pop(index))
16         return [trainingData, pickDataset]
17     def mean(features):
18         return sum(features)/float(len(features))
19     def stdev(features):
20         average = mean(features)
21         variance = sum([pow(x-average,2) for x in features])/float(len
           (features)-1)
22         return math.sqrt(variance)
23     def trainBayesClassifier(dataset):
24         datasetByClassLabel = {}
25         for i in range(len(dataset)):
26             oneSample = dataset[i]
27             if (oneSample[-1] not in datasetByClassLabel):
28                 datasetByClassLabel[oneSample[-1]] = []
29             datasetByClassLabel[oneSample[-1]].append(oneSample)
30         model = {}
31         for classLabel, sample in datasetByClassLabel.items():
32             modelMetrics = [(mean(feature), stdev(feature)) for feature
               in zip(×sample)]
33             del modelMetrics[-1]
34             model[classLabel] = modelMetrics
35         return model
36     def predict(model, testData):
37         probabilities = {}
38         for classLabel, classData in model.items():
39             probabilities[classLabel] = 1
40             for i in range(len(classData)):
```

**图 6.11　贝叶斯分类模型的实现**

```
41              mean, stdev = classData[i]
42               x = testData[i]
43               xProbability = (1 / (math.sqrt(2*math.pi) * stdev)) *
                 math.exp(-(math.pow(x-mean,2)/(2*math.pow(stdev,2))))
44               probabilities[classLabel] ×= xProbability
45         bestLabel, bestProbability = None, -1
46         for classLabel, probability in probabilities.items():
47             if bestLabel is None or probability > bestProbability:
48                 bestProbability = probability
49                 bestLabel = classLabel
50         return bestLabel
51  def modelPredictions(model, testSet):
52      predictions = []
53      for i in range(len(testSet)):
54          result = predict(model, testSet[i])
55          predictions.append(result)
56      return predictions
57  def modelAccuracy(testSet, predictions):
58      correct = 0
59      for i in range(len(testSet)):
60          if testSet[i][-1] == predictions[i]:
61              correct += 1
62      return (correct/float(len(testSet)))
63  def main():
64      filename = 'pima-indians-diabetes.data.csv'
65      trainingDataRatio = 0.7
66      dataset = loadDataset(filename)
67      trainingSet, testSet = splitDataset(dataset, trainingDataRatio)
68      bayesModel = trainBayesClassifier(trainingSet)
69      predictions = modelPredictions(bayesModel, testSet)
70      accuracy = modelAccuracy(testSet, predictions)
71      print("Accuracy: ", accuracy)
72  if __name__ == "__main__":
73      main()
```

**图 6.11　贝叶斯分类模型的实现（续）**

## 6.2　数据挖掘中的聚类

俗话说"物以类聚，人以群分"，聚类可以认为是人类最本能的一种行为。在人类的社会活动中，人们认识事物的过程就是分类的过程。例如，在生物界中动物和植物的划分，动物一般有神经、有感觉，植物一般有叶绿素、没有感觉。在众多的动物里，也可以进一步划分，例如猫和狗，它们的外表、习性各不相同。

在人类自己的行为中，人们的兴趣会发生变化，但是不会差别太大。人与人之间也很容易汇集成群，例如，在社交网络中，用户的行为可能形成社区。一个社区中的用户具有共同的兴趣、爱好或者观点。

在数据处理中，聚类的目的也是设计类似人的聚类模型，能够对数据进行自然地、清晰地划分。图 6.12 所示的人类肉眼可见的数据样本可以分为 4 组，即分为 4 类，那么计算机程序应该如何对它们进行划分呢？这就是聚类模型应该做的事情。

与分类模型相比，聚类模型具有更大的挑战性。并且聚类模型更加重要。之所以说它更具有挑战性，是因为分类模型处理的数据集是带有类标签的数据，因此，它也称为监督学习。这些类标签可以有效地指导训练的过程。而聚类模型面临的是原始的、大部分都没有类标签的数据，在此情况下进行数据的划分显然更复杂、更不确定。例如在图 6.13 中，可以将图 5.17 ( b ) 所示的数据集划分为 2 部分或 3 部分，这个划分的类别数很难界定。随着互联网、移动互联网、物联网等技术的发展，我们可以使用的数据呈指数级别增长，要使所有数据都带有一个类标签基本上是不可能的事情。因此，在这种情况下，很多分类模型就受到了限制。聚类模型就显得尤其重要。

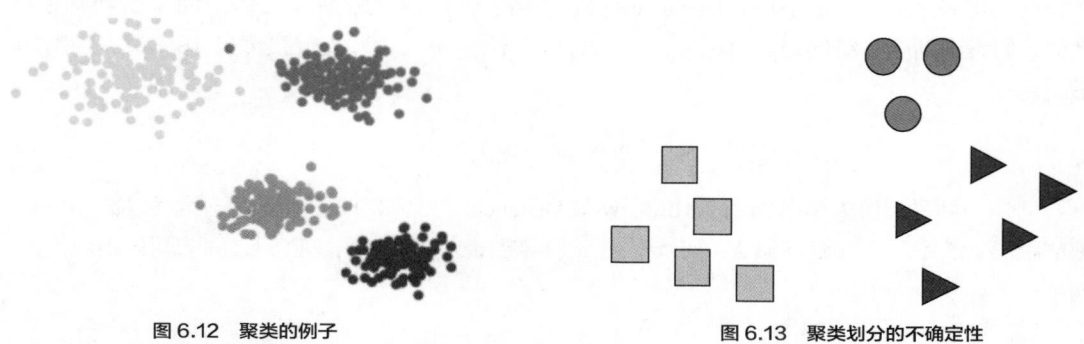

图 6.12　聚类的例子　　　　　　　　　　　　图 6.13　聚类划分的不确定性

聚类已经实际应用在了很多场景中。首先，在商业应用中，对用户和产品进行聚类分析，可以定位目标用户群体，挖掘多维度的产品组合，提升产品的销售水平。其次，在金融领域中，通过对用户的用卡记录等数据进行聚类分析，可以发现异常用户或者异常行为，以保障金融服务的质量。然后，在信息检索中，聚类可以将类似的数据样本划分成同一类，有效地提升检索效率。例如，对于搜索引擎来讲，将相似的页面划分在一起，可以为用户提供更多的搜索结果。最后，在生物学中，根据个体的属性可以将它们划分为不同的"门""科""属"等。

## 6.2.1　聚类的基本思想

通常，聚类模型处理的数据没有类标签，也就不知道数据里可能包含的类别的个数。显然，如果要对这些数据进行划分，则只能从数据自身的特征出发，根据它们之间的相互关系进行划分。因此，聚类（Clustering）的定义如下：根据数据样本的特征，将数据集合划分成不同类别的过程。通常，一个类别，即具有相近特征的数据样本的集合称为一个簇（Cluster）。聚类模型有一个目标,簇内数据样本之间的相似性尽可能大,簇间数据样本的相似性尽可能小。

在聚类过程中涉及两个重要的组成部分，一个是相似度，另一个是聚类算法。相似度主要用于度量数据样本之间的相互关系，相似度越高说明两个数据样本被划分到一个类别中的概率越大。聚类算法是指在相似度计算的基础上设计一定的策略，以达到簇内数据样本相似度大、簇间数据样本相似度小的目标。

数据样本之间相互关系的度量主要分为两种情况，第一种是基于距离的，第二种是不基于距离的。基于距离的度量方法中，两个数据样本距离越近，说明它们越应该划分在一起。而单纯的相似度度量方法中，两个数据样本的相似性属性越多，说明越相似，应该划分在一起。

基于距离的数据样本相互关系度量中，常见的距离度量方法包括欧式距离、曼哈顿距离、切比雪夫距离、闵可夫斯基距离和马氏距离。

欧式距离（Euclidean Distance）是 $n$ 维空间中两个点之间的距离，每一个点可以是一个 $n$ 维向量。假设有两个向量 $X = \{x_1, x_2, \cdots, x_n\}$，$Y = \{y_1, y_2, \cdots, y_n\}$，它们之间的欧式距离如下所示：

$$\sqrt{\sum_{i=1}^{n}(x_i - y_i)^2}$$

曼哈顿距离（Manhattan Distance）表示两个数据点在坐标系上的绝对轴距之和。假设两个二维平面上的点分别为（$x_1, x_2$）和（$y_1, y_2$），它们之间的曼哈顿距离如下所示：

$$|x_1 - y_1| + |x_2 - y_2|$$

切比雪夫距离（Chebyshev Distance）定义两个点的距离为坐标系上每个绝对轴距中的最大值。假设有两个 $n$ 维向量 $X = \{x_1, x_2, \cdots, x_n\}$，$Y = \{y_1, y_2, \cdots, y_n\}$，它们之间的切比雪夫距离如下所示：

$$\max_{i=1}^{n}(|x_i - y_i|)$$

另外一种是闵可夫斯基距离（MinKowski Distance），也称为明氏距离，还称为 $Lq$（$q \geq 1$）范数距离，给定两个 $n$ 维向量 $X = \{x_1, x_2, \cdots, x_n\}$，$Y = \{y_1, y_2, \cdots, y_n\}$，它们之间的明氏距离定义如下：

$$\|x - y\| = \left(\sum_{i=1}^{n}|x_i - y_i|^q\right)^{\frac{1}{q}}$$

在明氏距离中，当"$q = 2$"时，就是欧式距离，或者称为 $L2$ 范数；当"$q = 1$"时，就是曼哈顿距离，或者称为 $L1$ 范数；当"$q \to \infty$"时，就是切比雪夫距离，或者称为 $L\infty$ 范数。

明氏距离比较直观、通用，欧式距离、曼哈顿距离和切比雪夫距离都是它的特例。但是它没有考虑数据分布对距离计算带来的影响。针对多维数据，如果一个维度上的值相对都很大，取值范围也很大，那么将会对整体距离的计算产生较大影响。这种情况可以通过标准化的形式来解决，即每个维度上的值减去各自的均值，再除以各自的标准差。另外，明氏距离没有考虑数据各维度之间的相互影响，例如，在一个人的身体数据集中，身高维度可能和体重维度之间是相互关联的。为了能够衡量数据不同维度之间的相关性，需要引入协方差。很好地考虑到了上述两个方面问题的是马氏距离（Mahalanobis Distance），它集成了均值、协方差等因素，定义如下：

$$\sqrt{(\boldsymbol{x} - \mu)^{\mathrm{T}} \sum\nolimits^{-1} (\boldsymbol{y} - \mu)}$$

其中，$\boldsymbol{x}$ 和 $\boldsymbol{y}$ 分别是两个 $n$ 维向量，$\mu$ 表示均值，$\sum$ 表示协方差。

在使用距离度量数据之间关系的时候，距离的值越小，说明数据之间的关系越相近。与距离度量相反，在用相似度计算数据对象之间的相似性时，相似度的值越大说明数据之间越相似。

常用的相似度计算方法包括 Jaccard 相似度、余弦相似度和皮尔逊相关系数。

Jaccard 相似度用于度量两个集合之间的相似性，即两个集合中相同的元素（交集）在所有元素（并集）中所占的比例。假设两个集合分别为 $A$ 和 $B$，则它们之间的 Jaccard 相似度定义如下：

$$J(A, B) = \frac{|A \cap B|}{|A \cup B|}$$

余弦相似度（Cosine Similarity）使用两个向量之间夹角的余弦值来度量数据样本之间的相似性，具体定义如下：

$$\cos(x, y) = \frac{x \cdot y}{\|x\| \cdot \|y\|}$$

上式中，分子是向量 $x$ 与向量 $y$ 的点积，分母为两个向量的 L2 范数的乘积。L2 范数指向量中所有元素值的平方和的开方。余弦相似度的取值范围为"[-1, 1]"，值越大表示两个向量越相似。这种以角度表示距离的形式，消除了单纯向量长度对相似度计算的影响。即虽然两个向量的长度发生了变化，导致欧式距离发生了变化，但是如果夹角不变，则余弦相似度的值就不会发生变化。另外，余弦相似度的这种在方向上比较相似性的特点，说明它更加关注数据样本的整体状态。

皮尔逊相关系数（Pearson Correlation Coefficient）也是度量向量相似度的一种方法。它的取值范围为"[-1, 1]"，其中，负值表示负相关，正值表示正相关，0 表示不相关。两个向量 $x$ 和 $y$ 之间的皮尔逊相关系数定义如下：

$$p(x, y) = \frac{(x - \bar{x})^{\mathrm{T}}(y - \bar{y})}{\|x - \bar{x}\|_2 \cdot \|y - \bar{y}\|_2}$$

在实际的数据挖掘过程中，一个样本的特征值的缺失是常见的事情。在特征值缺失的情况下，是无法计算数据样本之间的相似性的。通常，可以通过均值法等方法对缺失数据进行填充。而在皮尔逊相关系数中，首先把缺失数据填充成 0，并计算向量各元素的平均值，然后用其他元素的值减去这个平均值，这个操作称为"中心化"。最后，通过余弦相似度可以计算向量之间的相似度。因此，皮尔逊相关系数可以理解为余弦相似度在样本特征值缺失的情况下的一种改进。这也可以反映在皮尔逊相关系数的定义公式中：分子表示两个向量的每个元素值要减去平均值，分母表示对向量的每个元素值在减去均值之后计算其 L2 范数，即对两个向量进行中心化操作。

由以上数据样本之间相似性的度量方法可以发现，每种度量方法都有优缺点。在实际的应用中，应该根据数据样本的特点来选择合适的相似性度量方法。一旦确定相似性度量方法，就需要设计聚类算法，以达到聚类目标，使聚类的评价指标达到最优。

评价聚类的准则主要包括两个方面：紧凑性（Compactness）和可分性（Separation）。其中，紧凑性反映了每个类簇的密集程度，可分性反映了不同类簇之间的距离。假设数据集为 $D$，将其用聚类算法划分成了 $n$ 个类簇，即 $D = \{C_1, C_2, C_3, \cdots, C_n\}$，每一个类簇选择一个中心代表点 $r_i(1 \leqslant i \leqslant n)$，那么，紧凑性定义为类簇中每个数据样本到其所属中心代表点的距离平方和，具体形式如下所示：

$$\mathrm{Compactness}(D) = \sum_{i=1}^{n} \sum_{x \in C_i} d^2(x, r_i)$$

可分性定义为类簇中心代表点之间的距离平方和，形式如下所示：

$$\text{Separation}(\boldsymbol{D}) = \sum_{1 \leqslant i < j \leqslant n} d^2(r_i, r_j)$$

综合以上两个准则，可以使用 "Separation($\boldsymbol{D}$)/Compactness($\boldsymbol{D}$)" 来表示数据集 $\boldsymbol{D}$ 的总体效果。

当然还有其他用于评价聚类的方法。在同一个类簇中，计算每个点与其他点的最短距离，并且选择其中的最大值来度量该类簇的紧凑性。而可分性用两个类簇之间最近的点的距离来度量。该准则适用于狭长的线性数据的聚类。因此，不同的数据分布所使用的聚类评价准则也是不一样的，其通常需要根据具体的数据分布进行选择。当数据分布是球形数据时，可以选择基于距离平方和的聚类准则；当数据分布是狭长的线性数据时，可以选择另外一种聚类评价准则。在聚类评价准则选定的基础上，可以通过设计目标函数并求解目标函数的最优解实现聚类算法。

一个聚类算法应该满足以下要求：第一，可伸缩性，无论数据集规模有多大（小），聚类算法都应该具有良好的性能；第二，数据样本特征的类型，样本特征无论是数值型还是二元类型等，聚类算法都应该能够处理；第三，任意数据分布的数据样本的处理，不同的数据分布对聚类算法的影响不同，聚类算法应该可以处理任意分布形状的数据样本；第四，尽可能减少参数，模型的参数通常很难确定，一个良好的聚类模型应该能够根据数据自身的分布规律，将数据划分为不同的类别，尽量减少用户对参数的指定；第五，虽然经过了数据预处理，但是在实际任务的处理中，总归存在大量的噪声数据，一个良好的聚类算法应该尽量少地受到噪声数据的干扰。另外，聚类算法对高维数据是否能够有效处理也是算法选择时应该考虑的因素。

使用聚类模型进行数据挖掘的过程主要包括数据预处理、特征选择、聚类算法选择、聚类结果的验证和解释。在数据预处理中，主要进行缺失值的处理、数据的标准化和归一化等操作。在特征选择中，须针对要解决的问题和数据的特点，选择样本的特征集合。最为关键的一步是聚类算法选择，在不同的数据集下，聚类算法体现出不同的性能，需要根据特征集合选择合适的聚类算法；然后将数据特征集合输入聚类算法，并进行分析和处理，以得到聚类的结果。此时，需要对该结果进行评估，例如用准确率来评估一个聚类算法在该数据集上的性能如何。另外，最终的结果形成了在该领域中可用的知识，这些知识应该是合理的、可解释的。

## 6.2.2 常见的聚类算法

聚类算法广泛地应用于数据挖掘等领域。并且随着应用场景的增加，产生了大量的聚类算法。它们可以划分为以下几类：基于划分的聚类算法（Partition-based Clustering Methods）、层次聚类算法（Hierarchical Clustering Methods）、基于密度的聚类算法（Density-based Clustering Mehtods）、基于网格的聚类算法（Grid-based Clustering Methods）和基于模型的聚类算法（Model-based Clustering Methods）。

基于划分的聚类算法的核心思想是把相似的数据样本划分到同一个类别，不相似的数据样本划分到不同类别。它是聚类分析中最为简单、常用的算法。假设有 $n$ 个数据样本需要聚类，首先，应该确定数据样本可以聚成类簇的个数 $k$。然后，挑选 $k$ 个数据样本作为每个类簇的初始中心点，并根据数据集中的所有数据到达中心样本点的距离进行划分，可以得到一个初步的聚类结果。然后应用启发式算法，将中心数据点的位置迭代移动，并且每次都根据新的中心数据点划分所有的数据样本，直到实现 "类数据点的距离足够近、类间数据点的距离足够远" 这一目标。该类算法中的代表算法有 $K$ 均值（K-means）算法、模糊聚类算法（Fuzzy C-means）、图划分算法等。

K-means 算法需要指定聚类的个数 $k$。在算法中，首先随机选择 $k$ 个中心点，并迭代优化误差平方目标函数。当目标函数收敛时，数据划分完成，输出划分好的 $k$ 个类簇。K-means 算法还包括针对它的一些改进算法，如 K-means++ 算法、面向离散特征值的 K-modes 算法等。

K-means 算法也称为"硬划分"算法，即数据样本被强制划分到一个类别。模糊聚类算法中使用了模糊集合理论。并且成功应用于图像分割中。该算法认为一个像素在不同类别的隶属上是模糊的，这也比较符合人类的认知规律。

图划分算法主要面向复杂网络中的图数据结构。复杂网络是将个体抽象成节点、个体之间的关系抽象成边的大规模数据关系表示的方法，图是常见的复杂网络表示的数据结构。在图上进行数据划分，将类似的节点划分成一个类，也叫作社区。常见的方法有 K-clique、GN 算法等。

在 Sklearn 库中，"cluster" 模块提供了 K-means 算法的实现，具体的形式如下所示：

```
KMeans(n_clusters, max_iter, n_init, init, random_state, algorithm)
```

其中，参数 "n_clusters" 表示输入给算法的 K 值，即希望聚类得到的类簇个数；参数 "max_iter" 表示最大的迭代次数，针对模型不容易收敛结束的情况，可以及时退出迭代；参数 "n_init" 初始化中心点的次数，默认为 10，K-means 算法的效率受中心点位置的影响较大，设定初始化次数以选择最好的聚类结果；参数 "init" 表示中心点初始值的选择方式，如果是 "random"，则表示随机选择，也可以自己指定初始化的中心点，默认是 "K-means++"，表示优化后的初始化中心点；参数 "random_state" 是随机数生成种子；参数 "algorithm" 有 3 个值，分别是 "full" "elkan" 和 "auto"，"full" 表示基础的 "K-means" 算法，"elkan" 表示 "elkan K-means" 算法，而 "auto" 会根据数据的实际分布来选择 "full" 或者 "elkan"（一般来讲，如果数据稠密，则选择 "elkan"；否则，选择 "full"）。

KMeans 类的对象常用的属性包括："cluster_centers_" 是一个类别数乘以特征数形状的数组，保存了每一个类簇中心点的位置；"labels" 保存每一个数据点的类标签；"inertia_" 表示每一个数据点到其所属类簇的中心点的距离之和。

常用的方法包括，"fit(X[, y])" 方法对数据样本集合 $X$ 进行聚类；"fit_predict(X[, y])" 方法对数据样本集合 $X$ 进行聚类的时候，计算类簇的中心位置并预测每个数据样本的类别；"predict(X)" 方法为样本估计最接近的类簇。

图 6.14 所示生成了 500 个二维特征的数据样本点，共分为 4 组，如图 6.15（a）所示。调用 K-means 算法进行聚类，结果如图 6.15（b）所示，并且可以输出每一个类簇的中心位置。另外，给定一个新的数据点可以预测它所属的类别。

层次聚类算法不需要事先指定类簇的个数。它根据数据样本之间的相互关系，构建类簇之间在不同表示粒度上的层次关系，如图 6.16 所示。层次聚类共有两种形式，一种是自上而下的划分法（Divisive Clustering），另一种是自下而上的凝聚法（Agglomerative Clustering）。划分法将所有的数据样本看作一个类，向下逐步划分直到每个数据样本成为一个类。凝聚法与之相反，将单个数据样本看成一个类，逐渐合并相似的类，最终形成一个类。层次聚类算法中有两个重要的步骤。第一，用类簇之间的距离度量类簇之间的相互关系，即是否属于"同类"。常见的度量方法包括以下几种：单链接聚类（Single-linkage Clustering），定义为两个类簇数据之间的最短距离；完全链接聚类（Complete-linkage Clustering），当所有的成员都相似时，两个类簇才被认为距离很近；中心链接聚类（Centroid-linkage Clustering），使用类簇的中心之间的距离来表示两个类簇之间距离的远近；平均链接聚类（Average-linkage Clustering），指两个类簇成员之间距离的平局值。第二，类簇合并的终止条件。常见的终止条件包括：指定类簇的个数，当达到该个数的时候终止；设定距离上限，当在某一轮迭代中，如果所有类簇之间的距离都超过了上限值，那么就停止聚类。

```
>>> import numpy as np
>>> from sklearn.datasets.samples_generator import make_blobs
>>> from sklearn.cluster import KMeans
>>> import matplotlib.pyplot as plt
>>> X, _ = make_blobs(n_samples=500, n_features=2, centers=4, cluster_std=
    [0.8, 0.5, 0.5, 0.5], random_state=10)
>>> plt.scatter(X[:, 0], X[:, 1], marker='o')
>>> plt.show()
>>> plt.figure()
>>> kmeans = KMeans(n_clusters=4, random_state=10)
>>> y_pred = kmeans.fit_predict(X)
>>> print(kmeans.cluster_centers_)
[[-6.11972709  5.17158923]  [ 5.47778991 -9.58296908]  [ 2.74804297
4.94455062]  [-0.04756633 -5.48596502]]
>>> print(kmeans.predict([[5, -8]]))
[1]
>>> plt.scatter(X[:, 0], X[:, 1], c=y_pred)
>>> plt.show()
```

图 6.14　Sklearn 库的 K-means 算法的使用

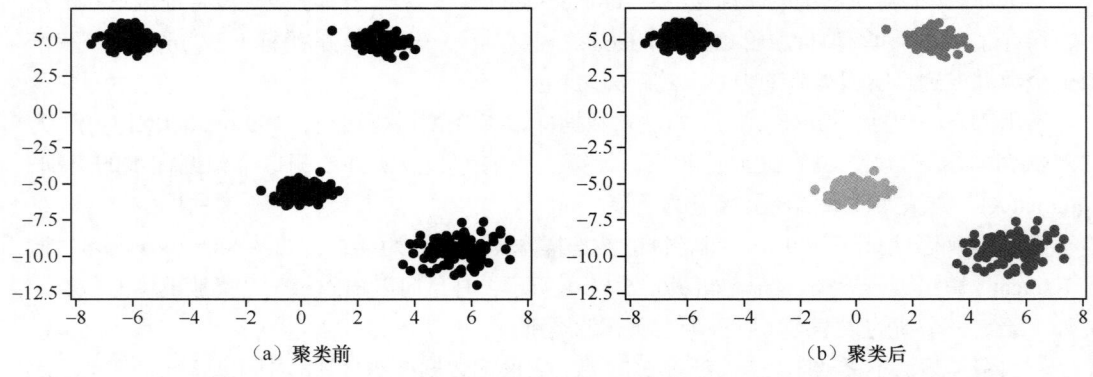

（a）聚类前　　　　　　　　　　　　　　　　　　　（b）聚类后

图 6.15　K-means 算法聚类

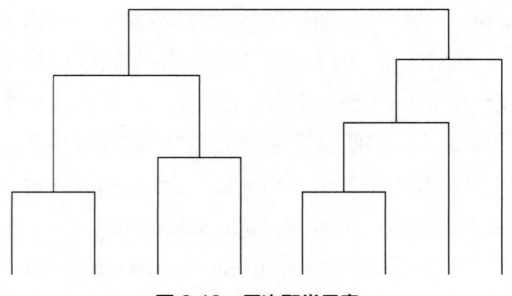

图 6.16　层次聚类示意

Sklearn 库提供了 AgglomerativeClustering 类用于层次聚类。该类的原型如下所示：

```
AgglomerativeClustering(n_clusters=2, cosine='euclidean', memory=None,
connectivity=None, compute_full_tree='auto', linkage='ward', pooling_func)
```

其中，参数 "n_clusters" 表示将数据聚成的类簇个数，默认为 2 个；参数 "affinity" 表示距离计算的方式，当该值为 "euclidean" 时表示欧式距离，为 "l1" 时表示一型范数距离，为 "l2" 时表示二型范数距离，为 "manhattan" 时表示曼哈顿距离；参数 "cosine" 表示余弦相似度，默认取值 "euclidean"；参数 "memory" 表示是否缓存输出的结果，默认不缓存；参数 "connectivity" 表示连接矩阵；参数 "compute_full_tree" 为 "True" 表示继续训练生成一个完整的树，即使已经生成了 "n_clusters" 个类簇；参数 "linkage" 表示链接算法，取值为 "ward" 表示单链接算法，"complete" 表示全链接算法，"average" 表示平均链接算法；参数 "pooling_func" 是一个可调用的对象，输入特征值，输出一个数值。

AgglomerativeClustering 类常用的属性包括："labels_" 表示每个数据样本所属类簇的类标签，"n_leaves_" 表示分层树中叶子节点的数量，"n_connected_components" 表示连接图中连通分量的估计值，"children_" 表示每个非叶子节点的孩子节点数。

常用的方法有两个："fit(X[, y])" 方法，用于使用数据集 $X$ 来进行层次聚类；"fit_predict(X[, y])" 方法，用于在数据集 $X$ 上进行层次聚类并返回每个类簇的类标签。

图 6.17 所示是一个使用 AgglomerativeClustering 类实现层次聚类的例子。由于没有指定聚成的类簇个数，因此使用算法默认的类簇个数 2，效果如图 6.18 所示。其中，图 6.18（a）所示表示原始数据集，图 6.18（b）所示是层次聚类生成的两个类簇。调用 "adjusted_rand_score()" 方法计算兰德指数（Rand Index），它表示样本点的实际类别与预测类别的对应关系，取值范围为[0, 1]，值越大表示聚类效果越好。

```
>>> from sklearn.cluster import AgglomerativeClustering
>>> from sklearn.datasets.samples_generator import make_blobs
>>> from sklearn.metrics import adjusted_rand_score
>>> import matplotlib.pyplot as plt
>>> %matplotlib inline
>>> X, labels_ = make_blobs(n_samples=500, n_features=2, centers=4, cluster_
    std=[0.8, 0.5, 0.5, 0.5], random_state=10)
>>> plt.scatter(X[:, 0], X[:, 1], marker='o')
>>> plt.show()
>>> plt.figure()
>>> aggclust = AgglomerativeClustering()
>>> y_pred = aggclust.fit_predict(X)
>>> print("Ajusted Rand Score: ", adjusted_rand_score(labels_, y_pred))
>>> plt.scatter(X[:, 0], X[:, 1], c=y_pred)
>>> plt.show()
```

**图 6.17　Sklearn 库的层次聚类的使用**

常见的优化的层次聚类算法包括 BIRCH（Balanced Iterative Reducing and Clustering using

Hierarchies）算法、Chameleon（一种使用动态建模的层次聚类算法）算法、CURE（Clustering Using Representatives）算法等。

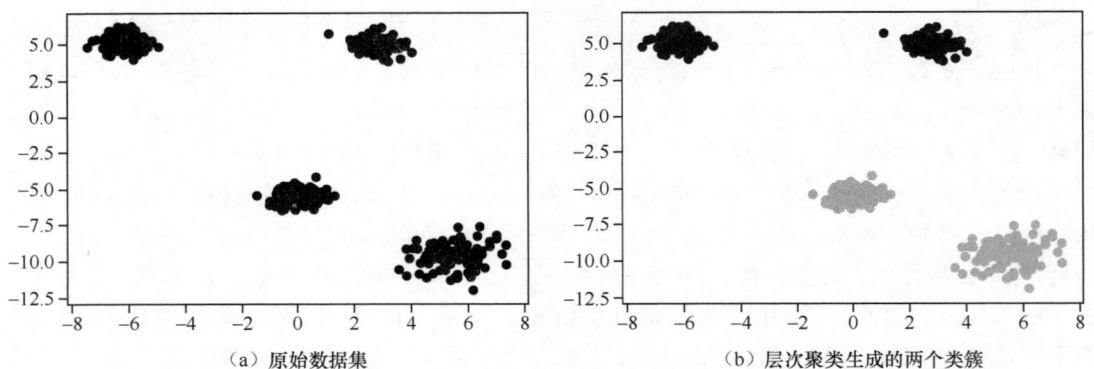

（a）原始数据集　　　　　　　　　　　　　（b）层次聚类生成的两个类簇

图 6.18　Sklearn 库的层次聚类效果

BIRCH 是"平衡迭代削减聚类法"的简称。它只需要单遍扫描数据集就可以完成聚类，因此效率较高，适用于数据量大、类别数多的聚类。该算法使用聚类特征树（Clustering Feature Tree）来实现快速聚类。聚类特征树的示意图如图 6.19 所示，它由根节点、内部节点和叶子节点组成。每个节点都包含若干个聚类特征（Clustering Feature，CF），非叶子节点的 CF 通过指针指向其孩子节点，叶子节点之间通过双向链表连接。每一个聚类特征由一个三元组（$N$，LS，SS）表示，其中，$N$ 表示该 CF 中的样本数量，LS 表示该 CF 中样本特征在各维度上的和组成的向量，$SS$ 表示该 CF 中样本各特征维度的平方和。假设，有个聚类特征 CF 有 3 个数据样本：（1，2）、（3，4）、（5，6），那么，它对应的 "$N$=3" "LS=（1+3+5，2+4+6）=（9，12）" "SS=（$1×1+2×2+3×3+4×4+5×5+6×6$）=81"，可以通过（3，（9，12），81）表示。

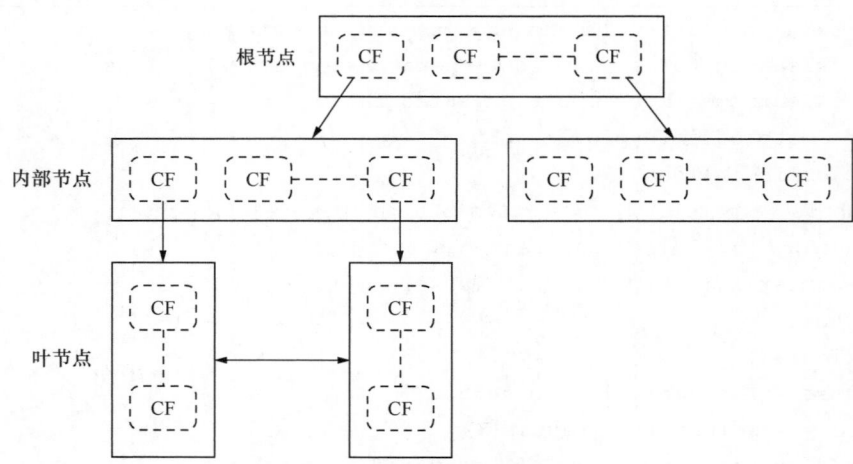

图 6.19　BIRCH 算法中的聚类特征树示意

一个聚类特征树中有以下几个常用参数：第一个是每个内部节点的最大聚类特征个数 $B$，第二个是每个叶子节点的最大聚类特征个数 $L$，第三个是叶子节点中每个聚类特征的最大样本半径阈值 $T$，即同一个聚类特征中的样本都在半径小于 $T$ 的球体范围内。

初始情况下，聚类特征树为空，从训练集中取出第一个数据样本点，生成一个新的聚类特征三元组，并放入聚类特征树的根节点。继续取出下一个数据样本点，如果它和第一个样本点在半径为 $T$ 的超球体范围内，那么它们属于同一个聚类特征，将该点加入第一个点的聚类特征，并更新它的三元组的值。如果一个数据点不在前面节点的半径为 $T$ 的超球体范围内，那么重新创建一个新的聚类特征，并加入节点中。当一个内部节点中的聚类特征个数达到最大值时，需要对该节点进行分裂操作。

BIRCH 算法只需要扫描依次训练数据集，它的聚类速度快，并且可以有效地处理噪声数据，因此，它适用于对大规模的数据进行聚类。然而如果聚类特征树的 3 个常用参数的选取不合适，例如每个节点对聚类特征个数有限制，则可能导致最终的聚类结果和真实类别不一致。另外，它对高维特征的数据进行聚类的效果不好。

在 Sklearn 库中，"Cluster"模块的"Birch"类实现了上述基于聚类特征树的聚类。具体的形式定义如下：

```
Birch(n_clusters, threshold, branching_factor, compute_labels)
```

其中，参数"n_clusters"表示将数据集聚成的类簇的个数，默认值是 3；参数"threshold"表示聚类特征中样本的半径阈值 $T$，默认值是 0.5，在样本方差变大的情况下，需要增大该值；参数"branching_factor"规定了聚类特征树内部节点和叶子节点的最大聚类特征数，Sklearn库对这两个参数进行了统一，默认值是 50，针对数据样本数量特别大的情况，需要增大该值；参数"compute_labels"表示是否输出类别，默认是"True"。

"Birch"类常用的属性包括："root_"表示聚类特征树的根节点；"dummy_leaf_"表示指向所有叶子节点的开始指针；"subcluster_centers_"表示子类簇的类中心，是"ndarray"类型；"subcluster_labels_"表示每个子类簇的标签，也是"ndarray"类型；"labels_"表示所有输入数据样本点对应的类标签，还是"ndarray"类型。

"Birch"类常用的方法包括："fit(X[, y])"方法针对输入数据 X 构建聚类特征树，"fit_predict(X[, y])"方法对输入数据 X 聚类并且返回类标签，"predict(X)"方法预测新的数据样本点所属的类别。

调用 BIRCH 算法进行聚类的过程如图 6.20 所示。处理的数据仍然是生成的数据样本点。这里通过参数"n_clusters"指定要聚成的类簇个数是 4 个。如果不指定类簇个数，将参数设置为"None"，则会发现聚类效果并不是很理想。如果出现这种情况，则需要结合 BIRCH 算法的几个参数进行参数调整，使其达到一个最优的结果。此时会用到一个指标"Calinski-Harabasz Index"来评价聚类效果，该指标定义在 Sklearn 库中的"metrics. calinski_harabasz_score"中，它的值越大说明聚类效果越好，如图 6.21 所示。

Chameleon 算法也是一种层次聚类算法，它的最大优势在于可以对任意形状的数据进行聚类。它也常被称为"二阶段层次聚类算法"，含义是在聚类的过程中包括两个重要的步骤：分割（Partition）与合并（Merge）。

在 Chameleon 算法中，需要根据数据样本点之间的关系构建一个 $K$ 近邻图 $G_k$。图中的节点表示数据样本点，如果一个节点在另一个节点的 $K$ 近邻集合中，那么就在两个节点之间连一条边，最终对数据集建模之后形成一个稀疏图。然后通过图划分算法，将 $G_k$ 分割成大量的子图，每一个子图表示一个初始的子类簇，此为第一阶段。第二阶段就是合并子类簇形成最终聚类结果的过程，以上过程如图 6.22 所示。显然，子类簇的合并需要计算它们之间的相似性，即将相似的子类簇合并成一个类簇。Chameleon 算法中用两个指标来度量相似性，一个是相对互连性（Relative Interconnectivity），另一个是相对近似性（Relative Closeness）。这两个指标很好地解决了很多聚类算法忽略类簇之间的相互关系而导致聚类不准确这一问题。相对互连性计算两个类簇之间相连的边的权重之和，以及将每个类簇划分成大小近似相等部分的最少边的权重之和，以解决类簇的形状不同及互连度不同的问题。相对近似性计算连接两个类簇的边的平均权重，以及将两个类簇中的一个类簇划分成大小近似相同部分所需要的最少边的平均权重。最终将这两个指标融合起来，选择需要合并的子类簇。合并的过程就是：计算在待合并的子类簇列表中的每一个子类簇与其他类簇之间的度量指标。如果超过阈值，那么子类簇合并；否则，表示已经合并完成，在子类簇列表中移除，并加入聚类结果中。重复以上过程，直到子类簇列表为空则结束。

```
>>> import numpy as np
>>> from sklearn.datasets.samples_generator import make_blobs
>>> from sklearn.cluster import Birch
>>> from sklearn import metrics
>>> import matplotlib.pyplot as plt
>>> %matplotlib inline
>>> X, _ = make_blobs(n_samples=500, n_features=2, centers=4, cluster_std=
    [0.8, 0.5, 0.5, 0.5], random_state=10)
>>> plt.scatter(X[:, 0], X[:, 1], marker='o')
>>> plt.show()
>>> plt.figure()
>>> birch = Birch(n_clusters=4)
>>> y_pred = birch.fit_predict(X)
>>> print("Calinski-Harabasz Score: ", metrics.calinski_harabasz_score
    (X, y_pred))
Calinski-Harabasz Score:  16064.460099298249
>>> plt.scatter(X[:, 0], X[:, 1], c=y_pred)
>>> plt.show()
```

图 6.20　Sklearn 库的 BIRCH 算法的使用

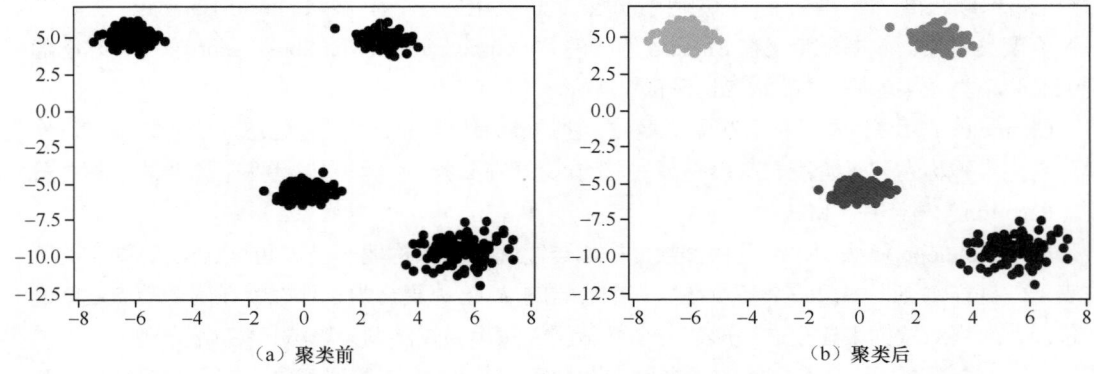

（a）聚类前　　　　　　　　　　（b）聚类后

图 6.21　Sklearn 库的 BIRCH 算法的聚类效果

Chameleon 算法采用 $K$ 近邻计算数据样本点之间的局域关系，动态地评估子类簇与其他子类簇之间的关系，并能够动态地适应，因此在任意形状数据的处理上具有优势。另外，它也适用于高维数据样本的聚类。然而，在 $K$ 值的选择上，以及在稀疏图的划分上都可能会导致整个算法具有较高的事件复杂度，可能达到 $O(n^2)$，因此，在大规模的数据处理上可能会存在劣势。

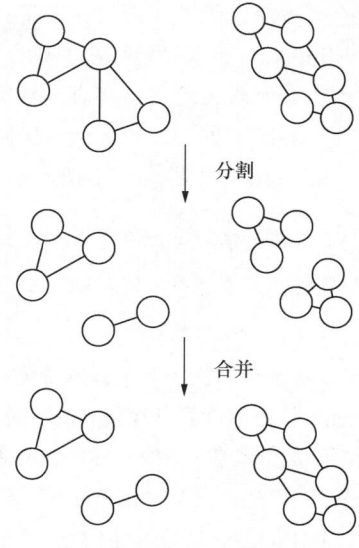

图 6.22　Chameleon 算法的原理

CURE 算法的核心思想是使用代表点聚类，但和其他使用代表点聚类的算法不同。例如在 K-Medoids 聚类算法中，虽然也是使用代表点聚类，但是它选择类簇中心的一个数据样本点作为该类簇的代表。而 CURE 算法中选择多个分布较好的代表点来表示一个类簇，并且可以将代表点乘以收缩因子，使它们更加靠近类簇的中心点。这就使算法可以很好地处理非球形数据的聚类，收缩因子可以有效地减小噪声数据对聚类的影响。另外，该算法采用随机取样的方法提升了大规模数据处理的效率。

CURE 算法的主要流程如下。首先，从数据集中随机选择一个样本集，并利用层次聚类算法聚类，得到一个初始的类簇集合。然后，对每一个类簇，选择代表点，要求它们尽可能分散，并且按照固定的缩放比例将每个代表点向类簇中心收缩，形成收缩代表点。最后，重新扫描数据集中的所有数据样本点，将数据样本点划分到最近的类簇中。这里也需要一个数据样本点到类簇距离的定义，一般来讲，我们选择到类簇中的所有代表点的最近距离。

CURE 算法主要的问题是包含的参数较多，例如采样数据的大小、类簇个数、收缩比例等。另外，随机抽样本身就可能存在误差，它也难以发现形状特别复杂的类簇。

基于密度的聚类算法可以发现不规则形状的类簇，它最大的优势在于对噪声数据的处理上。与之前基于距离的聚类算法不同，基于密度的聚类算法假设类簇是由样本点分布的紧密程度决定的——同一个类簇中的样本连接更紧密。将所有紧密相连的样本点划分成类簇，就实现了基于密度的聚类过程。常见的基于密度的聚类算法包括：DBSCAN 算法、DENCLUE 算法、OPTICS 算法等。

DBSCAN（Density-based Spatial Clustering of Application with Noise）算法是基于密度聚类的代表性算法，它可以在具有较高噪声的数据集中，检测高密度区域并划分成类簇。它的核心思想是，首先发现密度较高的样本点，然后把相近的高密度点连接在一起形成类簇。具体的做法为：以每个样本点为圆心，以 $\varepsilon$ 为半径画一个圆，该圆范围内的样本点个数就是该样本点的密度值。设定一个密度阈值 MinPts，如果一个样本点的密度值小于 MinPts，则认为是低密度点；如果大于或等于 MinPts，则认为是高密度点，也称为核心点。如果一个高密度点在另一个高密度点的范围内，就把它们连接在一起。另外，如果存在低密度点在高密度点的范围内，称为边界点，也把它们连接到附近的高密度点，这就形成了一个个类簇。不属于任何高密度点范围内的低密度点，称为异常点。以上原理如图 6.23 所示。

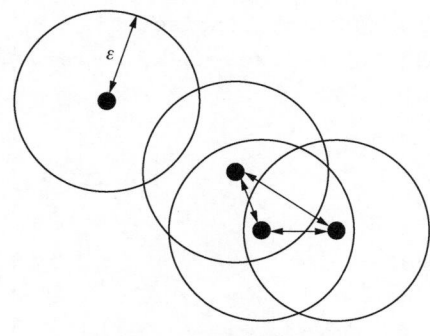

图 6.23　DBSCAN 算法原理图

DBSCAN 算法通过不断连接 $\varepsilon$ 邻域内的高密度点

来检测类簇，因此可以发现不同形状和大小的类簇。然而，DBSCAN 算法使用全局的密度阈值 MinPts，它只能发现密度不小于该阈值的类簇，很难发现不同密度的类簇。另外，$\varepsilon$ 值的选取也比较困难，尤其是在高维数据的情况下，如果 $\varepsilon$ 值太小，则低密度的类簇会被划分成多个类似的类簇；如果 $\varepsilon$ 值太大，则距离较近的高密度类簇可能被合并成一个类簇。

Sklearn 库中提供了 DBSCAN 类，实现了相应的聚类功能，该类的原型定义如下所示：

```
DBSCAN(eps=0.5, min_sample=5, metric='euclidean', metric_params=None,
algorithm='auto', leaf_size=30)
```

其中，参数"eps"表示一个样本可以看作在另一个样本的邻域的最大距离，即 $\varepsilon$ 值；参数"min_sample"表示一个样本称为核心样本点时，它的邻域内包含的样本个数，即 MinPts；参数"metric"表示计算两个特征之间距离的方法，默认是欧式距离；参数"metric_params"表示针对指标函数的参数；参数"algorithm"表示计算最近邻使用的算法，主要包括"auto""ball_tree""kd_tree""brute"算法；参数"leaf_size"表示传递给"BallTree"或者"KDTree"的叶子节点的数量。

DBSCAN 类的属性包括："core_sample_indices_"表示核心样本点的索引，"components_"表示训练阶段核心样本的备份，"labels_"表示每个样本点的类簇标签。

DBSCAN 类常用的方法包括："fit(X[, y])"方法对输入数据 X 使用 DBSCAN 算法聚类，"fit_predict(X[, y])"方法对输入数据 X 使用 DBSCAN 算法聚类并且返回类标签。

图 6.24 所示的"make_circles()"和"make_blobs()"方法创建了包含 15000 个数据点的稍微复杂的数据集。创建 DBSCAN 类的对象，并调用"fit_predict()"方法进行模型训练。在创建 DBSCAN 类的对象的时候，如果不设置任何参数，使用默认的参数，则会发现 DBSCAN 算法只检测出来一个类簇。这种情况一般需要进行参数调整。如果检测出来的类簇个数少于实际的类簇数，那么需要增加检测出的类簇个数，此时应该减小 $\varepsilon$ 邻域值，即减小"eps"的值。当然，也可以增加核心样本点邻域内的最小样本数，即增加"min_sample"的值。在本例中，将"eps"的值由默认的 0.5 改为 0.15 之后，最终的聚类效果如图 5.50 所示。其中，图 6.25（a）所示是生成的初始数据集，图 6.25（b）所示是应用 DBSCAN 进行聚类之后的效果图。

```
>>> import numpy as np
>>> import matplotlib.pyplot as plt
>>> from sklearn import datasets
>>> from sklearn.cluster import DBSCAN
>>> from sklearn.cluster import OPTICS
>>> %matplotlib inline
>>> X1, y1=datasets.make_circles(n_samples=1000, factor=.7, noise=.03)
>>> X2, y2 = datasets.make_blobs(n_samples=500, n_features=2, centers=
    [[1.2,1.2]], cluster_std=[[.1]], random_state=10)
>>> X = np.concatenate((X1, X2))
>>> plt.scatter(X[:, 0], X[:, 1], marker='o')
>>> plt.figure()
>>> y_pred = DBSCAN(eps = 0.15).fit_predict(X)
>>> y_pred_OPT = OPTICS(min_samples=40).fit_predict(X)
>>> plt.scatter(X[:, 0], X[:, 1], c=y_pred)
>>> plt.show()
```

**图 6.24　Sklearn 库的 DBSCAN 和 OPTICS 算法的使用**

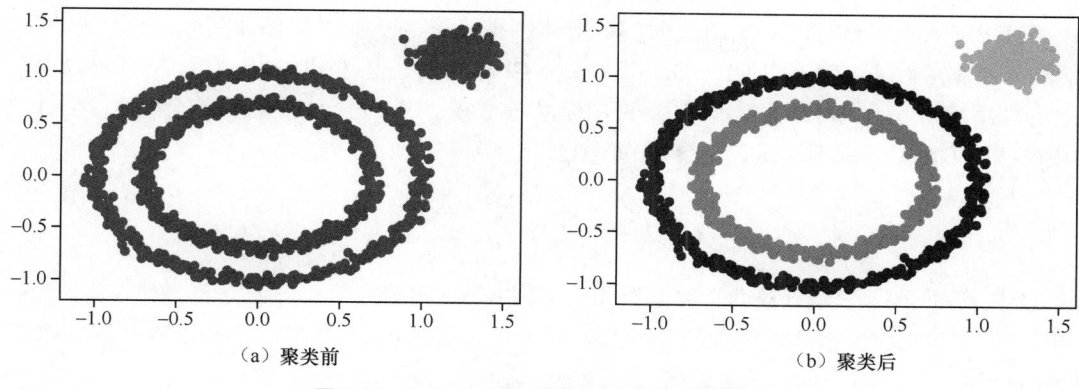

（a）聚类前　　　　　　　　　　　　　　（b）聚类后

**图 6.25　Sklearn 库中 DBSCAN 算法的聚类效果**

调参在数据挖掘模型中非常重要，但是参数的选择也不是容易的事情。在 DBSCAN 中，两个参数的设置不同，得到的聚类结果可能完全不同。并且 DBSCAN 难以发现不同密度的类簇。为了解决这个问题，OPTICS（Ordering Points To Identify the Clustering Structure）算法对 DBSCAN 算法进行了扩展，它试图解决参数的设置不同对聚类结果影响过大的问题。OPTICS 将邻域点按照密度大小排序，进而发现不同密度的类簇。在该算法中，增加了两个概念：核心距离和可达距离。核心距离是使一个样本点称为核心点的最小半径。对于一个核心点，另一个样本点到该核心点的可达距离定义为它到核心点的核心距离。

在 Sklearn 库中，可使用 OPTICS 类实现上述算法，它的原型定义如下：

```
OPTICS(min_samples=5, metric='minkowski', cluster_method='xi', eps=
None, xi=0.05, min_cluster_size=None, algorithm='auto')
```

其中，参数"eps""min_samples""algorithm"与 DBSCAN 中的参数相同。参数"metric"表示距离计算的方法，默认为明氏距离；参数"cluster_method"表示使用计算的可达距离提取类簇的方法，可以取值"xi"或者"dbscan"；参数"xi"表示到达组成类簇边界的点的最小陡度；参数"min_cluster_size"表示一个类簇中最小的样本数。

OPTICS 类的属性包括："labels_"表示每个数据样本点对应的类簇标签，"reachablility_"表示每个样本点的可达距离，"ordering_"表示排序之后的类簇，"core_distance_"表示每个样本点称为核心点的距离，"cluster_hierarchy_"表示类簇列表。OPTICS 类的常用方法与 DBSCAN 类相同。如果聚类效果不好，则仍然需要调整参数，使用方法如图 6.24 所示。聚类效果如图 6.26 所示。

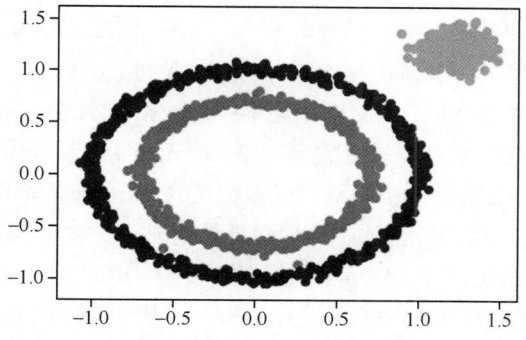

**图 6.26　Sklearn 库中 OPTICS 算法的聚类效果**

在 DBSCAN 和 OPTICS 算法中，计算 $\varepsilon$ 邻域中数据样本的个数以估计密度，这种方法对 $\varepsilon$ 值的选择非常敏感。DENCLUE（Density-based Clustering）也是一种基于密度估计的聚类算法。它使用核密度函数对数据样本点之间的相互影响建模，进而进行数据样本的全局密度估计。常用的核密度函数是高斯核函数，具体的形式如下所示：

$$f(x) = \sum_{i=1}^{N} e^{-\frac{d(x,y_i)^2}{2\sigma^2}}$$

其中，"$d(x,y_i)$"表示计算两个数据点"$x$"和"$y_i$"之间的距离，$\sigma$ 用于控制数据点之间的影响范围，它的取值会影响密度估计的结果。通常 $\sigma$ 取值越大，整体样本的分布越平缓，尖峰逐渐减小。

DENCLUE 的聚类是通过局部最大值点来实现的。在全局密度函数中存在多个局部最大值点，假设其中一个为 $x'$，从空间中的任意一个点 $x$ 出发，如果存在一个数据点集合 $\{x, x_1, x_2, \cdots, x'\}$，且其中后面的数据点在前面数据点的梯度上升方向，则称数据点 $x'$ 被密度吸引，$x'$ 也称为 $x$ 的密度吸引子。每一个密度吸引子可以看作是一个类簇的代表点。寻找离数据集中的数据点最近的密度吸引子，就可以将数据样本点划分到不同的密度吸引子对应的数据集合中。而这个查找过程可以使用爬山算法、模拟退火等优化算法。在此基础上，引入噪声门限 $\zeta$ 来确定最终的类簇划分，局部吸引子的密度小于门限 $\zeta$ 的类簇将被丢弃。

DENCLUE 中针对样本密度的估计有严格的计算公式，对密度的估计也更加精确。另外，它擅长处理噪声和离群点，可以发现不同形状和大小的类簇。然而，在 DENCLUE 算法中，两个参数 $\sigma$ 和 $\zeta$ 的取值不同都会影响最终聚类的效果。并且，该算法具有较高的计算复杂度，不擅长处理高维数据。

为了减少算法的时间复杂度，研究人员提出了基于网格的聚类算法。它的主要原理是将数据空间通过网格划分，这样，所有的数据样本点都将映射到一个网格单元中。并且，可以计算每一个单元格中数据样本点的数量，即密度。相邻的密度大的单元格可以组成一个类簇，如图 6.27 所示。显然，这种方式可以极大地提升数据处理的效率。然而，该类算法对参数敏感，无法处理不规则形状的数据。常见的基于网格聚类的算法包括：STING 算法、CLIQUE 算法、WaveCluster 算法等。

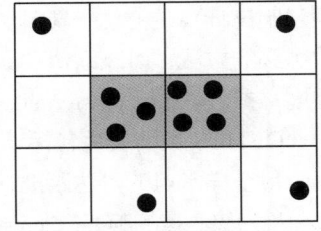

图 6.27　基于网格的聚类

STING（Statistical Information Grid）算法提出了一种分层次网格的思想，针对相同大小的数据集，从上往下对每一个单元格进行细分，单元格个数会越来越稠密，如图 6.28 所示。开始的第一层只有一个单元格，第二层划分成了 4 个单元格，并且将第二层中的每一个单元格进一步划分为 4 个单元格。这种划分方法反映了人类对数据从粗粒度到细粒度的认知过程。从最底层开始，对单元格中的数据样本进行统计，主要包括单元格中数据样本点的数量、单元格中所有样本值的平均值、单元格中所有样本值的标准差、单元格中所有样本值的最小值和最大值、单元格中所有样本服从的分布类型（如高斯分布、均匀分布等）。上层单元格的统计信息由下层单元格的统计信息计算得到。这样一个单元格可以看作一个类簇，一个样本点对于类簇的隶属度可以通过统计信息计算的置信度来决定。

STING 算法采用分层结构依次排除干扰样本点，因此它的计算效率高。单元格大小决定了对数据样本进行分析的粒度，取值太小会增加计算复杂度，取值太大难以保证聚类效果。另外，STING 算法没有考虑相邻单元格之间的相互关系，这也会影响聚类的效果。

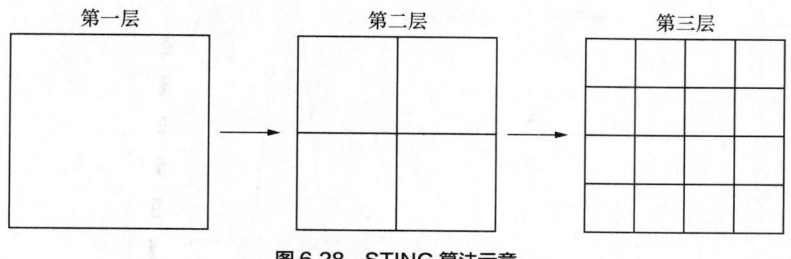

图 6.28　STING 算法示意

CLIQUE（Clustering In Quest）算法是一种基于网格和密度的聚类算法。它可以处理高维数据，并且能够发现任意形状的类簇。该算法的主要思想是：将数据空间划分成网格形式，并且依次扫描所有单元格，当发现第一个密集的单元格后，以此单元格为基础向周围扩展。基本的原则是：如果一个单元格是密集的，并且与已有的密集单元格相邻，那么就将它加入密集单元格集合中，直到没有相邻的密集单元格为止。重复上述操作，直到所有单元格处理完毕。以这种方式发现的密集单元格集合就对应着一个类簇。在 CLIQUE 算法中，有两个参数，第一个是单元格的大小，它决定了如何划分空间数据；第二个是密度阈值，用于判断样本数大于阈值的单元格为高密度单元格。

CLIQUE 算法只需要扫描一遍单元格，因此该算法的效率高效。另外，该算法和很多数据挖掘算法一样，参数的取值也是一个主要问题。

WaveCluster（Clustering with Wavelets）是一种采用小波变换的聚类算法。它首先将数据空间划分为网格，然后对单元格中的数据做小波变换，即对原始数据进行压缩，如图 6.29 所示。在小波变换后的空间中，查找密度大于阈值的单元格，并将其标记为高密度单元格。将相邻的高密度单元格连接成一个类簇。最后，根据单元格所属的类簇，将原始数据划分到对应的类簇中。该算法有两个参数，一个是网格划分时候单元格的个数，另一个是判断单元格是否为高密度单元格的阈值。

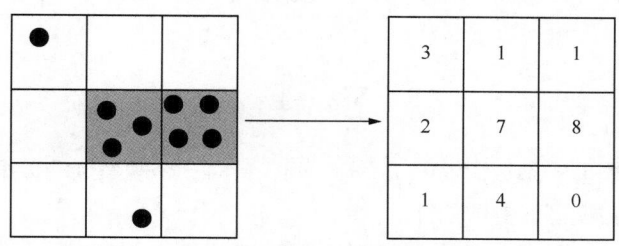

图 6.29　WaveCluster 聚类示意

WaveCluster 算法可以有效地处理大规模数据，发现任意形状的类簇，有效地排除噪声数据的干扰。

基于模型的聚类假设各个类簇具有相同的概率分布或者统计特征，因此，聚类的过程就是构建反映数据样本点分布的概率密度函数的过程。在这类方法中，类簇之间的划分通过概率的形式呈现，是一种"软划分"。常见的基于模型的聚类算法包括 GMM 模型、SOM 模型等。

高斯混合模型（Gaussian Mixture Model，GMM）是一种广泛应用的聚类算法，它使用高斯分布作为参数模型，如图 6.30 所示。

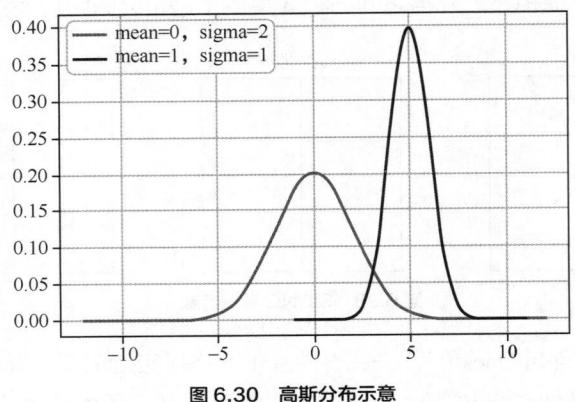

图 6.30　高斯分布示意

高斯分布普遍存在于自然界及社会生活中，如人的身高等。它具有良好的数学性质，其数学表达式如下所示：

$$f(x) = \frac{1}{\sqrt{2\pi}\sigma} e^{-\frac{(x-\mu)^2}{2\sigma^2}}$$

其中，$\mu$ 表示均值，$\sigma$ 表示标准差。高斯分布图中包含两个高斯分布，一个高斯分布的均值为 0，标准差为 2；另一个高斯分布的均值为 1，标准差为 1。

高斯混合模型使用多个高斯分布来拟合数据集中总体的数据分布。通常来讲，一个班级中的男生和女生身高的均值和方差是不一样的，可以用两个高斯分布来表示。如果需要研究一个班级中学生的身高数据，则需要使用高斯混合模型。它的形式如下所示：

$$p(x) = \sum_{i=1}^{K} \alpha_i \frac{1}{\sqrt{2\pi}\sigma} e^{-\frac{(x-\mu)^2}{2\sigma^2}}$$

上式表示样本的概率分布 $p(x)$ 可以通过 $K$ 个高斯分布的形式叠加表示，这 $K$ 个高斯分布称为混合模型的隐变量（Hidden Variable），$\alpha_i$ 是数据样本属于第 $i$ 个高斯分布的概率，$\alpha_i \geq 0$，并且满足以下条件：

$$\sum_{i=1}^{K} \alpha_i = 1$$

显然，高斯混合模型的参数为 $\theta = (\mu_i, \sigma_i, \alpha_i)$，针对一个观察到的数据样本集合，计算 $\theta$ 值的过程就是高斯混合模型的参数估计。

在概率统计中，对概率分布参数的估计方法有很多，其中最大似然法（Maximum Likelihood）是常用的估计模型参数的方法。对于高斯混合模型来讲，由于隐变量的存在，因此如果要知道一个样本属于某个高斯分布的概率，那就要知道该分布的两个参数——期望和标准差；相反，如果要计算分布的参数，那就要知道样本属于一个高斯分布的概率。常用的解决含有隐变量的概率模型参数的最大似然估计的方法是 EM（Expectation Maximization）算法。

EM 算法是期望最大化算法，它主要包括两个步骤：E 步（E-step）和 M（M-step）步。根据观察数据，不断迭代这两个步骤，直到算法收敛以实现模型参数的估计。EM 算法的主要思路如下：首先初始化待估计参数 $\theta$，然后进入 E 步，根据已有的 $\theta$ 值，计算样本对应的隐变量的概率分布，并且计算完全数据的对数似然对后验概率的期望，它是 $\theta$ 的函数 $Q$；进入 M

步，求使 $Q$ 函数极大化的 $\theta$ 值作为新的 $\theta$ 值，并重复 E 步。一直迭代以上过程，直到算法收敛（即 $\theta$ 值不再发生明显的变化）。

Sklearn 库提供了 GaussianMixture 类来解决高斯变换模型的聚类问题，它被定义在"mixture"模块中。GaussianMixture 类的构造函数原型如下所示：

```
GaussianMixture(n_components=1, covariance_type='full', tol=0.001,
reg_covar=1e-06, max_iter=100, n_init=1, init_params='kmeans', weights_
init=None, means_init=None, precisions_init=None, random_state=None, wArm_
start=False, verbose=0, verbose_interval=10)
```

其中，参数"n_components"表示拟合数据的高斯分布的个数。参数"covariance_type"是协方差类型，如果是"full"，则表示每个分量有各自不同的标准协方差矩阵；如果是"tied"，则表示所有分量有相同的标准协方差矩阵；如果是"diag"，则表示每个分量有各自不同的对角协方差矩阵；如果是"spherical"，则表示每个分量有各自不同的简单协方差矩阵。参数"tol"表示 EM 算法停止迭代的阈值。参数"reg_covar"表示协方差对角非负正则化。参数"max_iter"表示最大的迭代次数。参数"n_init"表示初始化次数。参数"init_params"表示初始化参数的方式，"kmeans"表示通过 K-means 算法初始化参数，"random"表示随机产生。参数"weights_init"表示高斯分布的先验权重。参数"means_init"表示均值的初始化值。参数"precisions_init"表示初始化精确度。参数"random_state"表示随机数发生器的种子。参数"wArm_start"设置为"True"，表示会调用上次模型训练的结果作为初始化参数。参数"verbose"显示迭代信息。参数"verbose_interval"在显示迭代信息的情况下，显示间隔的迭代次数。

GaussianMixture 类的常用属性包括："weights_"表示每个高斯分布的权重，"means_"表示每个高斯分布的均值，"convariances_"表示每个高斯分布的协方差，"precisions_"表示每个高斯分布的准确度，"converged_"在模型收敛时其值为"True"，"n_iter_"表示 EM 算法中的迭代次数。

GaussianMixture 类的常用方法包括："fit(X[, y])"方法应用 EM 算法估计模型的参数，"get_params([deep])"方法获取训练好模型的参数，"predict(X)"方法使用训练好的模型预测数据样本 X 的类标签，"predict_proba(X)"方法预测数据样本 X 针对每个高斯分布的后验概率，"sample([n_samples])"方法从拟合的高斯分布生成随机样本，"score(X[, y])"方法计算数据样本 X 的平均对数似然，"score_samples(X)"方法计算每个样本的加权对数概率。

在参数估计的模型中，可以通过增加训练数据样本提升模型的准确度，但是同时会提升模型复杂度，甚至导致模型过拟合。加入模型复杂度的惩罚项可以避免上述问题。在模型选择时，有两个常用信息准则，一个是赤池信息准则（Akaike Information Criterion，AIC），另一个是贝叶斯信息准则（Bayesian Information Criterion，BIC）。AIC 提供了模型拟合数据的优良性与模型复杂度之间权衡的标准。BIC 与 AIC 类似，它的惩罚项中考虑了样本的数量。在 GaussianMixture 类中，分别提供了"aic(X)"和"bic(X)"方法，以实现上述 AIC 和 BIC 的功能。

GaussianMixture 类用于聚类的例子如图 6.31 所示。首先生成原始数据，如图 6.32（a）所示；然后生成 GaussianMixture 类的对象"gmm"，指定划分 4 个类簇，并调用"fit()"方法进行参数估计；最终聚类的结果如图 6.32（b）所示。

```
>>> import numpy as np
>>> from sklearn.datasets.samples_generator import make_blobs
>>> from sklearn.mixture import GaussianMixture
>>> import matplotlib.pyplot as plt
>>> %matplotlib inline
>>> X, _ = make_blobs(n_samples=400, centers=4, cluster_std=0.60, random_
    state=10)
>>> X = X[:, ::-1]
>>> plt.scatter(X[:, 0], X[:, 1], marker='o')
>>> plt.figure()
>>> gmm = GaussianMixture(n_components=4).fit(X)
>>> labels = gmm.predict(X)
>>> plt.scatter(X[:, 0], X[:, 1], c=labels, s=40)
```

图 6.31  Sklearn 库中高斯混合模型聚类的例子

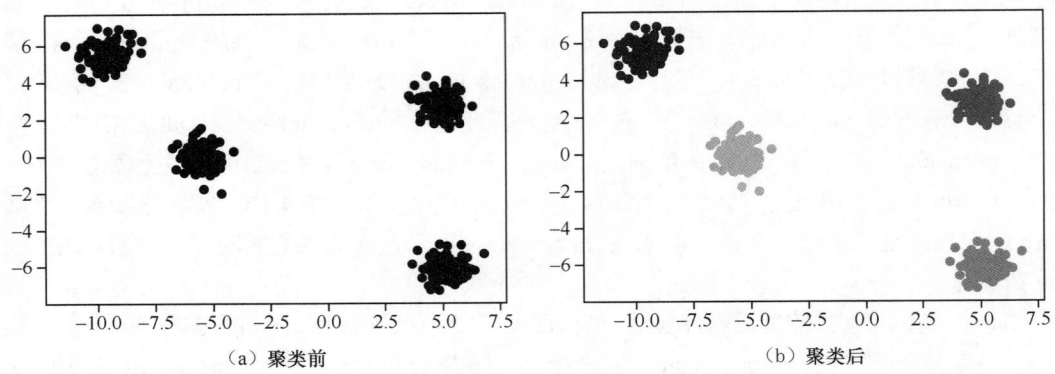

（a）聚类前　　　　　　　　　　　　　　　　　　（b）聚类后

图 6.32  Sklearn 库中高斯混合模型的聚类的效果

自组织映射神经网络（Self Organized Maps，SOM）是一种使用神经网络的聚类算法，它模拟人脑中不同区域的神经细胞分工不同、相同区域功能近似的特点，将高维的数据样本间复杂的非线性关系映射到低维的简单集合关系中，表示成神经网络中的活动点，从而实现类别的划分。

SOM 聚类示意如图 6.33 所示。它包括两层：一层是输入层；另外一层是计算层，它是神经网络中的隐藏层，也是输出层。输入层关联数据样本，其中的神经元与计算层的神经元全连接。计算层中的神经元具有拓扑关系，具体的形式在设计的时候确定，常用的是一维和二维的拓扑关系。如果是一维模型，则神经元连接成线；如果是二维模型，则神经元连接成一个平面。训练好的模型中，计算层中的每一个神经元对应一个类簇。

SOM 训练的迭代过程主要包括 3 个步骤。

第一，竞争过程（Competitive Process），根据输入的样本，在计算层中寻找和它最匹配的神经元，该神经元称为胜出神经元（Winning Neuron）。最佳匹配神经元的判别函数为欧几里得距离，假设输入数据是 $D$ 维数据 $X = \{x_1, x_2, \cdots, x_D\}$，判别函数定义如下：

$$d_j(x) = \sum_{i=1}^{D} (x_i - w_{ji})^2$$

其中，$w$ 是神经元的参数。

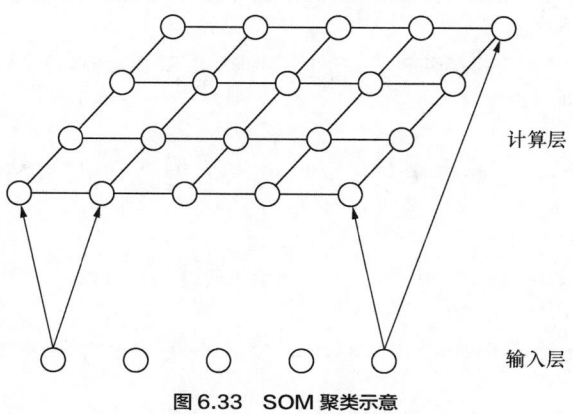

计算层

输入层

**图6.33 SOM 聚类示意**

第二，协作过程（Cooperation Process），不只胜出神经元 $I(x)$ 的参数更新，它周围的其他神经元也更新参数。根据与胜出神经元之间的距离分配更新权重，更新权重的计算方法如下：

$$T_{j,I(x)} = \mathrm{e}^{\frac{-d_{j,I(x)}^2}{2\sigma^2}}$$

其中，$d$ 表示两个神经元之间的距离。显然，距离 $I(x)$ 越近的神经元具有越大的更新权重。

第三，适应过程（Adaptation Process），更新 $I(x)$ 及其周围神经元的参数，使它们相似的输入具有更好的适应性。神经元更新的方法如下：

$$\Delta w_{ji} = \eta \cdot T_{j,I(x)} \cdot (x_i - w_{ji})$$

其中，$\eta$ 表示学习率。

Python 中有一个实现了 SOM 算法的库 MiniSom，它是基于 NumPy 实现的一个简单版本。在使用之前需要通过以下命令安装：

```
pip install minisom
```

MiniSom 类的构造函数如下所示：

```
MiniSom(size, size, feature, sigma, learning_rate, neighborhood_function)
```

其中，参数 "size" 表示构建的 SOM 模型中计算层的大小，参数 "feature" 表示数据样本的特征大小，参数 "sigma" 表示协作过程中用到的 $\sigma$，参数 "learning_rate" 表示学习率，参数 "neighborhood_function" 指定计算邻居神经元的函数，可以是 "gaussian" "bubble" 等函数中的一个。

在 MiniSom 库中，训练模型的方法有两个，一个是 "train_batch(X, max_iter, verbose)" 方法，它表示每次在数据集 X 中顺序取一个样本，直到达到迭代次数为止；另一个是 "train_random(X, max_iter, verbose)" 方法，它表示每次迭代随机选择一个样本来训练模型，直到达到最大迭代次数 "max_iter" 为止。MiniSom 库实现 SOM 聚类的例子如图 6.34 所示。

```
>>> import numpy as np
>>> from sklearn.datasets.samples_generator import make_blobs
>>> from minisom import MiniSom
>>> %matplotlib inline
>>> X, y = make_blobs(n_samples=400, centers=4, cluster_std=0.60, random_
state=10)
>>> X = X[:, ::-1]
>>> size = math.ceil(np.sqrt(5 × np.sqrt(400)))
>>> max_iter = 200
>>> som = MiniSom(size, size, 2, sigma=3, learning_rate=0.5, neighborhood_
function='bubble')
>>> som.train_batch(X, max_iter)
```

图 6.34　MiniSom 库实现 SOM 聚类

### 6.2.3　K-means 聚类算法的原理

在数据挖掘中存在着大量的聚类算法，其中大部分都在 Sklearn 库或者其他的第三方库中实现。通过模块和类的使用可以很快地完成聚类任务。同分类算法类似，在有些场景下，已有的聚类模型无法满足要求，需要根据任务的需求和数据的特点设计并实现一个新的聚类算法。因此，我们应该具备从头实现一个聚类算法的能力。

这里为了简洁地说明问题，选择在聚类算法中相对简单并且应用广泛的 K-means 算法，在清楚其工作原理的基础之上，实现该算法。

前面已经介绍过 K-means 是一个基于划分的聚类算法。假设数据空间中有 $n$ 个数据点组成的数据集合 $D=\{p_1, p_2, \cdots, p_n\}$，K-means 算法需要将这 $n$ 个数据点划分成 $k$ 个类簇 $C=\{C_1, C_2, \cdots, C_k\}$，这里 $k$ 是算法的参数。如果使用 $k$ 个类簇中心点来代表每个类簇，那么，根据"类内距离尽可能小、类间距离尽可能大的"聚类原则，在每个类簇内，属于该类簇的数据样本点到中心点的距离之和应该最小，因此，可以定义以下目标函数：

$$L = \sum_{i=1}^{k} \sum_{x \in C_i} \|x - \mu_i\|_2^2$$

其中，$\mu_i$ 表示第 $i$ 个类簇的中心，也称为质心，它是该类簇内所有数据样本点的均值。

通过公式求解来最小化目标函数 $L$ 是非常困难的。与 EM 算法类似，这里可以通过启发式的迭代方法求解。主要的思路为：根据参数 $k$，随机选择 $k$ 个数据点作为将要生成的 $k$ 个类簇的中心，有了中心点，计算数据集中所有的数据样本点到中心点的距离，并选择距离最近的中心点作为隶属的类簇。这样就完成了数据集的第一次划分；然后根据划分的类簇，分别计算其类簇中心。迭代执行以上数据划分、更新类簇中心两个步骤，直到类簇稳定，不再发生明显的变化为止，此时意味着算法收敛可以结束。上述过程如图 6.35 所示，共有 10 个样本点，划分成两个类簇。开始时随机选择两个数据点作为类簇中心，如三角形所示。随后计算距离，完成第一次数据划分，分别通过"+"和"−"标识。在第一次划分类簇的基础上计算中心点并迭代，最终可以得到正确的聚类结果。可以看出，数据集正确地划分成了两类。

根据以上思路，K-means 算法的流程为：第一，随机选择 $k$ 个数据点作为初始的 $k$ 个类簇的中心；第二，在算法没有收敛的情况下，初始化类簇集合 $C$，并且计算样本到 $k$ 个类簇中心的距离，根据最小值标记样本所属的类簇，将数据样本加入该类簇中，对 **C** 中的所有类簇重新计算新的中心；第三，算法收敛或者已经达到最大迭代次数，算法结束，输出类簇集合 **C**。

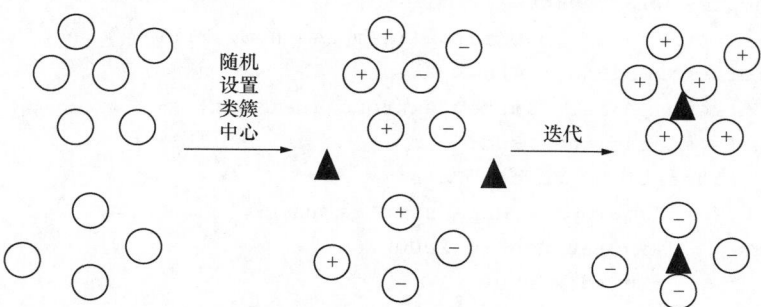

图 6.35　K-means 算法的工作原理

K-means 算法虽然简单，但是存在很多问题，例如，针对特殊形状的数据聚类会失败。其中，最为关键的是参数 $k$ 的选择，针对一个数据集很难确定它里面的类簇个数。另外，$k$ 个类簇中心的初始化也会极大地影响最终的聚类效果。因此，在 K-means 算法的基础上出现了很多改进的算法。K-means++算法中不再完全随机地选择类簇中心，它提供了类簇中心初始化的优化策略。针对 K-means 算法在计算样本点与类簇中心的距离时，如果数据量特别大，算法特别耗时这一问题，在 Mini Batch K-means 算法中对数据集中的部分样本应用了 K-means 算法，这样可以有效解决问题。

## 6.2.4　案例：从头实现 K-means 聚类算法

在本案例中，不使用第三方库，使用 Python 实现 K-means 算法。由算法的分析可知，K-means 算法主要包括以下几个功能。第一，距离计算，给定两个数据样本点，计算它们之间的欧式距离，因此，定义函数"euclDistance()"负责计算两个样本之间的距离。第二，类簇中心点的初始化，根据参数 $k$，随机选择 $k$ 个数据点为类簇中心，定义函数"initClusterCentroids()"随机从数据样本中选择 $k$ 个数据点并返回。第三，迭代优化目标函数，完成 K-means 聚类，这是整个算法的核心部分，定义函数"kmeans()"实现此功能。第四，聚类结果展示，用图形的形式将划分好的类簇展示出来，定义"plotCluster ()"函数实现类簇可视化的功能。K-means 算法的实现如图 6.36 所示。

```
1    import numpy
2    from sklearn.datasets.samples_generator import make_blobs
3    import matplotlib.pyplot as plt
4    %matplotlib inline
5    def euclDistance(feature1, feature2):
6        return sqrt(sum(power(feature2 - feature1, 2)))
7    def initClusterCentroids(dataSet, k):
8        samples_num, features_num = dataSet.shape
9        centroids = zeros((k, features_num))
10       for i in range(k):
11           index = int(random.uniform(0, samples_num))
12           centroids[i, :] = dataSet[index, :]
```

图 6.36　K-means 算法的实现

```
13          return centroids
14      def kmeans(dataSet, k):
15          samples_num = dataSet.shape[0]
16          clusterLabels = mat(zeros((samples_num, 2)))
17          iterationNotEnd = True
18          centroids = initClusterCentroids(dataSet, k)
19          while iterationNotEnd:
20              iterationNotEnd = False
21              for sample in range(samples_num):
22                  minDistance = 20000.0
23                  minIndex = 0
24                  for cluster in range(k):
25                      distance = euclDistance(centroids[cluster, :],
                            dataSet[sample, :])
26                      if distance < minDistance:
27                          minDistance = distance
28                          minIndex = cluster
29                  if clusterLabels[sample, 0] != minIndex:
30                      iterationNotEnd = True
31                      clusterLabels[sample, :] = minIndex, minDistance**2
32              for cluster in range(k):
33                  clusterSamples = dataSet[nonzero(clusterLabels[:, 0].A == cluster)[0]]
34                  centroids[cluster, :] = mean(clusterSamples, axis = 0)
35          return centroids, clusterLabels
36      def plotCluster(dataSet, k, centroids, clusterLabels):
37          samples_num, _ = dataSet.shape
38          marks = ['or', '^b', '+g', 'pk']
39          for sample in range(samples_num):
40          markIndex = int(clusterLabels[sample, 0])
41          plt.plot(dataSet[sample, 0], dataSet[sample, 1], marks[markIndex])
42          centroid_marks = ['Dr', 'Db', 'Dg', 'Dk']
43          for i in range(k):
44              plt.plot(centroids[i, 0], centroids[i, 1], centroid_marks [i],
                    markersize = 11)
45          plt.show()
46      def main():
47          X, _ = make_blobs(n_samples=40, centers=4, cluster_std=2, random_state=10)
48          dataSet = mat(X)
49          k = 4
50          centroids, clusterLabels = kmeans(dataSet, k)
51          plotCluster(dataSet, k, centroids, clusterLabels)
52      if __name__ == "__main__":
53          main()
```

**图 6.36　K-means 算法的实现（续）**

第 5~6 行是计算欧式距离的实现。第 7~13 行是初始化类中心，针对 $k$ 个类簇，生成一个随机数，并且以该随机数为下标在数据集中选择中心点。第 14～35 行是 K-means 算法的实现。从第 19 行开始迭代，第 21～28 行计算样本点到中心点的最小距离，并实现样本点的划分。第 32～35 行更新类簇中心点，其中 "centroids" 中保存了最终计算的类簇中心，"clusterLabels" 中保存了每个样本点所属的类簇中心和到达中心点的距离。第 36～45 行是数据可视化，根据类簇标签将原始数据标记成不同的颜色，并且将每个类簇的中心点标记出来。

通过 Sklearn 库的 "make_blobs()" 方法生成 4 组测试数据，然后通过实现的 K-means 算法检测 4 个类簇。具体的效果如图 6.37 所示。

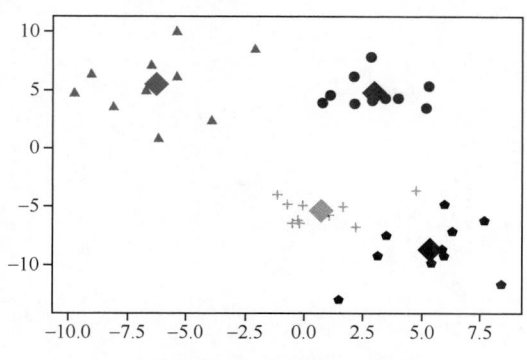

图 6.37　K-means 算法的效果

## 6.3　习题

（1）在数据挖掘中，什么是分类？其基本思想是什么？常见的分类算法主要包括哪几种？常见的分类算法的评价方法有哪些？

（2）在数据挖掘中，什么是聚类？其基本思想是什么？常见的聚类算法主要包括哪几种？常见的聚类算法的评价方法有哪些？

（3）编程实现"首先，使用 Sklearn 库提供的方法读取手写数字数据集；然后，分别使用朴素贝叶斯分类器、支持向量机、决策树、$K$ 近邻模型对其进行分类；最后，调整模型参数并输出模型分类准确率"。

（4）编程实现"首先，使用 Sklearn 库提供的方法生成 5 组数据；然后，分别使用 K-means、DBSCAN、BIRCH 等方法进行聚类；最后，调整模型参数并输出模型聚类的准确率"。

（5）神经网络主要包括哪几个要素？常见的激活函数有哪几个？

（6）什么是反向传播算法？

（7）使用 Python 编程实现神经网络分类器，并使用 CIRAR-10 数据集测试所实现的分类器的准确率。

# 07 chapter

# Python 大数据挖掘

　　大数据具有规模大、变化快等特点。深度学习算法在大数据处理与挖掘中体现出了强大的性能。本章将从神经网络出发，逐步介绍深度学习方法的发展历程，重点介绍卷积神经网络、长短期记忆网络两种重要的深度学习方法。此外，本章将在介绍深度学习平台的基础上，通过一个蔬菜识别的案例讲解深度学习模型的使用方法。

21 世纪是信息技术飞速发展的时代。经过几十年的发展，互联网已经成功地实现终端计算机之间的连接，使人与人之间的交流可以跨越时空的界限。近几年，智能终端设备的兴起和无线网络的发展，推动着移动互联网时代的到来，使用户可以随时、随地接入互联网。另外，物联网技术的发展使万物互联成为可能。

在此背景下，数据及其处理和挖掘技术也发生了极大的变化。从数据本身来看，在移动互联网、物联网的应用中产生了规模远超过去的数据量，这些海量数据也称为大数据（Big Data）。大数据具有"4V"特征，分别是高容量性（Volume）、高动态性（Velocity）、多样性（Variety）以及价值（Value）。高容量性是指数据的规模特别大。高动态性是指数据的变化迅速，实时性强。多样性是指数据类型包括结构化、半结构化、非结构化，如事务、日志数据、邮件、社交媒体、视频和音频等。价值是指在大数据中，由于数据量大而带来的价值密度低，即数据中真正有价值的只有其中的一小部分。但数据的重要性就在于如何提取、发现其中的价值，从而更好地服务社会、经济的各个领域，如商家对客户消费指数的预测、股价波动的预测、流行性疾病暴发时间和地点的预测、犯罪活动的预测等。对政府来讲，基于大数据的应用有助于监测流行病和环境、提高公共安全、提升公共服务质量，例如，智能交通系统可以实时规划交通路线。另外，根据对犯罪历史数据的分析，提取行为的时空规律性和关联性，可以预测犯罪高发的地点；挖掘用户购买行为数据，可以预测用户的偏好和购买倾向，从而为其推送个性化的广告；分析金融数据，可以发现价格起伏规律，从而判断股票价格走势。其他类型的行为数据，如电话记录、信用卡消费、地理位置信息等，对政府和工业界也都起着越来越重要的作用。很多之前看起来随机的事件，如财政危机等，现在都可以通过对行为数据的分析得到合理的解释。

从传统的数据库技术到大数据，数据到底发生了哪些具体的变化呢？首先，数据规模从 GB/TB 级别变化到了 TB/PB/EB 级别，数据量呈指数级增长。其次，传统的数据库技术中，大部分是强结构化数据，质量较高，数据价值密度高，而大数据中带有较多的噪声，数据价值密度低。最后，在数据的用途上，数据库技术存储的数据可以为用户提供精确的解，而大数据技术可以为用户提供满意解。

为了应对上述变化，在数据的处理和挖掘方式上需要有新的技术，这样才能充分挖掘出大数据中蕴藏的价值。深度学习就是其中一项重要的技术。2006 年，加拿大多伦多大学教授杰弗里·辛顿（Geoffrey Hinton）和他的学生在《科学》杂志上发表了文章 *Reducing the dimensionality of data with neural networks*，开启了深度学习在学术界和工业界应用的浪潮。从那时起，深度学习也极大地推动了人工智能技术的发展。辛顿、杨立昆（Yann LeCun）、本希奥（Yoshua Bengio）3 位在深度学习上做出突出贡献的教授因此共同获得 2018 年图灵奖。

深度学习在图像识别上取得了巨大的成功。2012 年，吴恩达（Andrew Ng）在 Google Brain 项目中推出了著名的"猫脸识别"系统。该系统由 1000 台计算机、16000 个芯片组成，通过学习数百万张猫脸图片，可以将图片中的猫脸识别出来。2012 年，辛顿和他的学生在 ImageNet 图片分类比赛中设计的深度神经网络模型 AlexNet，将图片分类的 Top5 错误率由 26%降到了 15%，取得了第一名，首次呈现了深度学习在图片分类上的强大能力。随后，深度神经网络在该项比赛中可以一直取得不错的成绩。2013 年的第一名 ZF Net 将错误率降到了 11.2%，而 2014

年的冠军 GooLeNet 将 Top5 错误率降到了 6.5%。2015 年深度残差网络将图片分类的错误率降为 3.57%，已经低于了人类识别图片的错误率 5.1%。

深度学习在图片分类上的成功，使它快速地被推广到其他领域。2016 年，微软在对话数据上，语音识别的词错率为 5.9%，已经达到人类专业人员的水平。谷歌 DeepMind 推出的 LipNet 读唇语的准确率达到 93%，超过人类的平均水平（52%）。另外，深度学习在自然语言处理、视频跟踪分析、生物信息识别等方面也都取得了成功的应用。

而深度学习应用更为人们所熟知的应该是谷歌 DeepMind 推出的 AlphaGo。DeepMind 从 2014 年开始研发 AlphaGo，于 2015 年 AlphaGo 就战胜了多位围棋世界冠军。2017 年末，AlphaGo 的新版本 AlphaZero 在算法没有太多改变的前提下，将应用从围棋延伸到了其他棋类上，如国际象棋等。2018 年 12 月，AlphaFold 可以根据基因序列预测蛋白质结构。2019 年 1 月，AlphaStar 在游戏"星际争霸 II"中以 10:1 的比分战胜人类职业玩家。而另一家公司 Open AI 推出的"Five Dota2"于 2019 年 4 月在游戏"Dota2"中以 2：0 的比分战胜人类冠军，这里应用到的技术是深度强化学习模型。

## 7.1.1 深度学习来源于神经网络

人工智能技术经过几十年的发展，一共出现了 3 个学派，分别是符号主义学派、联结主义学派和行为主义学派。其中，符号主义学派使用数理逻辑来研究人工智能。他们认为人的思维过程可以通过符号之间的逻辑推理和演绎来实现。联结主义学派使用仿生学的方法来研究人工智能，从生物学和认知科学的角度，研究人脑的结构及其思考、推理的过程，进而研究人工智能中的方法和模型。行为主义学派用控制论中的方法研究人工智能，它采用"感知——行动"的方法模拟智能，认为行为是智能体根据环境变化而产生的反应。

神经网络是联结主义学派的典型代表。顾名思义，它来源于生物学中人脑的神经网络结构的启发。据统计，在一个成年人的大脑中有大约 1000 亿个神经元，每个神经元最多与 10000 个神经元连接。

人类神经元的结构如图 7.1 所示，主要包括树突、细胞体、细胞核、轴突和突触 5 个部分。其中，细胞体有两种状态，分别是激活和不激活。神经元通过树突与其他神经元连接，接收其他神经元的信号，主要包括信号量、突触的类型（抑制或者加强），然后传递给细胞体。细胞体接收到信号量和突触类型之后，如果信号量超过设定的阈值，则细胞体处于激活状态，产生电脉冲，并且将电脉冲沿着轴突传递到突触，进而由突触传递给其他神经元。

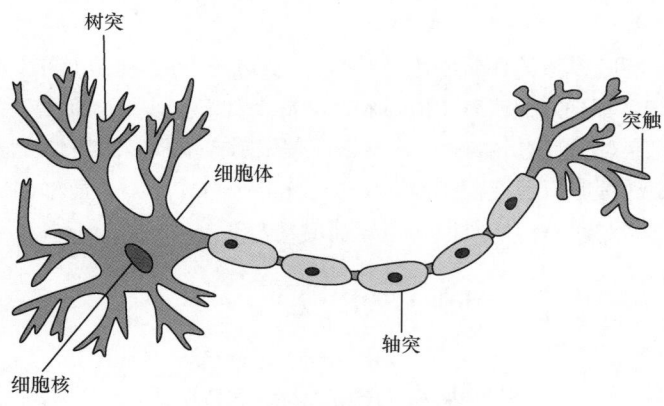

图 7.1 人类神经元的结构示意

例如，人的视觉系统中，在眼睛看到一个杯子后，可以很快获取杯子的特征，形成认知概念。而对于计算机程序来讲，它得到的是一组数字，在数据中挖掘规律需要用到相应的数据拟合模型。

常用的数据拟合模型是回归模型，包括线性回归和多项式回归等。线性回归就是用一条直线来代表数据样本。确定这条直线的过程是一个优化的过程。即，首先画一条直线，计算所有样本点到该直线的距离，将距离值的和定义为误差，不断调整直线的参数，直到误差最小（收敛）为止。这个过程也常被称为梯度下降法（Gradient Decent）。

Sklearn 库中提供了线性回归的模块和方法，它是定义在"sklearn.linear_model"模块下的 LinearRegression 类，原型定义如下：

```
LinearRegression(fit_intercept=True, normalize=False, copy_X=True,
n_jobs=None)
```

其中，参数"fit_intercept"表示是否计算该模型的截距；参数"normalize"表示是否对数据进行正则化操作；参数"copy_X"表示是否需要备份数据样本，默认值是"True"，如果是"Flase"，则表示数据样本可能会被覆盖；参数"n_jobs"表示模型计算时用到的任务数。

LinearRegression 类的常用属性包括："coef_"表示估计得到的协方差，"rank_"表示样本矩阵的秩，"singular_"表示样本矩阵的奇异值，"intercept_"表示线性模型中过拟合的独立项。

LinearRegression 类常用的方法有："fit(X[, y])"方法表示拟合线性模型，"predict(X)"方法使用拟合的线性模型预测 X 的值。

为了测试线性回归模型，Sklearn 库中的"datasets"模块提供了"make_regression()"方法，可以生成回归模型需要的数据，该方法的原型如下：

```
make_regression(n_sample=100, n_features=100, n_targets=1, noise=0.0,
shuffle=True, random_state=None)
```

其中，参数"n_sample"表示要生成的样本数量，默认值是"100"；参数"n_features"表示样本的特征数；参数"n_targets"表示回归目标的个数，通常是输出的维数；参数"noise"表示生成样本的高斯噪声中的标准差；参数"shuffle"表示是否打乱样本和特征；参数"random_state"是随机数种子。

在图 7.2 所示的代码中，调用"make_regression()"方法生成 60 个数据点，然后使用 LinearRegression 类对数据样本进行线性拟合，并且以直线的形式将线性回归模型表示出来，如图 7.3 所示。

针对回归问题，回归模型的评价使用连续数值的评价指标，分别是平均绝对误差（Mean Absolute Error，MAE）和均方根误差（Root Mean Squared Error，RMSE）。平均绝对误差表示预测值与真实值之间绝对误差的平均值。均方根误差表示样本预测值与真实值之间差异的标准差，反映了样本的离散程度。假设预测值为 $Y=\{y_1, y_2, \cdots, y_n\}$，真实值为 $O=\{o_1, o_2, \cdots, o_n\}$，那么它们之间的平均绝对误差和均方根误差分别定义如下：

$$\text{MAE}(Y, O) = \frac{1}{n}\sum_{i=1}^{n}\left|y_i - o_i\right|$$

$$\text{RMSE}(Y, O) = \sqrt{\frac{1}{n}\sum_{i=1}^{n}(y_i - o_i)^2}$$

```
>>> from sklearn import datasets
>>> from sklearn.linear_model import LinearRegression
>>> import numpy as np
>>> import matplotlib.pyplot as plt
>>> from sklearn import metrics
>>> %matplotlib inline
>>> X,y=datasets.make_regression(n_samples=60, n_features=1, n_targets=1,
    noise=1, random_state=10)
>>> plt.scatter(X,y)
>>> linearReg = LinearRegression()
>>> linearReg.fit(X, y)
>>> line_X = np.arange(-2, 3)
>>> line_y = linearReg.predict(line_X[:, np.newaxis])
>>> plt.plot(line_X, line_y, color='red', linestyle='-')
>>> plt.show()
>>> predict_y=linearReg.predict(X)
>>> print("MAE:",metrics.mean_absolute_error(y, predict_y))
MAE: 0.8673613318747916
>>> print("RMSE:",np.sqrt(metrics.mean_squared_error(y, predict_y)))
RMSE: 1.1022551310799413
```

**图 7.2　Sklearn 库中的线性回归方法的使用**

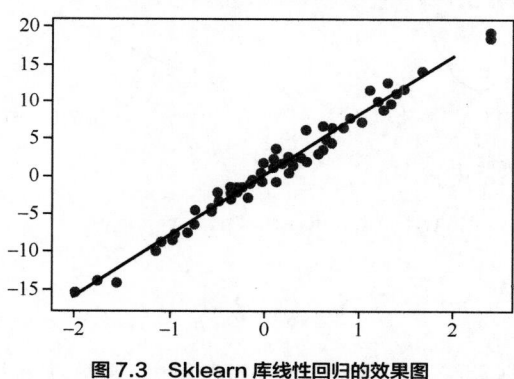

**图 7.3　Sklearn 库线性回归的效果图**

在 Sklearn 库中，以上两个评价指标定义在"metrics"模块中，它们的函数原型分别定义如下：

```
mean_absolute_error(y_true, y_pred)
mean_squared_error(y_true, y_pred)
```

其中，参数"y_true"表示真实值，参数"y_pred"表示预测值，返回一个非负数作为误差值，越小表示效果越好。这里需要注意，"mean_squared_error()"方法是均方误差（Mean Squred Error，MSE）的实现，RMSE 需要求 MSE 的平方根。

针对误差函数是曲线的情况，可以通过曲线切线的移动来寻找误差的最小值。每次切线移动的幅度称为学习率（Learning Rate）。显然，增加学习率会加快拟合的速度，但是学习率不能过大，否则会跳过最小值点而导致模型无法收敛。另外，在切线移动的过程中，可能会落入局部最小值点，如图 7.4 所示。

回归模型可以处理相对简单的、维度较低的数据，然而不适用于复杂的高维度数据。因此，需要一个模型能够有效地处理高维度数据。受到人类神经系统的启发，人工神经网络（Aritificial Neural Network，ANN）就被设计出来解决这个问题了。

1943 年，心理学家麦卡洛克（McCulloch）和数学家皮茨（Pitts）首次提出了神经元模型。随后吸引了更多人研究。1958 年，弗兰克·罗森布莱特（Frank Rosenblatt）设计了感知器（Perceptron），它是一个可以将数据进行简单分组的神经模型，后来成为神经网络的基础。感知器模拟神经元的工作原理——从树突输入信号，细胞体执行判断之后，产生激活信号，再通过轴突和突触传递给其他神经元。感知器采用了这种结构，并且能够实现简单的二元分类。

在图 7.5 中，一个神经元模型包括输入、计算、输出 3 个基本功能。分别对应着神经元中的树突、细胞体和轴突。输入是一个 $n$ 维向量 $\boldsymbol{X} = \{x_1, x_2, \cdots, x_n\}$，可以分别表示样本的 $n$ 个特征项。$\boldsymbol{X}$ 中的每一个输入值与中间节点连接成一条边，使用有向箭头表示。向量 $\boldsymbol{W} = \{W_1, W_2, \cdots, W_n\}$ 表示每条边对应一个权重值，用于对输入值进行加权操作。以上加权之后的值传入中间节点进行计算，然后输出结果，该值也称为该神经元的活性值（Activation）。

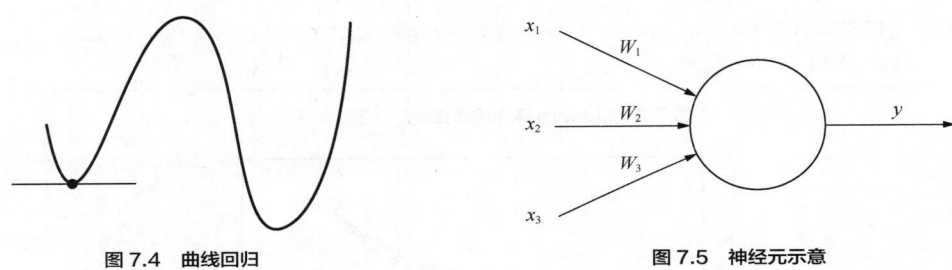

图 7.4　曲线回归　　　　　　　　　图 7.5　神经元示意

图 7.5 中的例子可以表示为：

$$y = f(x_1 \times w_1 + x_2 \times w_2 + x_3 \times w_3)$$

也可以表示为：

$$y = \boldsymbol{W}^{\mathrm{T}} \cdot \boldsymbol{X} + b$$

其中，$b$ 称为偏置项，可以提升激活函数的灵活性；函数 $f$ 称为激活函数（Activation Function）。当输入节点的值大于 0 时输出 1，否则输出 0，具体的表达式如下：

$$f(x) = \begin{cases} 1, & \boldsymbol{W}^{\mathrm{T}} \cdot \boldsymbol{X} + b > 0 \\ 0, & \text{其他} \end{cases}$$

该函数也称为符号函数——"sgn 函数"，它的形态如图 7.6 所示。

显然，$w$ 和 $b$ 是感知器模型的两个参数，对于一个简单的二分类问题，确定这两个参数值的过程，就是感知器模型训练的过程。

假设针对输入样本 "$(x, y)$"，输出为 $y'$，定义预测输出与真实样本的 $y$ 值之间的均方误差函数为：

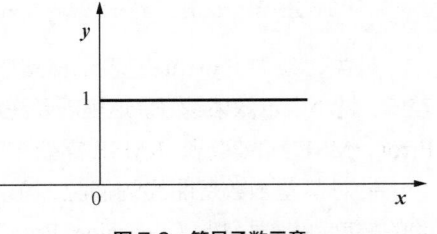

图 7.6　符号函数示意

$$E = \frac{1}{2}(y - y')^2$$

模型训练的目标就是寻找误差函数最小的参数 $w$，这里常用梯度下降法。对该函数定义的梯度下降方向为：

$$\frac{\partial E}{\partial w_i} = -(y - y')\frac{\partial y'}{\partial w_i} = -(y - y')x_i$$

上式中，由于 $y'$ 中使用的是符号函数，其对 $w_i$ 求导之后就是 $x_i$，因此权重值更新的方式如下所示：

$$\Delta w_i = -\eta \frac{\partial E}{\partial w_i} = -\eta(y - y')x_i$$

$$w_i = w_i + \Delta w_i$$

其中，$\eta$ 称为学习率，是[0, 1]内的值。

Sklearn 库的中 "linear_model" 模块提供了 Perceptron 类，实现了基本的感知器的功能，该类的构造函数原型如下：

```
Perceptron(penalty=None, alpha=0.0001, max_iter=1000, tol=0.001,
shuffle=True, eta0=1.0, random_state=0)
```

其中，参数 "penalty" 表示正则项，可以是 "l2" "l1" "elasticnet" "None" 中的一个；参数 "alpha" 表示在正则化使用的时候，用作正则项的系数；参数 "max_iter" 表示最大迭代次数；参数 "tol" 表示迭代停止的条件；参数 "shuffle" 表示在训练过程中是否每一轮都需要将训练数据打乱；参数 "eta0" 表示更新需要乘的系数；参数 "random_state" 是随机数生成的种子。

Perceptron 类的常用属性包括："coef_" 表示每个特征的权重，"intercept_" 表示决策函数中的常量，"n_iter_" 表示实际的迭代次数，"classes_" 表示类标签，"t_" 表示训练过程中权重值更新的次数。

Perceptron 类常用的方法包括："decision_function(X)" 方法用于预测样本的置信度分数，"densify()" 方法将系数矩阵转换为密集的数组形式，"fit(X[, y])" 方法使用随机梯度下降方法拟合模型，"partial_fit(X[, y])" 方法在模型拟合中执行一轮随机梯度下降，"predict(X)" 表示使用训练好的模型预测 X 的类标签，"score(X, y)" 方法根据测试数据和类标签计算平均准确率。Sklearn 库中使用感知器进行分类的例子如图 7.7 所示。

在图 7.7 中生成了 100 个数据样本点用于感知器分类，数据集如图 7.8 所示。划分训练集和测试集之后，最终计算的准确率为 0.8。

感知器可以解决简单的二分类模型。比较有代表性的应用是，它可以实现与、或、非 3 类逻辑运算。例如，针对与运算的情况，将两个运算数作为输入，假设 "$x_1$=1" "$x_2$=0"，那么最终输出的结果是 0；假设 "$x_1$=1" "$x_2$=1"，那么最终输出的结果是 1。这本身是一个分类问题，实现这个与运算就是通过数据样本来训练感知器，得到感知器的参数，进而给定一个新的输入就可以判断运算结果。然而，感知器在处理稍微复杂的运算时，如异或运算，就会无能为力。为此，人工智能研究中的专家明斯基（Minsky）于 1969 年出版了名为 "*Perceptron*" 的书，书中通过数学方法证明了感知器的弱点。这说明随着要解决的问题逐渐复杂，需要更加复杂的模型。从本质上说，单纯的线性划分已经无法满足要求了，为了更好地解决非线性问题，出现了多层神经网络，也称为前馈神经网络（Feedforward Neural Network）。

```
>>> import numpy as np
>>> from sklearn.datasets import make_classification
>>> from sklearn.model_selection import train_test_split
>>> from sklearn.linear_model import Perceptron
>>> from sklearn.metrics import accuracy_score
>>> import matplotlib.pyplot as plt
>>> %matplotlib inline
>>> X, y = make_classification(n_samples=100, n_features=4, n_classes=2,
    random_state=10)
>>> X_train, X_test, y_train, y_test=train_test_split(X, y, test_size=0.3,
    random_state=10)
>>> percep = Perceptron(max_iter=40, eta0=0.1, random_state=0)
>>> percep.fit(X_train, y_train)
>>> y_pred=percep.predict(X_test)
>>> print ('Accuracy:%.2f' %accuracy_score(y_test, y_pred))
Accuracy:0.80
>>> plt.scatter(X[:,0], X[:,1], c=Y)
>>> plt.show()
```

**图 7.7　Sklearn 库中使用感知器进行分类的例子**

　　尽管明斯基曾经认为神经网络层数过多会导致计算量过大，即深层次的网络没有价值，但是，从简单的两层神经网络开始，它不仅很好地解决了异或问题，而且在非线性的分类任务中取得了很好的效果。经典的前馈神经网络的结构如图 7.9 所示。它包括一个输入层、一个中间层、一个输出层，其中中间层也称为隐藏层。每一层都由若干个神经单元组成，输入层中的神经单元只负责传输数据，并不进行计算。隐藏层和输出层中的神经单元具有感知器的功能，可以进行计算，因此，它们又称为计算层。每一层中的神经单元与下一层中的神经单元相连，构成了一个全连接的结构。

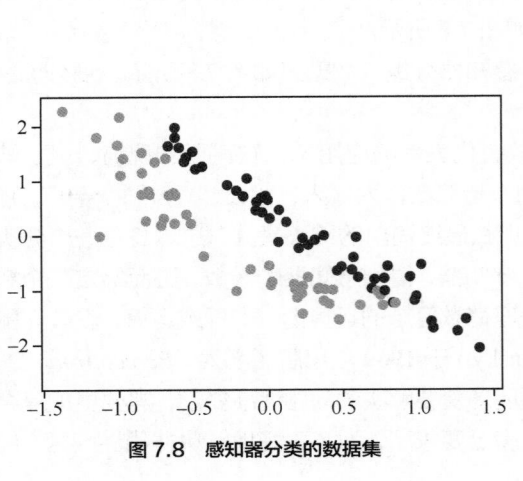

**图 7.8　感知器分类的数据集**

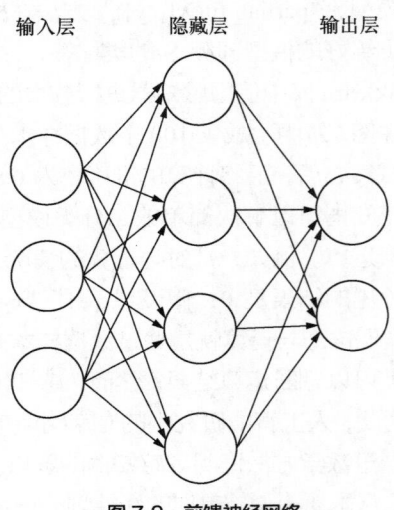

**图 7.9　前馈神经网络**

假设输入样本 $X = \{x_1, x_2, \cdots, x_n\}$，在隐藏层有 $m$ 个神经单元，那么输入层中的第 $i$ 个单元对应的权重值分别 $w_i = \{w_{i1}, w_{i2}, \cdots, w_{im}\}$，所有单元的权重为 $W_1 = \{w_1, w_2, \cdots, w_n\}$，在隐藏层的输入 $I^{(1)}$ 可以表示为：

$$I^{(1)} = W_1^{\mathrm{T}} \cdot X + b$$

隐藏层的输出 $O^{(1)}$ 是经过激活函数计算之后的输出值，可以表示为：

$$O^{(1)} = f(I^{(1)})$$

其中，$f()$ 表示激活函数。

依次往前计算，可以计算出输出层的最终输出结果。假设隐藏层到输出层的权重值矩阵是 $W_2$，那么输出层的输入 $I^{(2)}$ 和输出 $O^{(2)}$ 可以分别表示为：

$$I^{(2)} = W_2^{\mathrm{T}} \cdot O^{(1)} + b$$

$$O^{(2)} = f(I^{(2)})$$

在前馈神经网络中，不再使用简单的符号函数，而是使用更加平滑的函数，主要包括 Sigmoid、Tanh 和 Relu 等，它们在神经网络中的主要作用是引入非线性因素，从而可以拟合各种曲线，实现非线性类别的划分。

由于在物理意义上最接近生物中的神经元，Sigmoid 函数成为最为常用的激活函数之一。它具有指数函数的形式，最早用于描述人工增长的数学模型——开始时指数增长，随后逐渐变得饱和，最后增长变缓，如图 7.10 所示。显然，该函数连续、光滑，并且严格单调，它的取值区间是（0，1），当自变量 $x$ 的取值趋近于负无穷时，函数值 $y$ 的取值趋近于 0；当 $x$ 的取值趋近于正无穷时，函数值 $y$ 的取值趋近于 1；

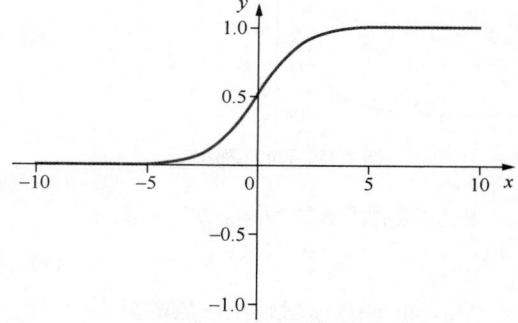

图 7.10　Sigmoid 激活函数

当 $x$ 等于 0 时，函数值 $y$ 等于 0.5。由于其取值区间和概率的取值区间相对应，因此很容易将 Sigmoid 激活函数与概率分布关联起来。

Sigmoid 激活函数的具体表达式如下所示：

$$f(x) = \frac{1}{1 + e^{-x}}$$

Sigmoid 激活函数在样本特征复杂并且相差不是特别明显的时候，具有很好的效果，但是它的导数具有以下特性：

$$f'(x) = f(x)(1 - f(x))$$

因此，在神经网络的反向传播算法中，容易造成梯度消失，这有可能导致神经网络不能有效地训练。

Tanh 激活函数也叫作双曲正切函数，如图 7.11 所示。函数的取值范围是[-1, 1]"，它在特征相差明显的时候效果较好，可以在训练过程中不断扩大特征的效果。该激活函数的输出均值是 0，这使它用于训练中的迭代次数更少，收敛速度更快。但是 Tanh 激活函数也可能会造成梯度消失。

Tanh 激活函数的表达式如下所示：

$$f(x) = \frac{e^x - e^{-x}}{e^x + e^{-x}}$$

另外，Tanh 函数与 Sigmoid 函数之间有如下对应关系：

$$\text{Tanh}(x) = 2\text{Sigmoid}(2x) - 1$$

Relu 激活函数如图 7.12 所示。当自变量 $x$ 取值小于 0 时，函数值为 0；当自变量 $x$ 取值大于 0 时，函数值就是自变量的值。当 $x$ 大于 0 时，可以保持梯度不衰减，这在一定程度上缓解了梯度消失的问题。Relu 函数在随机梯度下降算法中的收敛速度更快，它常用于隐藏层的神经元输出中。然而，在使用中可能存在"Dead Relu"问题，即由于 Relu 小于 0 时，梯度为 0，因此有些神经元可能永远不会被激活，进而导致参数不会被更新。

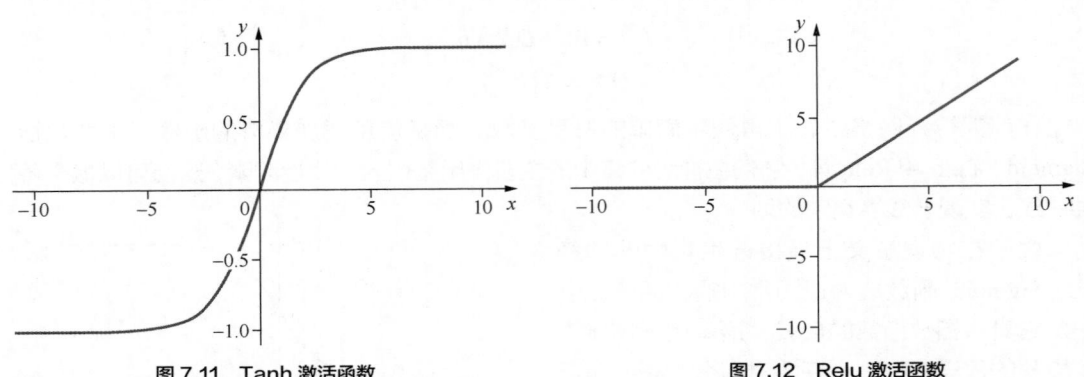

图 7.11　Tanh 激活函数　　　　　　图 7.12　Relu 激活函数

Relu 激活函数的表达式如下所示：

$$f(x) = \max(0, x)$$

Maxout 激活函数输出该层的最大值，因此它具有较强的拟合能力，可以拟合任意的凸函数。另外，Softmax 激活函数经常用于神经网络多分类问题的输出中，可以认为是 Sigmoid 函数的扩展，具体的表达式如下所示：

$$f(x)_j = \frac{e^{x_j}}{\sum_{i=1}^{K} e^{x_k}}$$

其中，$j$ 表示多分类的个数，该函数表示如果一个分类的值大于其他值，那么映射的分量的值逼近于 1，其他的值逼近于 0。

综上，对于二分类问题，常用 Sigmoid 函数；如果是多分类问题，常用 Softmax 函数。Relu 是使用更为普遍的激活函数，但是在使用的时候应该合理地设置学习率，以防止由大梯度导致的"Dead Relu"问题出现。

前馈神经网络可以看成多个感知器连接而成的网络结构。它的训练过程是从输入层开始，依次经过隐藏层、输出层，通过每个神经单元将输入层的数据计算、传播之后，得到一个最终结果，并且比较计算结果与样本本身的值，计算误差，这个过程称为前向传播（Forward Propagation）。

前馈神经网络采用梯度下降的方法，不断修改网络参数的值，通常是神经单元之间的权重值，使最终结果的误差达到最小。然而，多层神经网络中有大量的神经单元和权重值，模型训练中，对这些参数的调整是一个非常有挑战性的问题。1980 年左右，反向误差传播算法（Back Propagation，BP）的提出为神经网络的有效训练提供了可行的方法。

反向传播算法的基本原理是：计算前向传播最后输出的结果与样本真实值之间的误差（也称为损失，loss）的偏导数，然后将这个偏导数往后加权求和得到前一层神经单元的偏导数，依次往后传播，直到输入层，最后利用每个神经单元求出的偏导数更新权重值。因此，在这里误差偏导数的计算非常重要，主要有两种情况。首先，输出层到最后一层隐藏层之间的误差偏导数定义如下：

−（输出值−样本值）×激活函数的导数

其次，隐藏层到后一层隐藏层之间的误差偏导数定义如下：

（每个神经单元的误差偏导数加权求和）×激活函数的导数

在计算的误差偏导数的基础上更新神经网络中的权重值，主要有以下几种情况。首先，针对输入层权重值的更新为原来的权重值加上以下增量值：

学习率×当前神经单元的激活函数值×下一层对应神经单元的误差偏导数

再次，隐藏层的权重值也是在原来值上加上以下增量值：

学习率×输入值×下一层对应神经单元的误差偏导数

最后，偏移项的更新规则为在原来的偏移项的基础上加上以下增量值：

学习率×下一层对应神经单元的误差偏导数

迭代执行以上过程，直到模型收敛，即模型最终输出的误差达到一个很小的预设的值为止。

假设有以下训练数据集，每个数据样本包括两个特征项和一个样本值。如果使用该数据集训练一个反向传播神经网络，具体的过程如表 7.1 所示。

**表 7.1　反向传播神经网络训练集示例**

| 特征 1 | 特征 2 | 样本值 |
| --- | --- | --- |
| 0.5 | −0.3 | 0.2 |
| 0.6 | −0.2 | 0.1 |
| 0.4 | 0.1 | 0.3 |
| 0.3 | −0.2 | 0.1 |

为了简单地说明问题，由于只有两个特征项，因此我们设计反向传播神经网络输入层中的神经单元个数为 2 个。另外，设计包含 2 个神经单元的隐藏层和 1 个神经单元的输出层，其网络结构如图 7.13 所示。

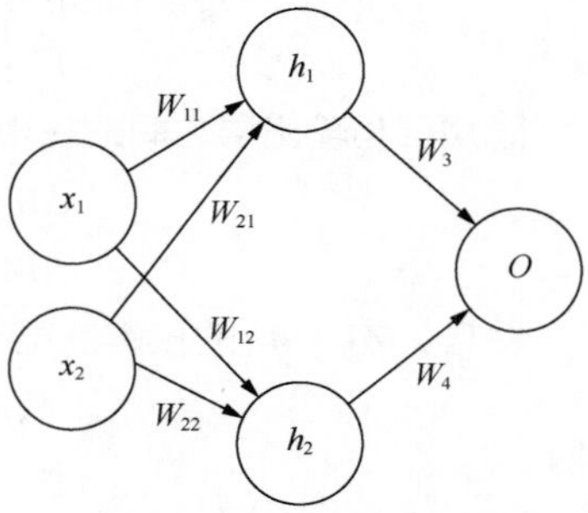

用 $x_1$ 和 $x_2$ 表示输入数据，$h_1$ 和 $h_2$ 分别表示隐藏层的两个神经单元，$O$ 表示输出层的神经单元，神经单元之间由权重值（$W_{11}$、$W_{12}$、$W_{21}$、$W_{22}$、$W_3$ 和 $W_4$）连接。以上 6 个权重值分别取随机值进行初始化，"$W_{11}=0.2$" "$W_{12}=0.3$" "$W_{21}=-0.4$" "$W_{22}=0.2$" "$W_3=0.3$" "$W_4=-0.5$"。激活函数为 Sigmoid 函数，学习率设置为 0.5。

取出第一条样本输入神经网络模型，此时 "$x_1=0.5$" "$x_2=-0.3$"。开始前向传播阶段。首先，对输入层的神经单元进行加权求和，分别计算隐藏层

**图 7.13　反向传播神经网络的结构**

神经单元 $h_1$ 和 $h_2$ 的输入：

$$h_1: \quad 0.5 \times 0.2 + (-0.3) \times (-0.4) = 0.22$$

$$h_2: \quad 0.5 \times 0.3 + (-0.3) \times 0.2 = 0.09$$

由 Sigmoid 函数计算 $h_1$ 和 $h_2$ 的输出：

$$\text{Sigmoid}(0.22) = 1/(1-e^{-0.22}) = 0.55$$

$$\text{Sigmoid}(0.09) = 1/(1-e^{-0.09}) = 0.52$$

输出层神经单元 $O$ 的输入计算为：

$$O: \quad 0.55 \times 0.3 + 0.52 \times (-0.5) = -0.095$$

输出层神经单元 $O$ 的输出计算为：

$$\text{Sigmoid}(-0.095) = 1/(1-e^{0.095}) = 0.47$$

即，经过神经网络的前向传播，针对第一个样本的最终预测值（或输出值）是 0.47，误差为：

$$E = (0.47-0.2)^2 = 0.07$$

接下来开始误差的反向传播阶段。首先，计算输出层误差的偏导数：

$$-(0.47-0.2) \times 0.47 \times (1-0.47) = -0.06$$

其次，计算输出层神经单元误差偏导数的加权和：

$$O: \quad -0.06 \times 0.3 = -0.018$$

$$O: \quad -0.06 \times (-0.5) = 0.03$$

再次，计算隐藏层神经单元 $h_1$ 和 $h_2$ 的误差的偏导数：

$$h_1: \quad -0.018 \times 0.55 \times (1-0.55) = -0.004$$

$$h_2: \quad 0.03 \times 0.52 \times (1-0.52) = 0.007$$

最后，计算 $W_{11}$、$W_{12}$、$W_{21}$、$W_{22}$ 的更新增量：

$$\Delta W_{11}: \quad 0.5 \times 0.5 \times (-0.004) = -0.001$$

$$\Delta W_{12}: \quad 0.5 \times 0.5 \times 0.007 = 0.001$$

$$\Delta W_{21}: \quad 0.5 \times (-0.3) \times (-0.004) = 0.0006$$

$$\Delta W_{22}: \quad 0.5 \times (-0.3) \times 0.007 = -0.001$$

并且，$W_{11}$、$W_{12}$、$W_{21}$、$W_{22}$ 的权重值更新为：

$$W_{11}: \quad 0.2 + (-0.001) = 0.1999$$

$$W_{12}: \quad 0.3 + 0.001 = 0.3001$$

$$W_{21}: \quad -0.4 + 0.0006 = -0.39994$$

$$W_{22}: \quad 0.2 + (-0.001) = 0.1999$$

隐藏层与输出层之间的权重值更新增量计算如下：

$$\Delta W_3: \quad 0.5 \times 0.55 \times (-0.06) = -0.01$$

$$\Delta W_4: \quad 0.5 \times 0.52 \times (-0.06) = -0.01$$

并且，$W_3$、$W_4$ 的权重值更新为：

$$W_3: \quad 0.3 + (-0.01) = 0.299$$

$$W_4: \quad -0.5 + (-0.01) = -0.51$$

以上是针对训练数据集中的一条数据样本进行反向传播更新参数权重值的过程，其他数据依次重复上述过程即可。这种方式的权重值的更新过于频繁，如果不是每条记录处理完都更新一次权重值，而是在把训练数据集中所有的数据都处理完之后，将权重值的增量值求平均值，并且使用该平均值一次性更新权重值，则称为批量梯度下降（Batch Gradient Descent）。

BP 反向误差传播算法可以应用于神经网络模型的训练中，挖掘隐藏在数据中的规律。然而，在 BP 神经网络中，权重初始值的设定、隐藏层中神经单元个数的设定、激活函数的选择等问题没有固定的规律，都存在着不确定性。另外，由于神经单元、权重值数据众多，模型训练中的计算度复杂，因此计算速度慢，并且容易出现局部最优解等问题。

在 Sklearn 库的 "neural_network" 模块中通过 MLPClassifier 类实现了多层感知机分类器。它的构造函数原型的定义如下所示：

```
MLPClassifier(hidden_layer_size=(100,), activation='relu', solver=
'adam', alpha=0.0001, batch_size='auto', learning_rate='constant', learning_
rate_init=0.001, power_t=0.5, max_iter=200, shuffle=True, random_state=
None, tol=0.0001, verboe=False, wArm_start=False)
```

其中，参数 "hidden_layer_size" 表示隐藏层的大小，元组中的第 $i$ 个元素表示第 $i$ 层隐藏层的神经单元个数；参数 "activation" 表示隐藏层使用的激活函数，其中，"identity" 表示无激活操作，函数形态为 "f(x) = x"，"logistic" 表示使用 Sigmoid 激活函数，"tanh" 表示使用 Tanh 激活函数，"relu" 表示使用 Relu 激活函数；参数 "solver" 表示权重值优化方法，其中，"lbfgs" 是准牛顿优化算法，适用于较小规模的数据集，"sgd" 表示随机梯度下降算法，"adam" 表示优化的随机梯度下降算法，适用于较大规模的数据集；参数 "alpha" 表示 L2 惩罚系数；参数 "batch_size" 表示随机优化器中的最小批量大小，如果采用准牛顿优化算法优化，则没有该参数，如果是 "auto" 优化，则它的值是 200 或样本数的最小值；参数 "learning_rate" 表示权重值更新的学习率，"constant" 表示通过 "learning_rate_init" 设置的常量学习率，"invscaling" 表示逐渐地使用 "power_t" 参数中的逆标度指数降低学习率；参数 "learning_rate_init" 表示初始的学习率；参数 "power_t" 表示逆标度指数；参数 "max_iter" 表示最大的迭代次数；参数 "shuffle" 表示每次迭代的时候是否打乱样本；参数 "random_state" 表示随机数生成器的种子；参数 "tol" 表示优化的容忍度，模型的损失值或评分的变化范围在容忍度内，表示模型收敛，停止训练；参数 "verbose" 表示是否输出进度信息；参数 "wArm_start" 如果设置为 "True"，则表示重用上次调用作为初始化。

MLPClassifier 类的常用属性包括："classes_" 表示每个输出对应的类标签；"loss_" 表示损失函数计算得到的当前损失值；"coefs_" 是一个列表，其中第 $i$ 个元素表示第 $i$ 层的权重值矩阵；"intercepts_" 是一个列表，其中第 $i$ 个元素表示第 $i$ 层中的偏置向量；"n_iter_" 表示已经执行的迭代次数；"n_layers_" 表示神经网络层数；"n_outputs_" 表示输出的个数；"out_activation_" 表示输出层激活函数的名称。

MLPClassifier 类的常用方法包括："fit(X, y)" 方法使用数据样本 X 和目标 y 来训练神经网络模型，"predict(X)" 方法使用训练好的多层感知机分类器来预测 X 的类标签，"predict_log_proba(X)" 方法返回概率估计的对数，predict_proba(X)" 方法返回概率估计，"score(X, y)" 方法返回测试数据 X 和标签 y 的平均准确率，"get_params([, deep])" 方法返回估计器的参数，"get_params(**params)" 方法设置估计器的参数。

图 7.14 所示的代码加载 IRIS 数据集，创建一个 MLPClassifier 类的对象"mlp"，它只有一个隐藏层，有 20 个神经单元，采用 Relu 激活函数。使用该神经网络对 IRIS 数据集中的训练集进行数据拟合之后，输出了使用测试集返回的平均准确率结果。另外，输出了权重值矩阵、偏置向量、迭代次数、输出层的激活函数名称等神经网络中包含的信息。

```
>>> from sklearn import neural_network
>>> from sklearn.datasets import load_iris
>>> from sklearn.model_selection import train_test_split
>>> import numpy as np
>>> iris = load_iris()
>>> iris_X = iris.data
>>> iris_Y = iris.target
>>> X_train,X_test,Y_train,Y_test=train_test_split(iris_X, iris_Y, test_
    size=0.3)
>>> mlp = neural_network.MLPClassifier(hidden_layer_sizes=(20), activation=
    "relu", solver='adam', alpha=0.0001, batch_size='auto', learning_rate=
    "constant", learning_rate_init=0.001, power_t=0.5, max_iter=200 ,tol=1e-4)
>>> mlp.fit(X_train, Y_train)
>>> mlp_score = mlp.score(X_test,Y_test)
>>> print("MLP Score: ", mlp_score)
MLP Score:  0.866
>>> print(mlp.predict([[1,2,3,4]]))
[1]
>>> print(mlp.n_outputs_)
3
>>> print(mlp.classes_)
[0 1 2]
>>> print(mlp.loss_)
0.5348
>>> print(mlp.intercepts_)  #示意结果
[array([-0.05194257, -0.41819635,  0.40307773,  0.31127124,  0.52287428])]
>>> print(mlp.coefs_)          #示意结果
[array([[ 2.84047555e-01, -3.05335297e-01,  3.73734504e-01]])]
>>> print(mlp.n_iter_)
200
>>> print(mlp.n_layers_)
3
>>> print(mlp.out_activation_)
softmax
```

**图 7.14   Sklearn 库中使用多层感知机分类器分类的例子**

神经网络也可以解决回归问题。在 Sklearn 库中的"neural_network"模块中提供了另外一个类 MLPRegressor，它的使用方法类似于 MLPClassifier 类。图 7.15 所示创建了一个指数分布的数据集，然后使用 MLPRegressor 类来拟合这个数据集。

```
>>> from sklearn import neural_network
>>> import matplotlib.pyplot as plt
>>> import numpy as np

>>> mlp = neural_network.MLPRegressor(hidden_layer_sizes=(20), activation=
    "relu", solver='adam', alpha=0.0001, batch_size='auto', learning_rate=
    "constant", learning_rate_init=0.001, power_t=0.5, max_iter=200,tol=1e-4)
>>> x = np.arange(-2.0, 2.0, 0.2)
>>> y = np.exp(x)
>>> mlp.fit(np.asarray(x).reshape([-1,1]), y)
>>> test_samples = [[sample] for sample in x]
>>> predict = mlp.predict(test_samples)
>>> plt.plot(np.asarray(x), np.asarray(y), 'bo')
>>> plt.plot(np.asarray(predict), np.asarray(predict), 'r^')
>>> plt.show()
```

图 7.15　Sklearn 库中使用多层感知机解决回归问题的例子

使用多层感知机解决回归问题的效果如图 7.16 所示。其中，圆点表示原始的数据集，三角形表示拟合的数据集。

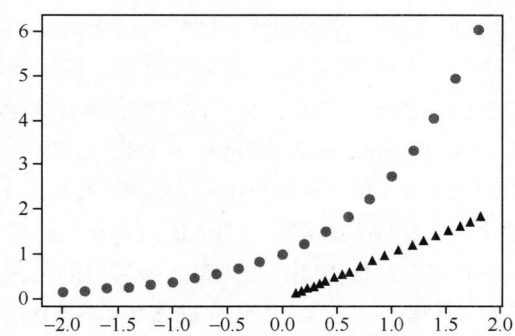

图 7.16　Sklearn 库使用多层感知机解决回归问题的效果

## 7.1.2　深度学习已有大量模型

机器学习算法的演化映射着人工智能发展的各个阶段。神经网络在经过感知机、前馈神经网络、反馈神经网络等几个发展阶段之后，在机器学习任务中取得了一些效果。但是常用的神经网络的结构只包含一个隐藏层，当层数增加时，一些问题（如局部最优解问题）就会变得越来越严重，这也阻碍了神经网络技术的进一步发展。而此时以支持向量机为代表的浅层学习（Shallow Learning）算法取得了迅速的发展，在图像识别、语音识别上取得了极大的成功，并且这些模型都有很好的理论上的可解释性，这也使神经网络陷入了低潮。

神经网络方法提出来的初衷是模拟生物神经系统中复杂的神经元连接结构。也就是说，这种庞大的、复杂的神经元之间的连接或许是以人类为代表的生物系统认知世界的重要因素之一。单纯的一个隐藏层显然无法模拟生物神经系统中数千万层的网络结构。已有相关的研究证明，神经网络中神经元数据增加或者层数增加，可以有效提高整个模型的准确率。

2006 年辛顿和他的学生发表了深度学习的文章，提出了以下两个主要观点：首先，具有多个隐藏层的神经网络具有更优秀的学习能力，能够自动地在数据中学习到描述数据的本质特征，有利于分类任务；另外，针对多层神经网络中的难以训练的问题，他们提出用逐层初始化（Layer-wise Pre-training）的方法来解决。自此推动了以多层神经网络为代表的神经网络在机器学习领域中的发展，并使其在多个领域中取得了成功的应用。

在模型的结构上，深度学习模型可以认为是神经网络模型的一种延伸，包含多个隐藏层的神经网络就是常见的深度学习模型的结构。它强调模型结构的深度，如 5 层、10 层等。

深度学习模型是以数据驱动的模型，在前面的机器学习模型中，通常需要经过特征工程在数据集中提取特征之后，再通过监督或者无监督模型进行分类或者聚类。而深度学习在数据中自动学习特征，因此它需要大量的训练样本。在机器学习中，表征学习（Representation Learning）是在数据集中提炼有效的信息，形成特征。深度学习是表征学习的一种。在一个深度神经网络中，最后一层是线性分类器，其他隐藏层可以看作在数据中提取特征的过程，也可以认为是一个表征学习的过程。通过逐层的特征变换，将原来样本数据中的特征变换到新的空间，提高了结果预测的准确率。

传统的神经网络中，常用反向传播算法训练模型。然而，反向传播算法由于易陷入局部最优、梯度消失等问题，因此并不适用于多层神经网络。针对深度神经网络中庞大的神经单元数量以及参数数量，2006 年，辛顿等人提出了针对深度神经网络训练的方法，主要的思路是，首先训练第一层网络，得到比输入层更具有表征能力的特征，然后输入下一层网络继续训练，依次得到更具有表征能力的特征。另外，使用训练得到的各层参数对整个深度神经网络模型的参数进行调整。这里与之前神经网络参数的初值随机设置不同，模型参数通过学习输入数据而得到，这个初值的设定更接近全局最优。因此，整个深度神经网络能够取得更好的效果。

受限玻尔兹曼机（Restricted Boltzmann Machine，RBM）是斯莫伦斯基（Smolensky）于 1986 年基于玻尔兹曼机（Boltzmann Machine，BM）提出来的模型，其网络结构如图 7.17 所示。受限玻尔兹曼机只有两个层，分别是隐藏层（Hidden Layer）和可见层（Visible Layer）。与玻尔兹曼机中层内的神经单元可以连接不同，受限玻尔兹曼机的每一层内的神经单元之间不连接，层间的神经单元全连接。通常，可见层用于输入样本数据的特征，隐藏层进行特征提取。在图 7.17 中，隐藏层有 $n$ 个神经单元，状态可以用向量 $\boldsymbol{h} = \{h_1, h_2, \cdots, h_n\}$ 来表示，偏置向量可以使用 $\boldsymbol{a} = \{a_1, a_2, \cdots, a_n\}$ 来表示；可见层有 $m$ 个神经单元，它的状态用 $\boldsymbol{v} = \{v_1, v_2, \cdots, v_m\}$ 来表示，偏置向量可以用 $\boldsymbol{b} = \{b_1, b_2, \cdots, b_n\}$ 来表示，$\boldsymbol{w} = (w_{i,j})\,(i \leq n, j \leq m)$ 表示层间的权重值矩阵。RBM 基于能量函数来定义状态（$\boldsymbol{v}$，$\boldsymbol{h}$）的联合概率分布，它的训练就是调整参数（$\boldsymbol{w}$，$\boldsymbol{a}$，$\boldsymbol{b}$）来拟合训练样本的过程。

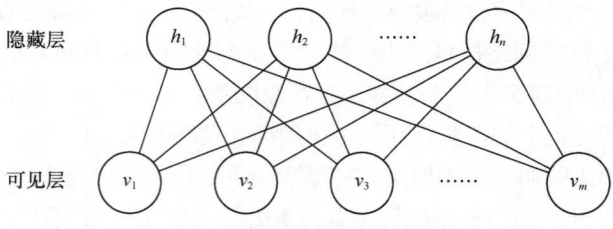

图 7.17　受限玻尔兹曼机网络结构示意

深度信念网络（Deep Belief Network，DBN）是一个概率生成模型，由多个受限玻尔兹曼机组成，典型的结构如图 7.18 所示。它包括一个可见层和多个隐藏层。除了最上面的隐藏层，其他隐藏层之间都是有向连接的，这表明在给定观测数据的条件下，推测未知变量的状态。

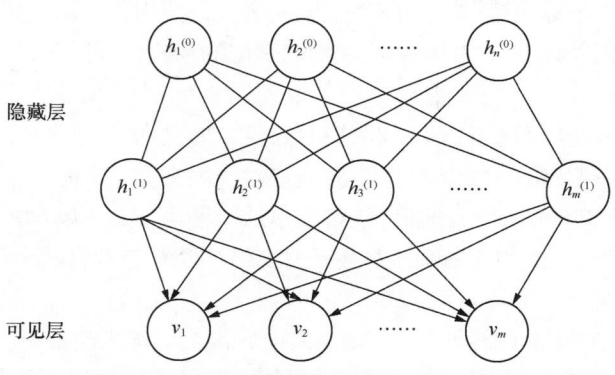

图 7.18　深度信念网络示意

由于 DBN 是由多层受限玻尔兹曼机组成的神经网络，因此它的训练过程是一个依次训练受限玻尔兹曼机的过程。首先，训练第一个受限玻尔兹曼机，得到权重值和偏移项，然后将它的神经单元的状态作为第二个受限玻尔兹曼机的输入，继续训练第二个受限玻尔兹曼机，重复以上过程。DBN 采用 Wake-Sleep 算法进行模型调优。除了顶层之外的其他受限玻尔兹曼机的权重分为向上的认知权重和向下的生成权重两部分。在 Wake 阶段，使用特征和向上的权重产生表示神经单元节点状态的抽象表示，并且使用梯度下降算法更新向下的权重值，也称为认知过程。在 Sleep 阶段，使用上层的表示和向下的权重生成下一层的状态，同时更新向上的权重值，也称为生成过程。

DBN 模型的学习过程较慢，如果参数选择得不合适，则可能会导致局部最优解的问题。

卷积神经网络（Convolutional Neural Network，CNN）是深度学习中比较有代表性的方法之一，它已经成功地应用于图像识别、图像检索等领域。针对传统的图像处理方法需要提取人工特征的问题，卷积神经网络可以直接输入原始图像、自动提取特征，并进行图像分类。在具体的实现方法上，原始图片的输入数据量比较大——如果是黑白图片，则只有一个颜色通道，如果是彩色图片，则有 RGB 3 个颜色通道，从而导致神经网络参数的数量庞大。卷积神经网络的设计受到生物神经网络研究的启发，提出了采用"局部感知""参数共享"等方法来解决上述问题。在网络结构上，杨立昆在 1998 年设计了经典的 LeNet5 卷积神经网络模型，并在手写体数据集 MNIST 上取得了成功。这个模型中包括了用于特征提取的卷积层和用于采样的池化层。随后，层次更多的卷积神经网络结构被设计出来，并且成功应用到了图像识别上。在模型的训练上，卷积神经网络主要用于反向传播算法。

本质上，卷积神经网络仍然是在建立输入的原始数据到目标类别之间的映射关系，但是在有些应用场景中，这种方式已无法满足需求。例如，在自然语言处理中，"我爱编程"这句话中的"编程"，不再是孤立的个体，在当前的语境中，它的含义和前面的词有着密切的关系。通常，这种在时间或者空间上具有相互依赖关系的数据称为序列数据。其他的例子还有人类说话中的语音信号、股票价格的走势等。这种数据需要采用循环神经网络（Recurrent Neural Network，RNN）来进行有效地处理。

循环神经网络的特点是每次将上一个隐藏层的输出，加上本次的输入一起作为输入来训练模型。假设需要识别"我爱编程"这句话的语义，首先，通过分词将语句划分为"我""爱"

"编程"3个词语。然后按照顺序，依次输入循环神经网络，如图7.19所示。将"我"输入之后得到输出"$O_1$"，在输入"爱"的时候，考虑前面一个词"我"的影响，因此，将上一个输出也作为当前隐藏层的输入，得到输出"$O_2$"。同理，输入"编程"的时候考虑之前隐藏层的影响，最终输出"$O_3$"。

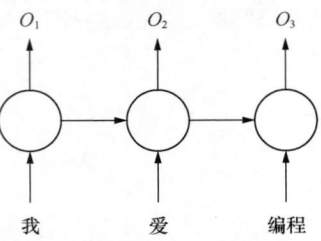

图7.19　循环神经网络的示意

循环神经网络已成功应用于很多序列数据的处理，如文本生成、机器翻译、语音识别等。文本生成是指通过对一段文本的分析，能够预测后续的词语。机器翻译是将文本从一种语言翻译成另一种语言，词语之间的前后顺序对翻译的结果有很大的影响。语音识别是指输入语音信号，输出对应的文本。

循环神经网络中，在之前已经处理过的输入中，距离当前输入越近对当前的影响越大，这也称为短期记忆问题。在这种问题中，忽略了前期重要的内容，也就无法处理非常长的序列。而长短期记忆网络（Long Short Term Memory，LSTM）对循环神经网络进行了优化。其实，在一个很长的序列中，并不能单纯通过前后的关系来体现重要性。例如，在如下一段话中介绍Python的主要功能。

在所有的编程语言中，Python是一门相对简单的语言。它的语法简洁、易于理解，已经广泛应用于数据挖掘、机器学习等领域。目前，Python的主要版本包括Python 2.X和Python 3.X。

人类在浏览过这段话之后，会很自然地在里面提取重点内容，而忽略掉不太相关的内容。LSTM的主要思想就是保留序列中的重要内容而忽略不重要内容。

在网络结构上，LSTM被认为是一种特殊的循环神经网络。因此，它也有链式的结构，只是针对每个隐藏层做了更加细化的设计。例如，"门"的设计可以选择性地让信息通过。LSTM被提出后，其在很多序列数据的处理和预测上取得了很好的效果。后续也出现了针对该模型的改进模型，例如，GRU（Gated Recurrent Unit）就是LSTM的一个改进版本，它对LSTM在模型结构上做了简化，可以应用在较大规模的数据处理中。

生成对抗网络（Generative Adversarial Networks，GAN）是2014年伊恩·古德费洛（Ian Godfellow）提出的一种无监督学习模型，是一种生成模型。它通过两个神经网络相互博弈的方式进行学习，已经在很多图像生成应用中使用，例如，生成图像数据集、生成人脸图像和漫画人物、画风风格迁移等。

生成对抗网络的结构主要包括两个部分：生成器（Generator）和判别器（Discriminator），如图7.20所示。其中，生成器能够自动生成数据，并且让判别器相信这些数据是"真实"的数据。判别器用于判断数据是真实的数据还是由生成器生成的，并且以能够找出由生成器生成的数据为目标。

图7.20　生成对抗网络结构示意

生成对抗网络的训练采用单独交替迭代训练的方法。首先，保持判别器不变，训练生成器，生成器不断产生"假数据"，并且逐渐能够让判别器认为这些数据是"真实"数据，即随着不断地训练，提升生成器的性能；然后，保持生成器不变，训练判别器，通过不断地训练，提升其对生成器生成的"假数据"的鉴别能力。不断迭代以上过程，生成器和判别器的能力不断提升，此时，由生成器产生的数据就接近于真实的数据。

### 7.1.3 深度学习框架提升使用效率

在深度学习的应用中，存在着大量的框架，它们可以极大地提升模型构建和使用的效率。

TensorFlow 是谷歌 2015 年推出的深度学习框架。由于其具有完善的文档，易于在不同的硬件设备（包括移动终端设备）上快速部署，并且自带可视化工具 TensorBoard 实时监控训练过程，因此，它已经成为目前最为流行的框架之一。它的主要优势在于支持多 GPU 进行分布式训练，跨平台运行能力强。然而，它在后续的版本中接口变化过于频繁，运行效率要低于其他深度学习框架。

在 TensorFlow 中，使用张量（Tensor）来表示数据。张量可以理解为一个具有特定数据类型的多维数组，它的维数称为阶。0 阶张量对应着普通的数值，也称为标量，1 阶张量对应着数组/向量，2 阶张量对应着矩阵，3 阶张量对应着三维数组，以此类推。具体的对应关系如表 7.2 所示。

表 7.2  张量的阶

| 阶 | 数学含义 | 例子 |
|---|---|---|
| 0 | 标量 | 123 |
| 1 | 数组/向量 | [1, 2, 3] |
| 2 | 矩阵 | [[1, 2, 3], [4, 5, 6], [7, 8, 9]] |
| 3 | 三维数组 | [[[1], [2], [3]], [[4], [5], [6]]] |

TensorFlow 使用数据流图（Data Flow Graph）进行数值计算。数据流图是一个有向图，其中的节点表示数学操作，或者是数据输入的起点和数据输出的终点。边表示节点之间张量的输入/输出关系。在 TensorFlow 中，有一个默认图，可以在它上面增加节点。OP 源操作（Source OP）表示不需要任何输入的操作，如常量，通常将输出数值传递给它操作。常见的操作（运算）类型如表 7.3 所示。

表 7.3  TensorFlow 中常用运算类型

| 运算类型 | 运算内容 |
|---|---|
| 标量运算 | 加（Add）、减（Sub）、乘（Mul）、除（Div）、指数（Exp）、对数（Log）、四舍五入取整（Round）、幂运算（Pow）、大于（Greater）、小于（Less）、等于（Equal） |
| 向量运算 | 连接（Contact）、切片（Slice）、分割（Split）、形状（Shape）、元素数量（Size）、维数（Rank）、改变形状（Reshape）、沿维度序列反转（Reverse）、转置（Transpose） |
| 矩阵运算 | 对角矩阵（Diag）、相乘（Matmul）、方阵行列式（Matrix_determinant）、方阵的逆矩阵（Matrix_inverse）、矩阵求解（Matrix_solve） |
| 神经网络 | 激活函数（Relu、Dropout、Sigmoid、Tanh）、卷积函数（Conv2d、Conv3d）、池化函数（Avg_pool、Max_pool） |
| 数据标准化 | L2 范数标准化（L2_normalize）、均值和方差（Moments） |

构造了一个数据流图之后，创建 Session 对象来启动图，如果在创建 Session 对象的时候不加任何参数，那么启动默认的图。调用 Session 对象的"run()"方法来执行图中的操作，调

用"close()"方法将关闭会话。

在使用 TensorFlow 之前，需要通过以下命令安装，默认将安装最新的版本，当然也可以指定安装的版本：

```
pip install tensorflow
```

图 7.21 所示的代码分别创建了两个常量操作，产生两个 $1 \times 2$ 的矩阵，并将它们添加到了默认的数据流图中。另外，创建了一个乘法操作，将两个矩阵作为"matmul()"函数的输入，返回两个矩阵相乘的结果。然后启动图，并且通过"run()"函数调用定义的矩阵乘法操作，此时，就触发了两个矩阵之间的乘法操作，并返回计算之后的结果。

```
>>> import tensorflow as tf
>>> matrix1 = tf.constant([[1., 2.]])
>>> matrix2 = tf.constant([[3.], [4.]])
>>> product = tf.matmul(matrix1, matrix2)
>>> sess = tf.Session()
>>> result = sess.run(product)
>>> print(result)
>>> sess.close()
[ 11.]]
```

**图 7.21　TensorFlow 使用的例子**

与 TensorFlow 需要先构建数据流图再运行图的流程不同，PyTorch 可以在运行的时候动态地构建和调整计算图，因此它在使用中更加灵活。PyTorch 是基于 Torch 的深度学习框架。而 Torch 是一个提供了大量机器学习算法的科学计算框架，其中使用的主要数据结构也是张量。由于它采用了较为小众的编程语言"Lua"，因此流行度并不是很高。PyTorch 就是在 Torch 的基础上开发的面向 Python 的开源机器学习库。它提供了两个主要的功能：第一，强大的 GPU 加速的张量计算；第二，具有自动求导系统的深度神经网络。在代码上，它没有像 TensorFlow 那样多的抽象概念，因此更加简洁、容易理解。但是在文档完善性、移动设备等平台的支持上，TensorFlow 更具优势。

在 PyTorch 框架中，提供了常见的神经网络模型，如卷积神经网络、循环神经网络、生成对抗网络和强化学习等，可以用于图像、声音、文本等不同类型数据的处理。在使用之前，需要通过以下命令安装：

```
pip install torch torchvision
```

Caffe（Convolutional Architecture for Fast Feature Embedding）是一个用 C++编写的深度学习框架，因此它具有在不同的平台上编译、运行的良好的可移植性。它的核心是表达式、速度和模块化，并且提供了命令行、Python 和 MATLAB 接口。它的优势在于结构清晰、性能高效，因此在深度学习中取得了广泛的应用，如人脸识别、图片分类、目标跟踪等。

Caffe 最初是为图像处理而设计的，因此，它对卷积神经网络支持得非常好。而它对侧重于序列数据的神经网络（如 RNN、LSTM）的支持并不是特别好。在 Caffe 中，核心的部分是"层"。它将神经网络结构划分成层，在每一层里面分别实现由输入数据到输出结果的前向运算，以及由输出结果更新模型参数的反向运算。Caffe 依赖的库比较多，因此在安装的时候要复杂一些。

Theano 是约书亚·本吉奥（Yoshua Bengio）所带领的研究组开发的基于 Python 的深度学习框架。它本质上是一个 Python 库，主要的优势是运行速度快，可以高效地进行数据计算。可以通过以下命令安装 Theano：

```
pip install Theano
```

Keras 也是一个完全由 Python 实现的深度学习框架库，但是它需要运行在 TensorFlow 和 Theano 之上，即需要它们提供的计算平台。目前，在 TensorFlow 中已经集成了 Keras 的功能。Keras 模块化的设计原则使它具有清晰的结构，使用更加简单。每个模型可以看作一个独立的序列（Sequence）或者图，模型之间可以相互组合。在安装 SciPy、TensorFlow 或者 Theano 的基础上，通过以下命令可以安装 Keras：

```
pip install keras
```

在使用深度学习方法进行数据处理的时候，应该选择一个合适的框架。以上框架虽然都各有优缺点。但是综合文档的完整性、性能要求等因素，尤其是其中像 Theano 已经不再继续维护和支持，可以优先考虑使用 TensorFlow 或者 PyTorch。

### 7.1.4  卷积神经网络的工作原理

卷积是卷积神经网络中最为重要的概念之一。它是一个数学运算，通常使用信号的例子来说明卷积运算。假设输入信号是 $f(t)$，它是时间的函数，表示信号量随着时间发生变化，系统的响应函数是 $g(t)$，它也是时间的函数，表示信号在系统中的变化趋势，它是一个带有衰减趋势的函数，即随着时间的推移值越来越小，反映信号衰减的过程。那么，系统在 $T$ 时刻的输出就可以通过卷积来表示。假设对信号做了离散的采样，即时刻分别为 $\{0, 1, 2, \cdots, T\}$，那么，在 $T$ 时刻的输入信号是 $f(T)$，而由于该信号刚输入系统，因此其对应的激活函数应该是 $g(0)$，信号的输出应该是 $f(T)\,g(0)$。然而，之前的信号也会对当前系统的输出产生影响，例如，$T-1$ 时刻的输出应该是 $f(T-1)\,g(1)$，$T-2$ 时刻的输出应该是 $f(T-2)\,g(2)$，以此类推，0 时刻的输出应该是 $f(0)\,g(T)$。显然，$T$ 时刻整个系统的输出应该是上述所有输出值。如果是连续的变量，则应该求积分；如果是离散的变量，则应该求和。因此使用卷积表示的当前系统的输出应该如下所示：

$$(f \times g)(T) = \int_{-\infty}^{+\infty} f(x)g(T-x)\mathrm{d}x$$

如果是离散变量，应该表示为以下公式：

$$(f \times g)(T) = \sum_{x=0}^{T} f(x)g(T-X)$$

以上，就是卷积运算的数学定义。卷积神经网络在图像数据处理上取得了显著的效果。那么卷积对于图像有什么作用呢？在图像上的卷积过程相当于一个滤波的过程。将图像上的所有像素点作为输入，设计一个卷积核，在图像上依次将像素点与卷积核相乘，并且将各点的乘积相加就是该点的卷积值。这是用一个像素点周围的其他像素点的加权平均值来代替原来像素点的过程。假设有一个 5 像素×5 像素大小的图片，其共有 25 个像素值。另外，有一个 3 像素×3 像素大小的卷积核，对图片进行卷积的过程是，从图片的第一个像素开始的 3 像素×3 像素大小的共 9 个像素，每一个像素分别与卷积核中对应位置的卷积核值相乘，然后求和，这样得到第一个卷积值"−1"；随后，将卷积核向右平移一个位置，继续刚才的相乘求和操作，得到第二个卷积值。以此类推，完成上面一行的卷积。接着，将卷积核下移一行，并继续卷积计算。最终得到一个 3 像素×3 像素大小的带有卷积值的矩阵，表示针对原始图片的最终卷积结果，如图 7.22 所示。这个操作可以消除噪声，增强特征。当然，不同的卷积核最终得到的卷积效果是不一样的，有的可以检测图像中物体的边缘，有的可以得到浮雕的效果等。

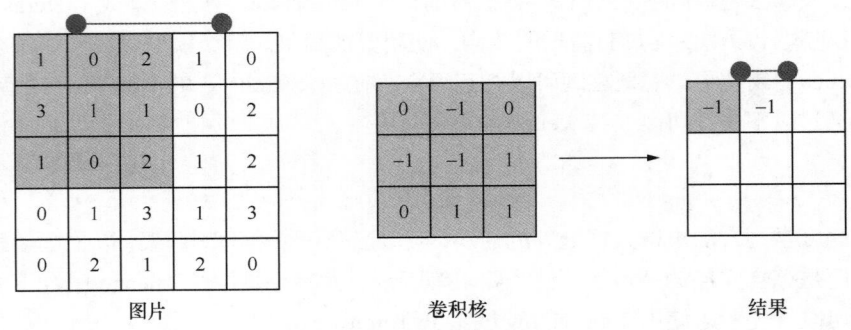

图 7.22　卷积过程示意

图 7.23 所示使用了 OpenCV 中的卷积或者滤波函数"filter2D()"对图像进行了卷积操作。该函数主要有两个参数：一个是要处理的图片，另一个是卷积核。将图片读入变量"image"中，可以显示出原始图片，如图 7.24（a）所示。定义一个 3 像素×3 像素大小的数组表示一个卷积核，使用滤波函数输出处理之后的结果，如图 7.24（b）所示。显然，可以通过卷积的操作将原始图片中主要的部分的边缘提取出来。

```
>>> import numpy as np
>>> import matplotlib.pyplot as plt
>>> import pylab
>>> import cv2
>>> image = plt.imread("python.jpg")
>>> plt.imshow(image)
>>> pylab.show()
>>> kernel = np.array([[0, -1, 0], [-1, -1, 1], [0, 1, 1]])
>>> result = cv2.filter2D(image, -1, kernel)
>>> plt.imshow(result)
>>> pylab.show()
```

图 7.23　图片卷积的例子

1981 年，神经生物学家大卫·休伯尔（David Hubel）等人由于发现了视觉系统中的可视皮层是分级处理信息的而获得了诺贝尔医学奖。这个过程大致如下：首先，人的眼睛通过瞳孔摄入物体的原始信号，接着由大脑皮层的细胞进行边缘以及方向的提取，然后大脑进行初步的判定，感知物体的大致形状，进而判定物体的种类。这是一个从最底层的特征（如边缘、方向）开始，往上层进一步地组合特征进行物体认知的过程，体现出了逐级分层处理的过程。很自然地，可以通过神经网络中的分层结构来模仿人类视觉系统进行信息处理的过程。在开始的底层提取图像的特征，在后续的层次中通过特征的组合最终实现物体的分类。

（a）原始图片

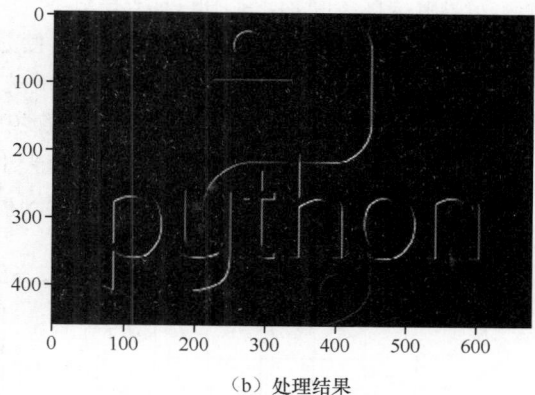
（b）处理结果

图 7.24　图片卷积的效果

　　在使用神经网络对图像进行处理的时候，通常将图像的像素作为模型的输入。而在多层的深度神经网络模型中，这必然会导致整个模型的参数非常庞大。针对这个问题，再回到人类视觉系统中，人在看桌子上的一个杯子的时候，这个杯子的位置往上一点或者往下一点，甚至发生旋转，并不会影响人对杯子这个物体的认知。因此，完全将像素作为区分物体的特征是没有必要的。

　　在卷积神经网络中，有两种方式可以降低模型的参数：一个是局部感知，另一个是参数共享。局部感知的主要思想是，在一幅图片中，在同一个局部区域的像素之间联系更加紧密，而距离越远的像素之间的相关性越小。因此，在输入层，神经网络中的神经单元没必要对所有的像素建立连接，只需要建立局部连接，这样可以大大减少参数的个数。卷积神经网络中局部连接示意如图 7.25 所示。

　　另外，在一幅图片中，某个部分的统计特性与其他部分的统计特性是类似的。因此，在其中一部分上学习的特征可以应用于图片的其他部分。即在一幅图片上可以使用相同的特征提取方式。如果使

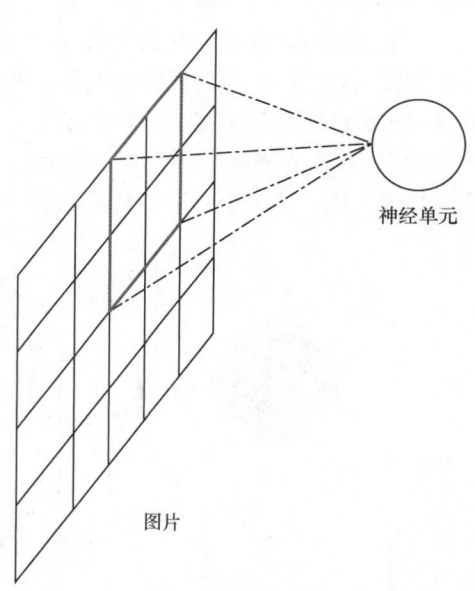

神经单元

图片

图 7.25　卷积神经网络中局部连接示意

用的是卷积操作进行的特征提取，则卷积核等参数可以共享，这样也会极大地减少模型的参数个数。例如，在图片的一小块区域学习到了特征，那么可以将学习到的特征应用到图片的其他部分，从而激活不同的特征值。

　　以上两个步骤主要在特征提取的过程中实现。由于这个特征提取是通过卷积运算实现的，因此称为卷积层。最终，输出图片的特征。如果直接将这些特征输入分类模型中，则仍然存在着特征空间过于庞大的问题。假设输入图像的大小是 10 像素×10 像素，卷积核的大小是 3 像素×3 像素，一共学习到了 100 个特征，每个卷积核卷积之后得到的特征维数为（10−3+1）×（10−3+1）=64，则总共将会有 6400 个特征。而在实际的应用中，特征数要远远大于这个值，因为一般的图片的灰度图的像素大小都是 256 像素×256 像素。将维数过于庞大的特征输入分

类模型中，容易导致过拟合的问题。

为了解决这个问题，常用的方法是对不同的区域进行聚合操作，针对一个区域，可以通过计算平均值或者最大值来降低特征的维度，使分类模型不易出现过拟合的现象，这种操作称为池化（Pooling），也称为下采样。常用的池化方法包括平均值池化和最大值池化。平均值池化就是计算区域中特征值的均值作为该区域最终的池化值，同理，最大值池化计算该区域中的最大值。假设一个卷积特征是 4 像素 × 4 像素大小，分别计算它们的平均值池化和最大值池化，经过池化之后，特征变成了 2 像素 × 2 像素大小，如图 7.26 所示。

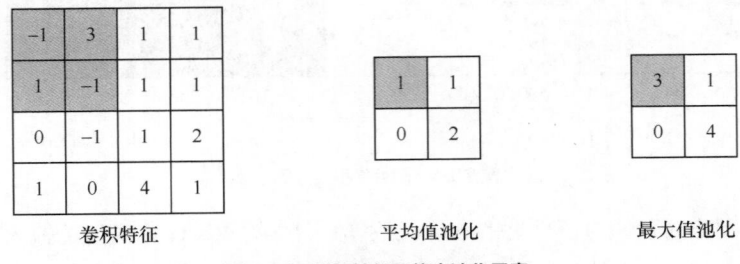

卷积特征　　　　　　　　平均值池化　　　　　　　最大值池化

图 7.26　卷积神经网络中池化示意

将上面的卷积层、池化层连接在一起就可以设计卷积神经网络的结构，如图 7.27 所示。在数据输入之前可以对数据做预处理，如去均值、归一化等。然后通过卷积层进行特征提取，并且通过激活函数输出特征，再通过池化层进行池化操作。在深度神经网络中，有些场景需要多层网络结构，因此上述卷积层、激活函数、池化层可以在后续重复出现。最后，将特征输入全连接层（也就是一个分类模型）进行分类，并输出结果。

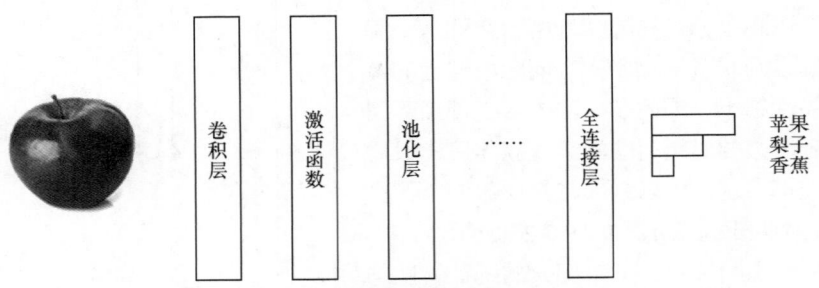

图 7.27　典型的卷积神经网络结构

## 7.1.5　LSTM 网络的工作原理

1997 年，施密德胡伯（Schmidhuber）等人提出了 LSTM 网络，它是一种功能更强的循环神经网络。与传统的循环神经网络相比，LSTM 网络主要解决模型训练中由于序列过长而导致的梯度消失等问题，因此，它具有更强的学习能力。一个完整的 LSTM 网络包括输入门、输出门和遗忘门。根据规则可以决定 LSTM 网络中的信息是否有用，只有符合规则的信息可以留下来，将其他不一致的信息通过遗忘门丢弃掉。

LSTM 网络可以在连续的时间尺度上分析数据样本特征之间的关联，它的计算过程如图 7.28 所示。其中，$X_{t-1}$、$X_t$ 和 $X_{t+1}$ 分别表示连续 3 个时刻 $t-1$、$t$、$t+1$ 的特征输入。在每个时刻具有相似的计算过程，因此，只需要看中间位置的 $t$ 时刻的计算过程。这个过程主要分为 3 个部分，分别对应着输入、遗忘和输出 3 个过程。

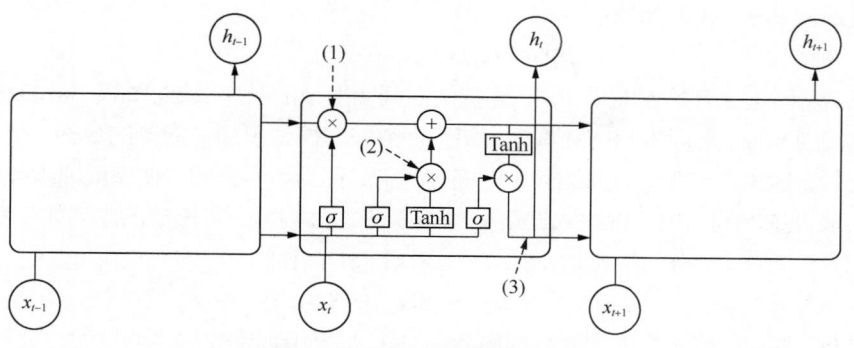

图 7.28　LSTM 网络计算过程示意

### 1. 遗忘门

遗忘门决定了在该时刻，对于上一时刻传过来的信息 $C_{t-1}$，留下哪些，抛弃哪些。这里会计算一个信息通过的比重，其是一个 0 到 1 之间的值，具体计算的公式如下所示：

$$f_t = \sigma(w_f \cdot [h_{t-1}, \boldsymbol{x}_t] + b_f)$$

公式中，$\sigma$ 表示神经网络中的激活函数，在 LSTM 中通常会使用 Sigmoid 激活函数，它根据输入会输出一个 0 到 1 之间的值；$w_f$ 表示神经网络的权重；$h_{t-1}$ 是上一时刻的隐变量；$\boldsymbol{x}_t$ 是本时刻的输入向量；$b_f$ 是神经网络中的偏置项。$C_{t-1}$ 与 $f_t$ 相乘实现了遗忘门的功能。

### 2. 输入门

输入门决定了在当前时刻有多少新的信息加入（输入）进来。这个过程主要包括两个步骤：首先，仍然通过 Sigmoid 激活函数来决定需要更新的信息；其次，使用 Tanh 激活函数生成一个向量，它是备选的用于更新的内容。只要把这两部分结合起来，就得到了本时刻输入的新信息的更新。以上两个步骤的计算公式如下所示：

$$i_t = \sigma(w_i \cdot [h_{t-1}, \boldsymbol{x}_t] + b_i)$$
$$C'_t = \mathrm{Tanh}(w_c \cdot [h_{t-1}, \boldsymbol{x}_t] + b_c)$$

上式中，$w_i$ 和 $w_c$ 是神经网络的权重矩阵；$b_i$ 和 $b_c$ 是神经网络的偏置项；Tanh 是激活函数。

执行以上两个步骤后，遗忘掉一些内容，添加了一些内容，那么这个时刻的状态可以通过以下公式表示（表示上一时刻保留的部分加上本时刻输入的部分）：

$$C_t = f_t \times C_{t-1} + i_t \times C'_t$$

### 3. 输出门

输出门决定了在当前时刻，对上述状态进行过滤之后输出。首先，仍然使用一个 Sigmoid 激活函数，它决定了哪些部分被输出。然后，将上述状态输入一个 Tanh 层（将数值规范到−1 和 1 之间），将其与 Sigmoid 激活函数得到的值相乘并输出，从而只输出预定输出的部分。主要的计算公式如下所示：

$$\sigma_t = \sigma(w_o \cdot [h_{t-1}, \boldsymbol{x}_t] + b_o)$$
$$h_t = o_t \times \mathrm{Tanh}(C_t)$$

上式中，$w_o$ 是神经网络输出层的权重矩阵，$b_o$ 是神经网络的输出层偏置项；Tanh 是激活函数。

LSTM 模型在时序数据的分析和处理上取得了显著的成效。为了简化问题，将时序数据

（Sequence Data，SD）表示如下：

$$SD_T = \{x_1, x_2, x_3, \cdots, x_T\}$$

$SD_T$ 表示从时刻 1 开始到时刻 $T$，在连续的时间上形成的时序数据。如果将 $SD_T$ 作为数据集，则可以使用 $SD_{T-1}$ 来训练 LSTM 模型，使用训练好的模型预测 $T$ 时刻的数据，并与真实的数据进行比较。这种情况下，只预测一个时间点的值，称为单步预测。在模型训练数据的准备中，需要生成训练序列。假设观察数据是 $k$（$k<T$）步，预测下一步形成的序列如下所示：

$$\{[SD_1, SD_2, \cdots, SD_k], [SD_{k+1}]\}$$
$$\{[SD_2, SD_3, \cdots, SD_{k+1}], [SD_{k+2}]\}$$

以此类推，直到形成完整的训练数据集合。其中，每一条训练数据可以认为分成了两部分：数据 $X$ 和标签 $y$。因此，它们也可以表示为 $\{X, y\}$，这里的 $y$ 是仅含一个元素的一维数组。

同理，如果要预测未来 $m$ 步的数据，则在时间序列数据 $SD_T$ 的基础上生成的训练数据如下所示：

$$[SD_1, SD_2, \cdots, SD_k], [SD_{k+1}, \cdots, SD_{k+m}]\}$$
$$\{[SD_2, SD_3, \cdots, SD_{k+1}], [SD_{k+2}, \cdots, SD_{k+m+1}]\}$$

以此类推，此时的 $y$ 不再是仅含一个元素的数组，而是具有 $m$ 个元素的数组。

假设有一个简单的时间序列数据"[10, 20, 30, 40, 50, 60, 70, 80, 90]"，如果进行单步预测，并且设置观察数据的间隔是 3，那么生成的训练数据如下所示：

$$\{[10, 20, 30], [40]\}$$
$$\{[20, 30, 40], [50]\}$$
$$\{[30, 40, 50], [60]\}$$
$$\{[40, 50, 60], [70]\}$$
$$\{[50, 60, 70], [80]\}$$
$$\{[60, 70, 80], [90]\}$$

使用上述数据集训练 LSTM 模型，如果要预测整个时间序列的下一个数值，则只需要将"[70, 80, 90]"输入训练好的模型，模型就可以给出预测值。

使用 Keras 库提供的 Sequential 类可以很方便地构建深度模型。当然，在使用 Keras 库之前，需要安装 TensorFlow，因为后台的计算是基于 TensorFlow 的。在图 7.29 所示的代码中，第 5～14 行"split_sequence_data()"函数实现了将一个给定的序列数据划分成训练数据序列的功能；第 20～24 行创建了一个 LSTM 模型，并使用训练数据训练；第 25～27 行生成测试数据，并使用训练好的模型进行预测，输出预测值。这里输出的预测值大约为"[[ 102.23854065]]"，而序列中下一个值应该是 100，由此可以看出，LSTM 可以较好地预测时间序列数据。

如果进行多步预测，假设观察数据的间隔是 3，预测未来的步数是 2，那么生成的训练数据如下所示：

$$\{[10, 20, 30], [40, 50]\}$$
$$\{[20, 30, 40], [50, 60]\}$$
$$\{[30, 40, 50], [60, 70]\}$$
$$\{[40, 50, 60], [70, 80]\}$$
$$\{[50, 60, 70], [80, 90]\}$$

```
1      from numpy import array
2      from keras.models import Sequential
3      from keras.layers import LSTM
4      from keras.layers import Dense
5      def split_sequence_data(seqData, time_steps):
6          X, y = [], []
7          for i in range(len(seqData)):
8              endIndex = i + time_steps
9              if endIndex > len(seqData)-1:
10                 break
11             seqDataX, seqDatay = seqData[i:endIndex], seqData[endIndex]
12             X.append(seqDataX)
13             y.append(seqDatay)
14         return array(X), array(y)
15     sequentialData = [10, 20, 30, 40, 50, 60, 70, 80, 90]
16     timeSteps = 3
17     X, y = split_sequence_data(sequentialData, timeSteps)
18     featureNum = 1
19     X = X.reshape((X.shape[0], X.shape[1], featureNum))
20     model = Sequential()
21     model.add(LSTM(50, activation='relu', input_shape=(timeSteps, featureNum)))
22     model.add(Dense(1))
23     model.compile(optimizer='adam', loss='mse')
24     model.fit(X, y, epochs=300, verbose=0)
25     testSequentialData = array([70, 80, 90])
26     testSequentialData = testSequentialData.reshape((1, timeSteps, featureNum))
27     predictY = model.predict(testSequentialData, verbose=0)
28     print(predictY)
```

**图 7.29　LSTM 中的单步数据预测**

　　具体的实现如图 7.30 所示。第 5～15 行将给定的时间序列数据划分成了上述格式的数据集合。第 21～26 行创建了一个 LSTM 模型，并使用划分的数据进行模型训练。第 27～29 行准备测试数据 "[70, 80, 90]"，并预测未来两个时间步的值。显然模型预测的结果应该是具有两个值的数组，如 "[[　94.58575439　110.74031067]]"。其中，第一个值对应的真实值应该是100，第二个值对应的真实值应该是 110。

```
1      from numpy import array
2      from keras.models import Sequential
3      from keras.layers import LSTM
4      from keras.layers import Dense
5      def split_sequence_data(seqData, time_steps, label_numbs):
6          X, y = [], []
7          for i in range(len(seqData)):
```

**图 7.30　LSTM 中的多步数据预测**

```
8              timeEndIndex = i + time_steps
9              labelEndIndex = timeEndIndex + label_numbs
10             if labelEndIndex > len(seqData):
11                 break
12             seqDataX, seqDatay = seqData[i:timeEndIndex], seqData[timeE
               ndIndex:labelEndIndex]
13             X.append(seqDataX)
14             y.append(seqDatay)
15         return array(X), array(y)
16     sequentialData = [10, 20, 30, 40, 50, 60, 70, 80, 90]
17     timeSteps, labelNumbs = 3, 2
18     X, y = split_sequence_data(sequentialData, timeSteps, labelNumbs)
19     featureNum = 1
20     X = X.reshape((X.shape[0], X.shape[1], featureNum))
21     model = Sequential()
22     model.add(LSTM(100, activation='relu', return_sequences=True, input_
       shape=(timeSteps, featureNum)))
23     model.add(LSTM(100, activation='relu'))
24     model.add(Dense(labelNumbs))
25     model.compile(optimizer='adam', loss='mse')
26     model.fit(X, y, epochs=50, verbose=0)
27     testSequentialData = array([70, 80, 90])
28     testSequentialData = testSequentialData.reshape((1, timeSteps, featureNum))
29     predictionY = model.predict(testSequentialData, verbose=0)
30     print(predictionY)
```

图 7.30    LSTM 中的多步数据预测（续）

## 7.1.6    案例：使用卷积神经网络实现蔬菜识别系统

深度学习技术可以应用于软件系统的开发中，以解决生活中实际存在的问题。随着生活水平的提高，人们对饮食的要求也越来越高，特别是蔬菜，是否新鲜、是否具有营养价值、如何制定相应的菜谱等，都是人们非常关注的问题。另外，在超市购物中，常用的条形码技术也面临着需要人工识别蔬菜，再打印条形码的繁杂操作。这就提出了以下问题：是否可以开发一个可以识别蔬菜的系统，并使其具有方便使用的特性？在这种要求下，我们就可以利用深度学习在图片识别上的优势了，不过另外还得选择一个方便模型移植的深度学习框架。TensorFlow 可以满足上述的要求。

完成这个任务的主要思路如下。首先，获取蔬菜数据集。在人脸识别、物体识别等任务中，已经有大量的公开数据集，然而，针对当前任务的数据集并不是很多。因此，可以设计爬虫以在互联网上获取蔬菜数据，并且进行人工标注。其次，设计深度学习模型。蔬菜的识别也是一种图像识别，因此可以选择卷积神经网络模型，模型的参数需要根据蔬菜数据集的特征进行设定和调整。最后，训练好的卷积神经网络模型输出保存，从而可以将该模型移植到移动终端设备使用。TensorFlow 与 Android 平台具有良好的兼容性，可以将训练好的模型放到 Android 平台上，开发一个 Android 的应用。用户使用智能终端拍摄蔬菜的图片，即可识别出蔬菜的类型。

　　数据对于深度学习是非常重要的。图 7.31 所示的代码中设计了一个爬虫，可以在搜索引擎上获取指定类型的蔬菜，主要包括两个步骤：一是根据搜索关键词，返回 URL，通过 "getImageUrls()" 函数来实现；二是根据 URL 下载图片，并且保存到指定的路径下，通过 "download_img()" 函数来实现。

```
1    import requests
2    import re
3    import os
4    def getImageUrls(keyword, pages):
5        params = []
6        url = 'https://image▒▒▒▒▒▒▒▒▒▒▒▒▒acjson'
7        for i in range(30, 30*pages + 30, 30):
8            params.append({ 'tn':'resultjson_com', 'ipn': 'rj', 'ct':
             '201326592', 'is': '', 'fp': 'result', 'queryWord': keyword,
             'cl': '2', 'lm': '-1', 'ie': 'utf-8', 'oe': 'utf-8', 'st':
             '-1', 'ic': '0', 'word': keyword, 'face': '0', 'istype':
             '2', 'nc': '1', 'pn': i, 'rn': '30' })
9        imageUrls = []
10       for i in params:
11           content = requests.get(url, params=i).text
12           img_urls = re.findall(r'"thumbURL":"(.*?)"', content)
13           imageUrls.append(img_urls)
14       return imageUrls
15   def dowload_img(path, urls):
16       if not os.path.exists(path):
17           os.mkdir(path)
18       for aUrl in urls:
19           for url in aUrl:
20               image = requests.get(url)
21               open(path + '%d.jpg' % x, 'wb').write(image.content)
22   if __name__ == '__main__':
23       imageUrls = getImageUrls('萝卜', 40)
24       dowload_img("data/", imageUrls)
```

**图 7.31　获取蔬菜图片**

　　在已经获取数据的基础上，需要设计卷积神经网络模型，并使用数据进行训练。在本例中，使用了 TensorFlow 框架。TensorFlow 提供了针对数据的预处理方法、神经网络的组件等。在神经网络中有以下几个要素：卷积层、池化层、权重值矩阵、偏置项。在 "nn" 模块下的 "conv2d(x, W, strides)" 函数可以使用卷积核 "W" 对图像数据 "x" 进行卷积。另外，参数 "strides" 表示卷积核平移的步长。"max_pool(x, ksize, strides)" 函数能以 "ksize" 大小的局部区域对 "x" 进行池化，参数 "strides" 表示池化过程中的步长。在模型训练之前，权重值以及偏置项需要设置初始值，通常这些初始值都是随机生成的。"Variable()" 函数可以对参数进行初始化。图 7.32 所示的第 16～24 行分别在 TensorFlow 提供的方法的基础上重新定义了以上几个功能函数。

```
1    import numpy as np
2    import tensorflow as tf
3    import h5py
4    from PIL import Image
5    import scipy
6    from scipy import ndimage
7    import matplotlib.pyplot as plt
8    import math
9    from tensorflow.python.framework import ops
10   from tensorflow.python.framework import graph_util
11   from sklearn.model_selection import train_test_split
12   from keras.utils import np_utils
13   def convert_to_one_hot(Y, C):
14       Y = np.eye(C)[Y.reshape(-1)].T
15       return Y
16   def weight_variable(shape):
17       tf.set_random_seed(1)
18       return tf.Variable(tf.truncated_normal(shape, stddev=0.1))
19   def bias_variable(shape):
20       return tf.Variable(tf.constant(0.0, shape=shape))
21   def conv2d(x, W):
22       return tf.nn.conv2d(x, W, strides=[1,1,1,1], padding='SAME')
23   def max_pool(x):
24       return tf.nn.max_pool(x, ksize=[1,2,2,1], strides=[1,2,2,1],
         padding='SAME')
25   def image_cnn_model(X_train, y_train, X_test, y_test, keep_prob,
     lamda, num_epochs = 450, minibatch_size = 16):
26       X = tf.placeholder(tf.float32, [None, 64, 64, 3], name="input_x")
27       y = tf.placeholder(tf.float32, [None, 8], name="input_y")
28       kp = tf.placeholder_with_default(1.0, shape=(), name="keep_prob")
29       lam = tf.placeholder(tf.float32, name="lamda")
30       conv1W = weight_variable([5, 5, 3, 32])
31       conv1B = bias_variable([32])
32       activation1 = tf.nn.relu(conv2d(X, conv1W) + conv1B)
33       maxpool1 = max_pool(activation1)
34       conv2W = weight_variable([5, 5, 32, 64])
35       conv2B = bias_variable([64])
36       activation2 = tf.nn.relu(conv2d(maxpool1, conv2W) + conv2B)
37       maxpool2 = max_pool(activation2)
38       fc1W = weight_variable([16×16×64, 200])
39       fc1B = bias_variable([200])
40       maxpool2_flat = tf.reshape(maxpool2, [-1, 16×16×64])
41       activation3 = tf.nn.relu(tf.matmul(maxpool2_flat, fc1W) + fc1B)
```

图 7.32　使用卷积神经网络识别蔬菜图片

```
42      activation4 = tf.nn.dropout(activation3, keep_prob=kp)
43      fc2W = weight_variable([200, 8])
44      fc2B = bias_variable([8])
45      activation5 = tf.add(tf.matmul(activation4, fc2W), fc2B)
46      prob = tf.nn.softmax(activation5, name="probability")
47      cost = tf.reduce_mean(tf.nn.softmax_cross_entropy_with_logits_
        v2(labels=y, logits= activation5))
48      train = tf.train.AdamOptimizer().minimize(cost)
49      pred = tf.argmax(prob, 1, output_type="int32", name="predict")
50      correct_prediction = tf.equal(pred, tf.argmax(y, 1, output_type=
        'int32'))
51      accuracy = tf.reduce_mean(tf.cast(correct_prediction, tf.float32))
52      tf.set_random_seed(1)
53      seed = 0
54      init = tf.global_variables_initializer()
55      with tf.Session() as session:
56          session.run(init)
57          for epoch in range(num_epochs):
58              seed = seed + 1
59              epoch_cost = 0.
60              num_minibatches = int(X_train.shape[0] / minibatch_size)
61              _, minibatch_cost = session.run([train, cost], feed_dict=
                {X: X_train, y: y_train, kp: keep_prob, lam: lamda})
62              epoch_cost += minibatch_cost / num_minibatches
63              if epoch % 20 == 0:
64                  print("Cost after epoch %i: %f" % (epoch, epoch_cost))
65          train_accuracy = accuracy.eval(feed_dict={X: X_train[:1000],
            y: y_train[:1000], kp: 0.8, lam: lamda})
66          print("train accuracy", train_accuracc)
67          test_ accuracy = accuracy.eval(feed_dict={X: X_test[:100],
            y: y_test[:100], lam: lamda})
68          print("test accuracy", test_ accuracy)
69          saver = tf.train.Saver({'conv1W': conv1W, 'conv1B': conv1B,
            'conv2W': conv2W, 'conv2B': conv2B, 'fc1W': fc1W, 'fc1B':
            fc1B, 'fc2W': fc2W, 'fc2B': fc2B })
70          saver.save(session, "ckpt2/image_cnn_model.ckpt")
71          output_graph_def = graph_util.convert_variables_to_constants
            (session, session.graph_def, output_node_names=['predict'])
72          with tf.gfile.FastGFile('ckpt2/vegatable.pb', mode='wb') as f:
73              f.write(output_graph_def.SerializeToString())
74  if __name__ == '__main__':
75      data=h5py.File("datasets2.h5","r")
76      X_train=np.array(data["X_train"])
```

**图 7.32  使用卷积神经网络识别蔬菜图片（续）**

```
77          Y_train=np.array(data["Y_train"])
78          Y_train=Y_train.reshape(11520,1)
79          Y_train=convert_to_one_hot(Y_train,8).T
80          X_test=np.array(data["X_test"])
81          Y_test=np.array(data["Y_test"])
82          Y_test=Y_test.reshape(160,1)
83          Y_test=convert_to_one_hot(Y_test,8).T
84          X_train=X_train/255
85          X_test=X_test/255
86          image_cnn_model(X_train, Y_train, X_test, Y_test, keep_prob=0.8,
            lamda=1e-4, num_epochs = 450, minibatch_size = 32)
```

**图 7.32　使用卷积神经网络识别蔬菜图片（续）**

关键的卷积神经网络模型的设计、训练和保存在"image_cnn_model()"函数中实现。TensorFlow 提供了"placeholder(dtype, shape, name)"函数用于占位，在执行的时候再赋具体的值。其中，参数"dtype"表示数据类型，例如，"tf.float32""tf.float64"分别表示 32 位、64位浮点数；参数"shape"表示数据形状；参数"name"表示该占位符的名字。通常在运行的时候使用参数"feed_dict{}"输入具体的值。在本例中，卷积神经网络的结构为"卷积层－池化层－卷积层－池化层－全连接层－全连接层"，在卷积层和池化层之间使用的激活函数是Relu 函数。第 30～45 行是卷积神经网络构建的过程，在卷积层和全连接层中初始化权重值、偏置项参数，设置激活函数；在池化层中使用最大池化方法，最后通过"softmax()"函数进行分类。第 42 行有一个"dropout()"函数，它的主要作用是将该函数输入数据中的一些元素置 0，一些元素变小，目的是防止过拟合，因此常用于一些大型的网络中。第 47～48 行指定了模型训练时的优化目标函数以及采用的优化方法。第 49～51 行规定了如何计算预测准确率。第55～68 行开始执行训练过程。在训练过程中可以指定迭代的次数，并且在每轮迭代中调用TensorFlow 的"run()"方法执行训练，同时，可以计算训练过程中的准确率以及测试数据集对应的预测准确率。经过训练之后，卷积神经网络的参数都已具备最优的值，因此，第 69～73行将训练好的模型（即模型中的参数）保存到文件中。第 75～85 行是数据准备工作，将数据从数据文件中读入内存，并且分为训练数据和测试数据。第 84～85 行对数据进行了归一化操作。

综上，使用 TensorFlow 框架实现卷积神经网络显然减少了很多的工作量。具体的步骤主要包括数据预处理、模型构建、模型训练以及预测。

## 7.2　习题

（1）深度学习模型和神经网络模型的关联与区别是什么？

（2）什么是卷积运算？请举几个生活中常见的例子。

（3）常用的深度学习平台有哪些？它们各有什么特点？

（4）什么是 LSTM？它常被用在什么场景下？

（5）编程实现"在 Tensorflow 框架中加载手写数字数据集，并设计一个卷积神经网络模型以识别手写数字"。分析卷积神经网络模型与识别准确率之间的关系。

（6）编程实现"通过爬虫软件或其他数据接口获取股市某天的数据，以构成时序数据，并使用 LSTM 进行趋势预测"。

（7）除了本书所提经典的深度学习模型外，请调研其他目前常用的深度学习技术以及它们的应用场景。

# 08 chapter

## Python 数据可视化

可视化技术可以自然地呈现数据中的规律。本章首先介绍 Python 中最为常用的 Matplotlib 库的基本概念和使用方法；然后介绍如何使用两个常用的可视化库（Seaborn 和 Plotnine）提升数据的可视化效果；最后，通过一个房价数据可视化的例子，分析如何根据特定的数据选择合适的可视化方法。

## 8.1 可视化技术自然地展现数据规律

数据可视化（Data Visualization）是数据处理和挖掘中的重要环节，通过图形的形式可以清晰地表达数据内在的规律。通常，使用自然语言、数字等形式表达的概念是枯燥的、不易懂的，而可视化的技术可以增加数据的生动性，从而可以有效地表达数据中包含的内在模式。例如，给定 10000 名学生，要研究他们的学习成绩，单纯地通过观察成绩数据很难发现规律，但是如果把他们的成绩在一个坐标系中可视化，则可以轻松地发现规律，或者服从正态分布，或者服从其他分布。身高也可以通过二维坐标系下的正态分布来描述，甚至可以再增加一维，使用三维坐标下的图形来表示数据，如图 8.1 所示。

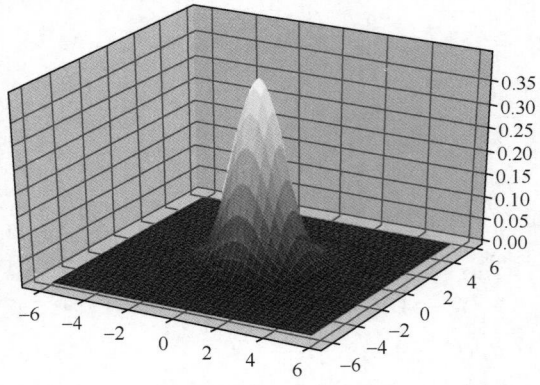

图 8.1　数据可视化效果图

在数据处理和挖掘中，数据可视化经常用于以下两种情况。第一，数据的探索性分析。采用数理统计等多种方法，发现数据中隐藏的规律。例如，在一个购物商店中，对所有用户购买商品的历史数据进行统计，发现商品的购买频率服从幂律分布，大约 20%的商品被经常购买，而其余 80%的商品被购买的频率较低。在发现的规律基础上，可以有针对性地调整销售策略。可视化一个人的行为数据可以发现，在日常活动中他（她）经常去的地点只有几个，这些是他（她）的“热点”地点。另外，在数据挖掘模型的设计过程中，数据可视化技术有助于确定模型的参数。众所周知，K-means 算法中的 K 值难以确定，但是可以通过对数据分布的初步分析来协助参数的确定。深度学习的可解释性一直是研究人员探讨的热点。而研究人员通过将卷积、池化后的数据可视化，可以在一定程度上展现操作之后的效果，这有助于模型的解释。第二，数据挖掘结果的展示。这是数据可视化技术应用最为广泛的地方，将数据进行挖掘之后得到的结论通过表格、直方图、散点图等多种形式展现出来，可以提升结果的可读性。另外，对模型进行验证的时候，通常会采用可视化对比图的形式，比较不同模型或者方法的优越性。

在 Python 中，提供了不同的库或者模块来实现数据的可视化。其中，最为常用的可视化方法是 Matplotlib 库。为了提升可视化效果的美观程度，也有其他的可视化模块，如 Seaborn、Plotnine 等。

## 8.2 最为常用的 Matplotlib 库

在前面数据挖掘算法的结果展示中，已经使用过了 Matplotlib 库。由名字可以看出，这个库的主要目的是能够在 Python 环境下提供 MATLAB 中类似的绘图体验。同其他第三方库一样，它在使用之前需要通过以下命令安装：

```
pip install matplotlib
```

在 Matplotlib 库中，一幅图就是一个 Figure 对象，其中可以包含一个或者多个 Axes 对象。每个 Axes 对象都有独立的坐标系统定义的绘图区域。一幅图像的各个组件如图 8.2 所示。其中，"title"表示图像的标题。"Axis"表示坐标轴，包括横坐标（$x$ 轴）和纵坐标（$y$ 轴）。坐标轴上的标签表示坐标轴表示的数据的含义，例如，在图中，$x$ 轴和 $y$ 轴的标签分别为"x label""y label"。每个坐标轴上均有刻度线（Tick），每条刻度线均有刻度线标签（Tick Label），如"1""2""3"等。图例（Legend）可以为图中的图形添加文本注释，帮助理解图形表示的含义。为了更加清楚图形的数值范围，还可以增加网格（Grid），如图 8.2 中的横线和竖线组成的网格结构。

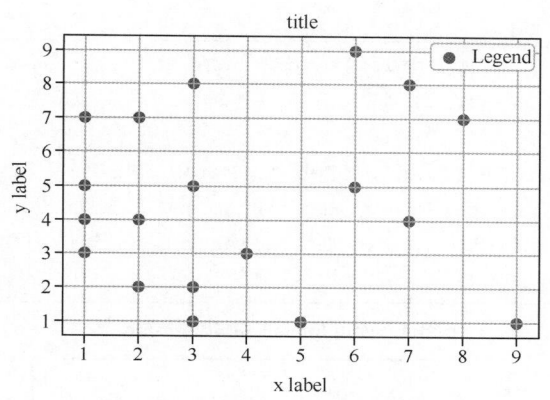

图 8.2　Matplotlib 库中的图像组件示意

Matplotlib 库的基础接口如图 8.3 所示。

```
>>> from matplotlib import pyplot as plt
>>> import numpy as np
>>> %matplotlib inline
>>> x = np.random.randint(1, 10, 20)
>>> y = np.random.randint(1, 10, 20)
>>> plt.scatter(x, y, marker='o', label='Legend')
>>> plt.legend(loc=0)
>>> plt.xlabel('x label')
>>> plt.ylabel('y label')
>>> plt.title('title')
>>> plt.grid()
>>> plt.show()
```

图 8.3　Matplotlib 库的基础接口

在 Matplotlib 库中，"pyplot"是最为常用的绘图模块，其中包含了各种图形的绘制方法。在使用之前，需要导入该模块。其中，"title()"函数用于设置图形的标题，其中一个参数是标题的名称，也可以通过其他参数来设置字体的大小、标题的水平位置，如居中、居左、居右等。"xlabel()"和"ylabel()"函数分别设置 $x$ 轴和 $y$ 轴的标签。"grid()"函数用于显示图形中的网格。"legend()"函数用于显示图例，它的一个重要参数"loc"用于指定图例的位置。loc 的取值及其含义包括："best"或者"0"表示自适应一个最佳的位置；"upper right"或者"1"表示右上方；"upper left"或者"2"表示左上方；"lower left"或者"3"表示左下方；"lower right"或者"4"表示右下方；"right"或者"5"表示右方；"center left"或者"6"表示左侧居中；"center right"或者"7"表示右侧居中；"lower center"或者"8"表示下方居中；"upper center"或者"9"表示上方居中；"center"或者"10"表示居中。"show()"函数用于显示图形。

如果需要将坐标轴的刻度显示为个性化的内容，而不是数字的形式，则需要通过"xticks()"函数进行横坐标刻度的设置，"yticks()"函数进行纵坐标刻度的设置。它们有一个属性"rotation"，如果设置为"vertical"值，则表示刻度垂直显示。

图 8.4 所示对 x 坐标轴的刻度进行了重新设置，并让刻度标签垂直显示，具体的效果如图 8.5 所示。

```
>>> import matplotlib.pyplot as plt
>>> x = [1, 2, 3, 4]
>>> y = [1, 4, 9, 16]
>>> labels = ['Jan', 'Feb', 'Mar', 'Apr']
>>> plt.scatter(x, y, marker='o')
>>> plt.xticks(x, labels, rotation='vertical')
>>> plt.show()
```

**图 8.4　Matplotlib 库中修改坐标刻度**

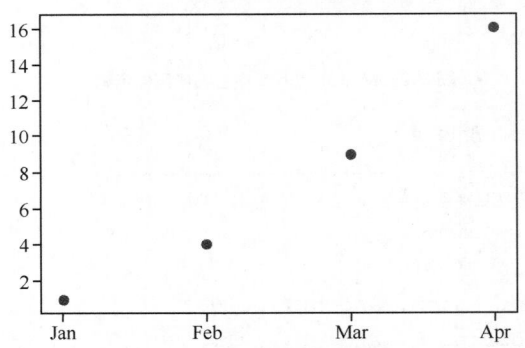

**图 8.5　修改坐标刻度的显示效果**

在调用"scatter()"函数画图的时候，Matplotlib 库会获取当前的 Figure 对象，如果为空，则将自动生成 Figure 对象。如果需要另外生成一个绘图区域，即另一个 Figure 对象，则须调用"figure()"函数。例如，"plt.figure(figsize=(10, 10), dpi=80)"表示生成一个"$(10 \times 80) \times (10 \times 80)$"像素大小的绘图区域，如果不使用参数，则表示创建默认大小的绘图区域。

可以通过"subplot()"函数画子图，即将绘图区域分割成不同的子区域，分别画不同的内容。通常，"subplot()"函数使用 3 个数字参数，如"221"。其中，第一个数字表示子图划分的行数，第二个数字表示每行中的列数，第三个数字表示子图的序号。

图 8.6 所示画了一个两行的子图。"221"表示一共有两行子图，该行有两列，这是其中的第一个子图；同理，"222"表示第一行中的第二个子图。第 2 行中的一个子图占了"223"和"224"的位置，因此需要重新按照两行一列进行划分。按照这种划分方法，第 1 行应该是"211"，第 2 行的这一个子图应该用"212"来表示。在该例中，"xlim()"和"ylim()"函数表示设置 x 轴和 y 轴的坐标值范围。例如，"xlim(0, 5)"将 x 轴的表示范围限定在"[0, 5]"内。具体的效果如图 8.7 所示。

```
>>> import matplotlib.pyplot as plt
>>> %matplotlib inline
>>> plt.subplot(221)
>>> plt.xlim(0, 5)
>>> plt.ylim(0, 5)
>>> plt.subplot(222)
>>> plt.xlim(0, 5)
>>> plt.ylim(0, 5)
>>> plt.subplot(212)
>>> plt.xlim(0, 10)
>>> plt.ylim(0, 5)
>>> plt.show()
```

**图 8.6　Matplotlib 库中的子图**

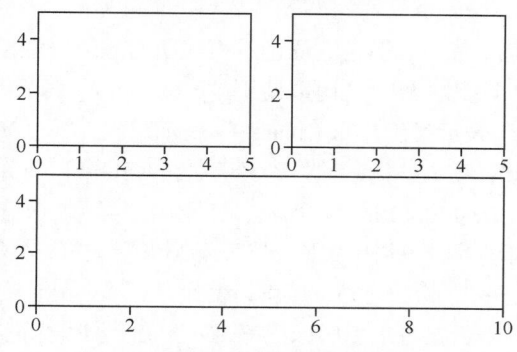

**图 8.7　Matplotlib 库中子图的显示效果**

使用"savefig()"函数可以将图形保存为一个文件，需要通过参数的形式指定保存的路径。

## 8.2.1　使用 Matplotlib 库绘制各种图形

通过"pyplot"模块可以在图形或者子图中绘制各种图形，常见的包括折线图、散点图、直方图等。

顾名思义，折线图使用线的形式展现数据之间的关系。此时需要用到"plot()"函数，它需要输入绘制图形所使用的数据，通常是横坐标数据（$x$ 值）以及对应的纵坐标数据（$y$ 值）。在绘制的时候可以设置线的颜色、形状、宽度等属性。图 8.8 所示绘制了 3 种不同形状的直线，每条直线中的数据使用不同的标记（Marker），具体的代码如图 8.9 所示。

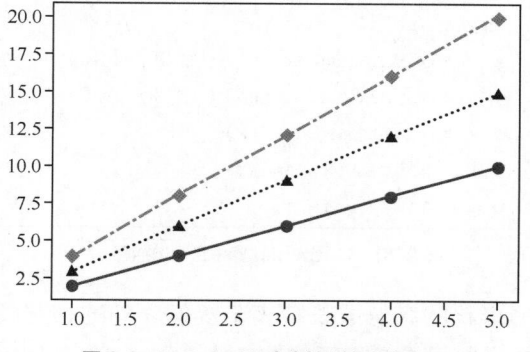

**图 8.8　Matplotlib 库中绘制直线的效果**

```
>>> import matplotlib.pyplot as plt
>>> import numpy as np
>>> %matplotlib inline
>>> x = np.array([1, 2, 3, 4, 5])
>>> y1 = 2*x
>>> y2 = 3*x
>>> y3 = 4*x
>>> plt.plot(x, y1, 'ro-')
>>> plt.plot(x, y2, 'b^:')
>>> plt.plot(x, y3, 'gD-.')
>>> plt.show()
```

图 8.9　Matplotlib 库中绘制直线

　　关于所绘制直线的颜色，红色、蓝色、绿色的直线所对应的属性设置分别为"r（Red）""b（Blue）""g（Green）"。除此之外，还可以使用"c（Cyan）"表示青色，"m（Magenta）"表示洋红色，"y（Yellow）"表示黄色，"k（black）"表示黑色，"w（White）"表示白色。

　　关于所绘制直线的形状，图 8.9 中使用"-"表示实线（Solid Line），":"表示点线（Dotted Line），"-·"表示虚实线（Dash-dot Line）。当然，还常用"--"表示虚线（Dashed Line）。

　　数据点常用标记符显示。图 8.9 中使用"o"表示圆形标记符，"^"表示向上三角形标记符，"D"表示钻石形状标记符。除此之外，还可以使用"v"表示向下三角形标记符，"<"表示向左三角形标记符，">"表示向右三角形标记符，"+"表示加号标记符，"."表示点标记符，"s"表示方形标记符，"×"表示星形标记符，"x"表示交叉标记符等。

　　以上 3 种设置可以放在一起使用。另外，可以通过参数"linestyle"或者"ls"单独设置一条直线的类型；通过参数"linewidth"或者"lw"设置线的宽度，它是浮点型；通过参数"marker"设置标记符的类型；通过参数"markersize"或者"ms"调整标记符的大小。

　　散点图通过点的形式展示数据分布，画散点图使用的函数是"scatter()"，该函数需要以（$x, y$）形式表示数据。图 8.10 所示使用高斯分布生成了 500 个数据点，计算数据点 $x$ 与 $y$ 之间的反正切值表示该数据点的颜色值。然后使用函数"scatter()"绘制散点图，效果如图 8.11 所示。在函数的参数中，参数"s"设置标记符的大小，参数"c"设置标记符的颜色。

```
>>> import numpy as np
>>> import matplotlib.pyplot as plt
>>> %matplotlib inline
>>> x = np.random.normal(0, 1, 500)
>>> y = np.random.normal(0, 1, 500)
>>> c = np.arctan2(y, x)
>>> plt.scatter(x, y, s=50, c=c)
>>> plt.show()
```

图 8.10　Matplotlib 库中绘制散点图

　　条形图可以通过条形形状的高低或长短表示数据之间的相互关系，它的绘制函数是"bar()"。除了绘图需要的数据集合之外，函数的参数"facecolor"用于填充每个柱状图形的颜

色，参数"edgecolor"用于设置边框的颜色。"barh()"函数用于绘制水平直方图，绘制的参数
与"bar()"函数的参数基本类似。但是设置参数的时候，需要通过参数"y"输入原来的横坐
标数据，通过参数"width"输入需要显示的值，即原来的 $y$ 值。在图 8.12 所示的代码中分别
绘制了竖直和水平的条形图，效果如图 8.13 所示。

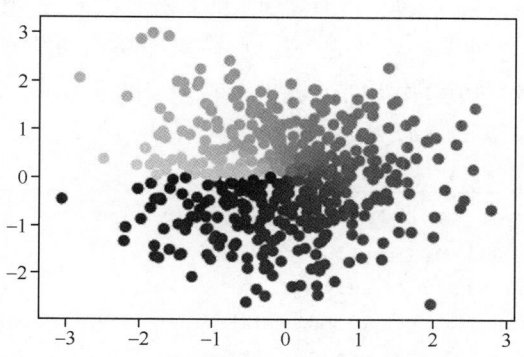

图 8.11　Matplotlib 库中绘制散点图的效果

```
>>> import numpy as np
>>> import matplotlib.pyplot as plt
>>> %matplotlib inline
>>> n = 10
>>> X = np.arange(n)
>>> Y = (1 - X/float(n)) * np.random.uniform(0.6, 1.0, n)
>>> plt.bar(X, Y, facecolor='#0055ff', edgecolor='white')
>>> for x,y in zip(X, Y):
>>>     plt.text(x+0.1, y+0.01, '%.2f' % y, ha='center', va= 'bottom')
>>> plt.figure()
>>> plt.barh(y=X, width=Y, facecolor='#5555ff', edgecolor='white')
>>> for x,y in zip(X, Y):
>>>     plt.text(y+0.03, x+0.01, '%.2f' % y, ha='center', va= 'bottom')
>>> plt.show()
```

图 8.12　Matplotlib 库中绘制条形图

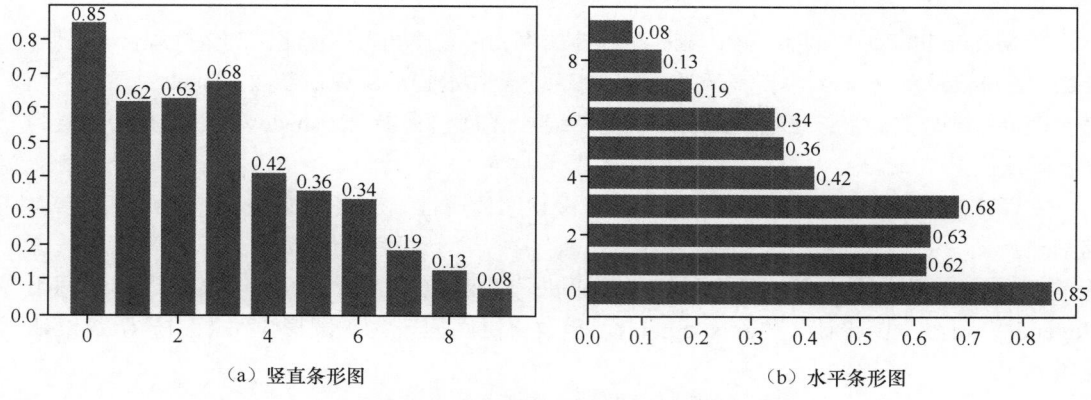

（a）竖直条形图　　　　　　　　　　（b）水平条形图

图 8.13　Matplotlib 库中绘制条形图的效果

在绘制的条形图中，并不能显示每一个柱状图形的数值大小。此时，可以通过"text()"函数添加对应的文本。该函数的前 3 个参数分别表示文本添加的 $x$ 坐标值、$y$ 坐标值以及显示的内容。参数"ha"（Horizontal Alignment）表示水平对齐方式，参数"va"（Vertical Alignment）表示竖直对齐方式。

直方图和条形图有些类似，但是，直方图显示的是数据在某个范围内（Bin）的比例。通过"hist()"函数可以画直方图。参数"bins"是划分的不同的数值范围，参数"label"是不同数据集合的标签。在图 8.14 所示的代码中，随机生成 0～100 的整数，并且将这些数在不同范围内的生成频率显示出来，如图 8.15 所示。

```
>>> import matplotlib.pyplot as plt
>>> import numpy as np
>>> %matplotlib inline
>>> data = [np.random.randint(0, 100, 100)]
>>> labels = ['Data']
>>> bins = [0, 20, 40, 60, 80, 100]
>>> plt.hist(data, bins=bins, label=labels)
>>> plt.legend()
>>> plt.show()
```

图 8.14　Matplotlib 库中绘制直方图

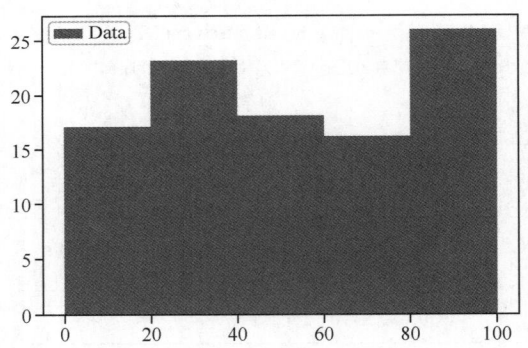

图 8.15　Matplotlib 库中绘制直方图的效果

在 Matplotlib 库中，使用函数"pie()"绘制饼图，它需要输入一定比例的数据集合。另外，参数"explode"是一个列表，表示饼图中的每部分到中心点的距离；参数"labels"是一个列表，表示每部分的标签；参数"colors"表示每部分的颜色；参数"shadow"表示是否显示阴影，默认值是"False"。

在图 8.16 所示的代码使用"rcParams"设置字体属性，支持中文显示，否则中文字体将显示乱码。显示的数据保存在变量"scores"中，然后分别设置颜色、标签等属性。这里需要突出"差"的成绩，因此，在"explode"中对应的位置设置突出值的大小。调用"legend()"函数显示图例，"axis('equal')"函数将饼图显示为正圆形。饼图的显示效果如图 8.17 所示。

```
>>> import matplotlib.pyplot as plt
>>> %matplotlib inline
>>> plt.rcParams['font.sans-serif']=['SimHei']
>>> scores = [10, 35, 45, 10]
>>> colors=['r', 'g', 'b', 'y']
>>> labels=['优秀', '良好', '中等', '差']
>>> explode=(0, 0, 0, 0.1)
>>> plt.pie(scores, explode=explode, autopct="%1.2f%%", colors=colors,
    labels=labels)
>>> plt.title('成绩分布图')
>>> plt.legend()
>>> plt.axis('equal')
>>> plt.show()
```

图 8.16　Matplotlib 库中绘制饼图

　　在等高图中，将具有相等高度数值的数据点通过等高线表示出来，可以分析数据之间的分布规律。"contour()"函数可以绘制等高线，它的前 3 个参数分别对应着数据的横坐标值、纵坐标值以及针对每个数据点计算的高度值。参数中使用一个数字表示等高线的密集程度，参数 "colors"设置等高线的颜色。"contourf()"函数在图形中填充颜色，其参数与 "contour()"函数类似，另外，参数 "alpha"表示透明度，参数 "cmap"表示填充颜色时使用的颜色地图（Color Map）。"clabel()"函数在图中显示高度数值对应的标签。

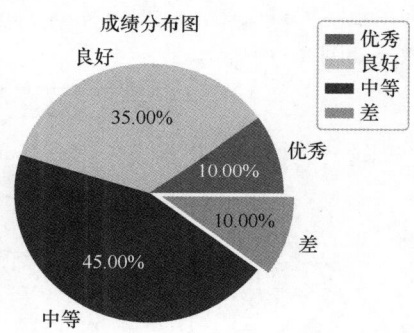

图 8.17　Matplotlib 库中绘制饼图的效果

　　图 8.18 所示生成 300 个数据点。NumPy 中的 "meshgrid()"函数根据输入的数据点值，输出对应的网格点坐标矩阵。"axes()"函数指定画图的区域。然后，将等高线、填充颜色、等高值的坐标分别表述出来。而后面的 "xticks([])"和 "yticks([])"函数分别表示隐藏 $x$ 坐标轴和 $y$ 坐标轴。等高图的效果如图 8.19 所示。

```
>>> import numpy as np
>>> import matplotlib.pyplot as plt
>>> def f(x,y):
>>>     return (x+y)×np.exp(-x××2-y××2)
>>> n = 300
>>> x = np.linspace(-2, 2, n)
>>> y = np.linspace(-2, 2, n)
>>> X, Y = np.meshgrid(x,y)
>>> plt.axes([0.55,0.55,0.9,0.9])
>>> plt.contourf(X, Y, f(X,Y), 10, alpha=.8, cmap=plt.cm.hot)
>>> C = plt.contour(X, Y, f(X,Y), 10, colors='black')
>>> plt.clabel(C, inline=1, fontsize=15)
>>> plt.xticks([])
>>> plt.yticks([])
>>> plt.show()
```

图 8.18　Matplotlib 库中绘制等高图

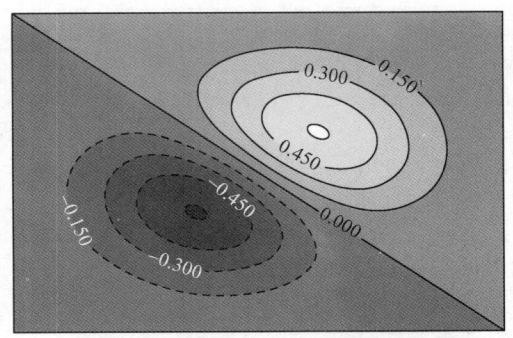

图 8.19　Matplotlib 库中绘制等高图的效果

　　热度图（Heatmap）可以通过色差、亮度等表示数据之间的差异，是常用的数据分析方法之一。"imshow()" 函数可以绘制热度图。图 8.20 所示创建 "[−6, 6]" 内的数据点，并计算坐标矩阵。然后针对每个数据点计算热度值 Z，调用 "imshow()" 函数绘制热度图，调用 "colorbar()" 函数显示热度图例，调整参数 "shrink" 以控制图例的显示长度。Matplotlib 库中绘制热度图的效果如图 8.21 所示。

```
>>> import matplotlib.pyplot as plt
>>> import numpy as np
>>> %matplotlib inline
>>> data = np.arange(-6, 6, 0.02)
>>> X, Y = np.meshgrid(data, data)
>>> Z = np.sqrt(X**2 + Y**2)
>>> plt.imshow(Z)
>>> plt.colorbar(shrink=.90)
>>> plt.xticks(())
>>> plt.yticks(())
>>> plt.show()
```

图 8.20　Matplotlib 库中绘制热度图

图 8.21　Matplotlib 库中绘制热度图的效果

## 8.2.2　Pandas 库中直接绘图

　　Pandas 库是有效存储、处理数据的重要手段之一。它也支持数据的可视化。Pandas 库中数据可视化的方法是基于 Matplotlib 库的，它通过进一步的封装，绘图比 Matplotlib 库更加便捷。

Series 和 DataFrame 是 Pandas 库中常用的两种数据结构。可视化这两种数据时，都用到了一个接口 "plot()"。例如，假设分别存在 Series 和 DataFrame 的两个对象 "series" 和 "df"，常见的画图形式如下所示：

```
series.plot()
df.plot()
```

这里的 "plot()" 函数返回的是针对两种数据结构的绘图对象，其在 Pandas 库里面实现。以下主要以 DataFrame 为例来介绍如何在 Pandas 库中绘图。

如果直接调用 "plot()" 函数，可以绘制折线图，使用方法如图 8.22 所示。图中随机生成了 10 组数据，每组数据包括 3 列。Pandas 库中绘制折线图的效果如图 8.23 所示。

```
>>> import pandas as pd
>>> import numpy as np
>>> import matplotlib.pyplot as plt
>>> %matplotlib inline
>>> df = pd.DataFrame(np.random.rand(10, 3), columns=['a', 'b', 'c'])
>>> df.plot()
>>> plt.show()
```

图 8.22　Pandas 库中绘制折线图

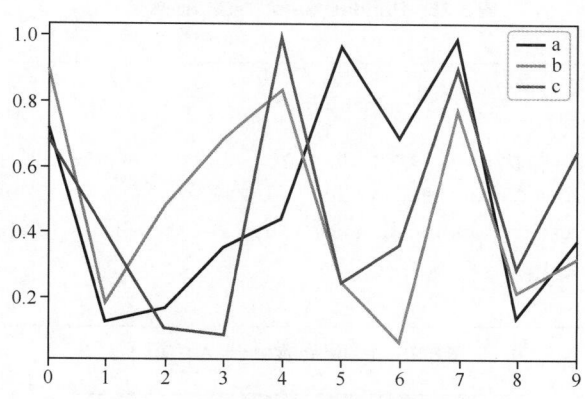

图 8.23　Pandas 库中绘制折线图的效果

仍然针对上述数据格式，当然由于数据的值是随机生成的，因此大小可能不一样。如果要通过条形图的形式展示，则需要使用 "plot()" 函数返回对象的 "bar()" 方法。它有一个重要的参数 "stacked"，如果其设置为 "True"，则表示以叠加的效果展示数据，默认值是 "False"。图 8.24 所示的代码使用两种方式分别绘制了条形图，具体的显示效果如图 8.25 所示，其中，图 8.25（a）是无叠加效果的条形图，图 8.25（b）是有叠加效果的条形图。

直方图的绘制使用 "hist()" 函数，其中常用的参数 "alpha" 表示透明度。代码如图 8.26 所示。在该图中，"rcParams['axes.unicode_minus'] = False" 表示设置绘图的参数，若不设置，则坐标轴上的刻度值中的符号将无法正常显示。Pandas 库中绘制直方图的效果如图 8.27 所示。

```
>>> import pandas as pd
>>> import numpy as np
>>> import matplotlib.pyplot as plt
>>> %matplotlib inline
>>> df = pd.DataFrame(np.random.rand(10, 3), columns=['a', 'b', 'c'])
>>> df.plot.bar()
>>> plt.figure()
>>> df.plot.bar(stacked=True)
>>> plt.show()
```

图 8.24　Pandas 库中绘制条形图

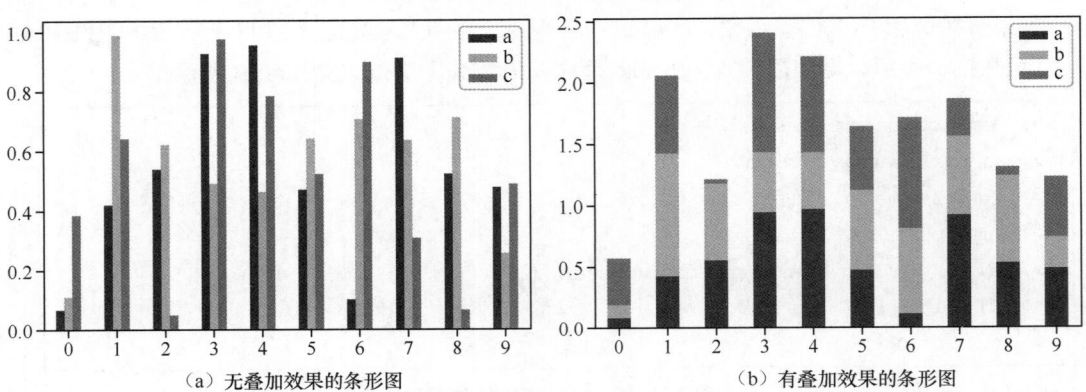

（a）无叠加效果的条形图　　　　　　　　（b）有叠加效果的条形图

图 8.25　Pandas 库中绘制条形图的效果

```
>>> import pandas as pd
>>> import numpy as np
>>> import matplotlib.pyplot as plt
>>> plt.rcParams['axes.unicode_minus'] = False
>>> df = pd.DataFrame(np.random.randn(10, 3), columns=['a', 'b', 'c'])
>>> df.plot.hist(alpha=0.6)
>>> plt.show()
```

图 8.26　Pandas 库中绘制直方图

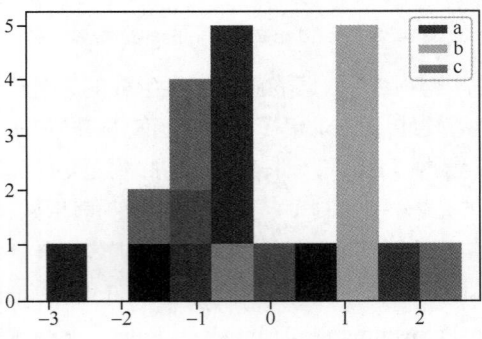

图 8.27　Pandas 库中绘制直方图的效果

其他常见的图形包括：使用 "box()" 函数绘制箱形图，使用 "area()" 函数绘制区域图，

使用 "scatter()" 函数绘制散点图，使用 "pie()" 函数绘制饼图等。其中，箱形图又称为盒式图，它可以表示数据的大小、占比、趋势等，其不仅可以分析不同类别数据的平均水平差异，还能展现数据之间的离散程度、分布差异等。另外，它由于包含最小值、四分之一值、中位数、四分之三值、最大值等统计特征，因此包含的信息量较大。区域图又称为面积图，它与折线图类似，可以分析连续数据的变化规律。它们的不同之处在于，区域图通过面积的填充可以更清晰地判断趋势的发展，并且面积的大小通常可以表示趋势值的大小。

Pandas 库中绘制箱形图和区域图的代码如图 8.28 所示，绘制箱形图的效果如图 8.29 所示，绘制区域图的效果如图 8.30 所示。

```
>>> import pandas as pd
>>> import numpy as np
>>> import matplotlib.pyplot as plt
>>> df = pd.DataFrame(np.random.randn(10, 3), columns=['a', 'b', 'c'])
>>> df.plot.box()
>>> plt.figure()
>>> df.plot.area(stacked=False)
>>> plt.show()
```

图 8.28　Pandas 库中绘制箱形图和区域图

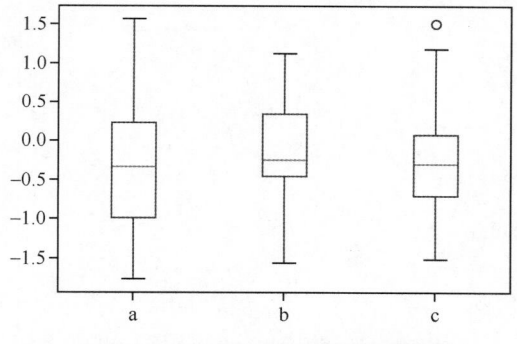

图 8.29　Pandas 库中绘制箱形图的效果

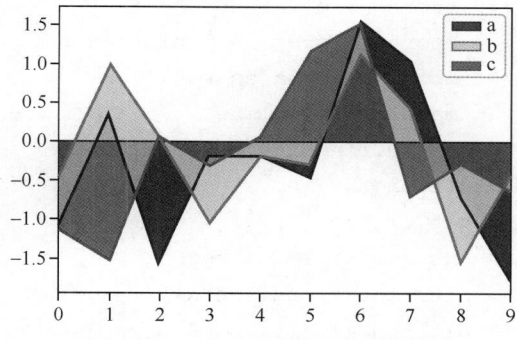

图 8.30　Pandas 中绘制区域图的效果

## 8.3　Seaborn 库增强绘图效果

Matplotlib 库可以提供丰富的绘图样式，但是同时也带来一个问题——多种函数及其参数带来了过多的细节化导致绘图复杂。在 Matplotlib 库的基础上，Seaborn 库提供了更高层次的接口，具有更加强大的绘图功能，简化了绘图的流程。通常，它要求输入的数据类型为 Pandas 库中的 DataFrame 或者 NumPy 模块中的数组。在使用 Seaborn 库之前，通过以下命令安装：

```
pip install seaborn
```

Seaborn 库首先带来了主题上的变化，其默认的主题是黑色网格底色（DarkGrid）主题，网格可以帮助定位图数据的定量化信息。除此之外，还有白色网格（WhiteGrid）主题、黑色背景（Dark）主题、白色背景（White）主题、刻度线（Ticks）主题。Seaborn 库提供的 "set_style()" 函数可以指定使用的主题，其参数是 "darkgrid" "whitegrid" "dark" "white" "ticks" 中的一种。修改之后的主题会影响到后续绘制的图形。另外,"set()"函数也可以对绘制图像进行设置,如背景、调色板等,如果不加参数,则表示设置成默认值。如果使用"set()"函数设置图像的主题,则需要使用"style"参数,具体形式为: set(style="white")。Seaborn 库的默认主题所绘图形如图 8.31(b)所示,与图 8.31(a)中 Matplotlib 库的默认主题所绘图形相比,效果更加美观。

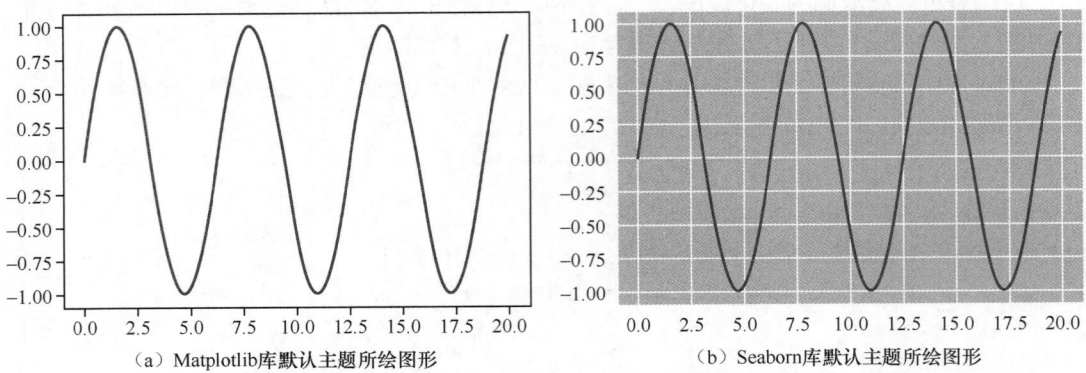

(a) Matplotlib库默认主题所绘图形        (b) Seaborn库默认主题所绘图形

**图 8.31  Seaborn 库与 Matplotlib 库中的默认主题所绘图形对比**

图 8.32 所示为在 Seaborn 库中设置主题的代码。

```
>>> import numpy as np
>>> import matplotlib.pyplot as plt
>>> import seaborn as sns
>>> %matplotlib inline
>>> x = np.linspace(0, 20, 100)
>>> plt.plot(x, np.sin(x))
>>> plt.figure()
>>> sns.set_style("darkgrid")
>>> plt.plot(x, np.sin(x))
>>> plt.show()
```

**图 8.32  Seaborn 库中设置主题**

在"White"和"Ticks"主题下,可以使用"despine()"函数将图形的上方和右方的边框隐藏,如图 8.33 所示。"despine()"函数的原型如下所示:

```
despine(fig=None, ax=None, top=True, right=True, left=False, bottom=
False, offset=None, trim=False)
```

显然,其中的参数"top""right""left""bottom"分别控制着图形的 4 条边,调用该函数默认将上方、右方的边隐藏。同理,可以使用"despine(left=True)"函数将左侧的边框隐藏。参数"offset"可以调整边框距离图中数据的距离。

"axes_style()"函数可返回以字典表示的图形参数,它的函数原型如下所示:

```
axes_style(style=None, rc=None)
```

其中,参数"style"是 Seaborn 库中的主题,参数"rc"表示可以向当前绘图的风格字典中重写参数值。

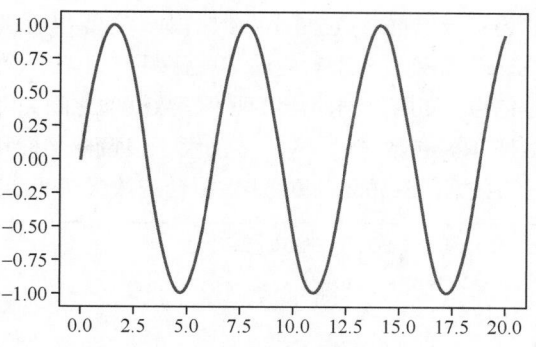

图 8.33　Seaborn 库中隐藏边框

　　使用"set_style()"函数对所绘图形的主题统一做设置，这样，后续绘制的图形就会使用相同的主题。为了区分不同图形的风格，可以使用"with"语句。在图 8.34 所示的代码中，在"with"语句中，"axes_style()"函数返回"whitegrid"主题的参数，并且绘制第一幅图形，然后，在第二个"with"语句中，"axes_style()"函数返回"darkgrid"主题的参数，并且绘制第二幅图形。由于两个主题仅在各自"with"语句的范围内起作用，因此，可以绘制出不同的主题。Seaborn 库中绘制两个主题的图形如图 8.35 所示。

```
>>> import numpy as np
>>> import matplotlib.pyplot as plt
>>> import seaborn as sns
>>> %matplotlib inline
>>> x = np.linspace(0, 20, 100)
>>> with sns.axes_style("whitegrid"):
>>>     plt.plot(x, np.sin(x))
>>> plt.figure()
>>> with sns.axes_style("darkgrid"):
>>>     plt.plot(x, np.sin(x))
>>> plt.show()
```

图 8.34　Seaborn 库中绘制不同主题的图形

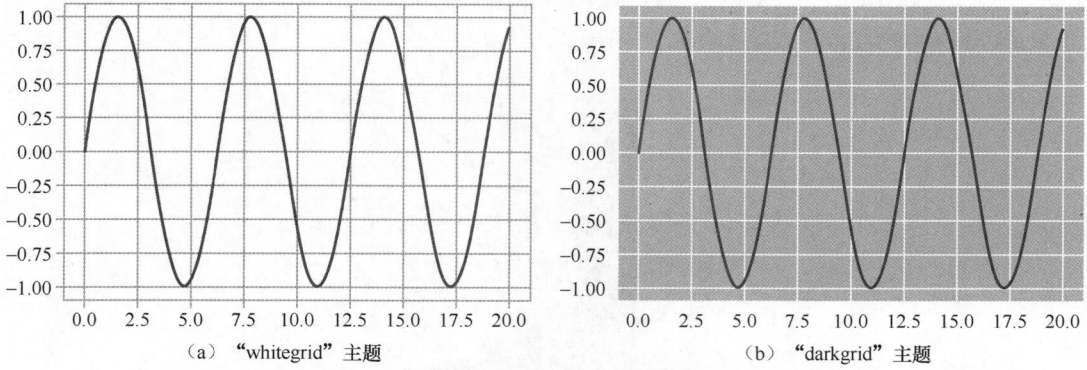

（a）"whitegrid"主题　　　　　　　　　（b）"darkgrid"主题

图 8.35　Seaborn 库中绘制不同主题的图形的效果

　　除此之外，Seaborn 库中还可以通过"set_context()"函数设置绘图的比例，通过"color_palette()"函数建立调色板并进行颜色的设置等。

Seaborn 库自带一个"tips"数据集，它是小费数据集，主要包括"total_bill""tip""sex"
"smoker""day""time""size"几列，分别对应着"总费用""小费""性别""是否抽烟""星期""就餐时间""人数"等信息。使用数据拟合展现不同数据项之间关系的函数是"regplot()"，具体的使用形式如图 8.36 所示。参数"x""y"分别用于设置横坐标和纵坐标的标签，参数"data"用于输入绘图所需的数据。Seaborn 库中线性拟合的效果如图 8.37 所示。

```
>>> import matplotlib.pyplot as plt
>>> import seaborn as sns
>>> %matplotlib inline
>>> tips = sns.load_dataset("tips")
>>> sns.regplot(x="total_bill", y="tip", data=tips)
```

**图 8.36　Seaborn 库中的线性拟合**

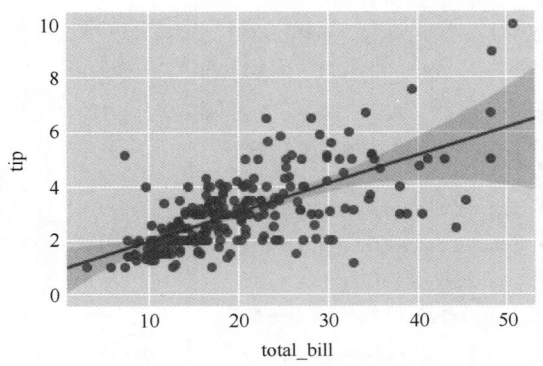

**图 8.37　Seaborn 库中线性拟合的效果**

使用"distplot(x, bins, color)"函数可以绘制直方图。其中，参数"x"表示图形来源的数据，参数"bins"表示柱状（Bin）的个数，参数"color"表示图形的颜色。该函数同时绘制核密度估计图。在"tips"数据集中，如果绘制总费用数据"total_bill"的分布规律，使用 10个柱状来表示数据，则可以使用如下格式：

```
sns.distplot(tips["total_bill"], bins=10, color="blue")
```

Seaborn 库中的直方图效果如图 8.38 所示。

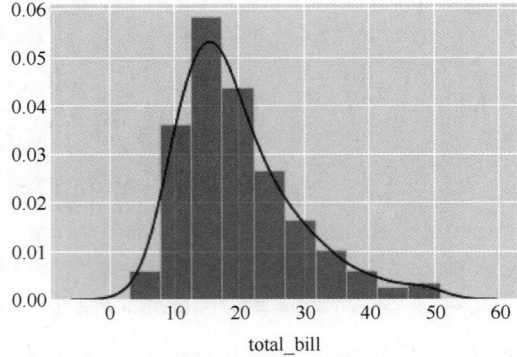

**图 8.38　Seaborn 库中的直方图**

如果需要展示两个变量之间的关系，即分析两个变量的联合概率分布以及其中一个变量的分布，则可以使用"jointplot(x, y, data, color)"函数。其中，参数"x"表示横坐标显示的数据，参数"y"表示纵坐标显示的数据，参数"data"表示数据集，参数"color"表示颜色。针对上述例子，如果需要分析消费的总费用与小费之间的关系，则可以采用以下形式：

```
sns.jointplot(x = "total_bill", y = "tip", data = tips, color="blue")
```

消费的总费用与小费之间存在着强相关性，如图 8.39 所示。在联合分布图中，可以通过参数"kind"指定不同的显示效果，主要包括"hex""scatter""resid""kde"等，分别表示通过六边形、散点图、残差、密度估计等形式显示数据分布，默认是散点图。例如，设置为密度估计形式的方法如下所示：

```
sns.jointplot(x = "total_bill", y = "tip", data = tips, color="blue",
kind="kde")
```

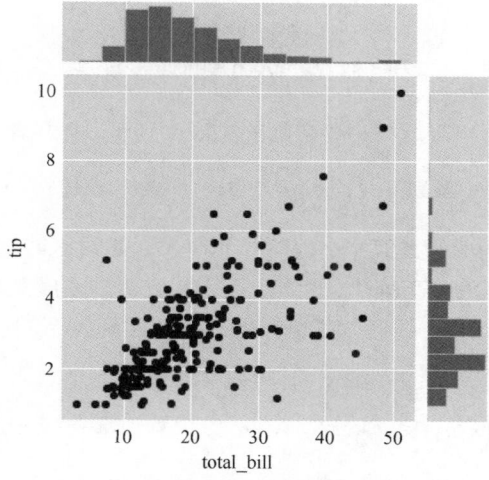

图 8.39　Seaborn 库中的联合分布图

条形图可以统计数据集中不同的类别列对应的数值列，通常横坐标表示类别列，纵坐标表示数值列，这样可以对比不同类别数据的数量。Seaborn 库中条形图的创建函数是"barplot(x, y, data)"，其中，参数"x"表示横坐标要显示的数据列，参数"y"表示纵坐标要显示的数据列，参数"data"用于指定数据集。Seaborn 库中条形图的创建效果如图 8.40 所示。

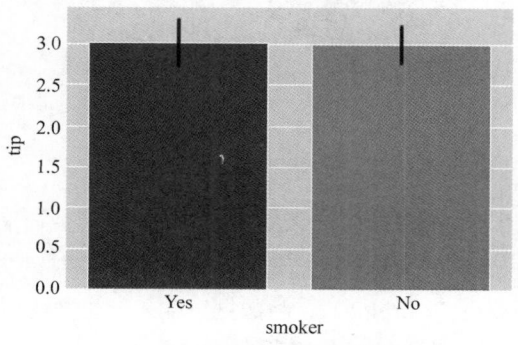

图 8.40　Seaborn 库中的条形图

如果要观察是否吸烟与小费之间的关系，则可以采用以下形式：

```
sns.barplot(x ="smoker" , y ="tip" , data=tips)
```

Seaborn 库中使用 "boxplot(x, y, data)" 函数创建箱形图，效果如图 8.41 所示。其中，参数 "x" 表示横坐标上的类别列，参数 "y" 表示纵坐标上的数值列，参数 "data" 表示数据集。

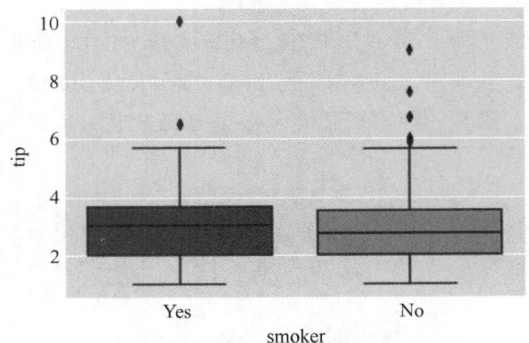

图 8.41　Seaborn 库中的箱形图

如果使用箱形图展示是否吸烟与小费之间的关系，则可以调用以下函数：

```
sns.boxplot(x = "smoker", y = "tip", data=tips)
```

小提琴图因为其图形的形状类似 "小提琴" 而得名，如图 8.42 所示。图的高矮表示纵坐标值的范围，胖瘦表示数据的分布规律，因此，可以将它看成密度图和箱形图的结合。绘制小提琴图的函数是 "violinplot()"。同理，是否吸烟与小费之间关系的小提琴图的函数调用如下所示：

```
sns.violinplot(x = "smoker", y = "tip", data = tips)
```

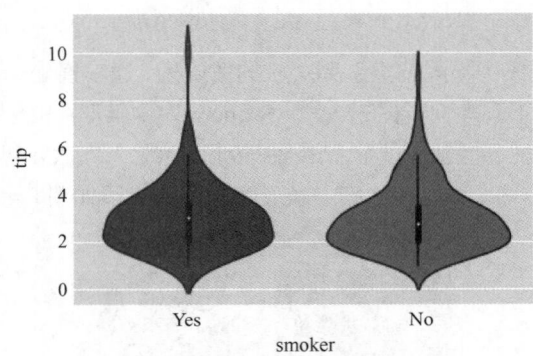

图 8.42　Seaborn 库中的小提琴图

通常，数据集中存在多个特征，在研究特征之间的关系时，单独地绘制两个特征之间的关系相对比较麻烦。Seaborn 库提供了使用一幅图展示不同特征（变量）两两之间相互关系的成对变量分析图，使用的函数是 "pairplot()"，将数据集输入该函数可以绘制出变量之间的成对关系图。针对 "tips" 数据集，效果如图 8.43 所示。

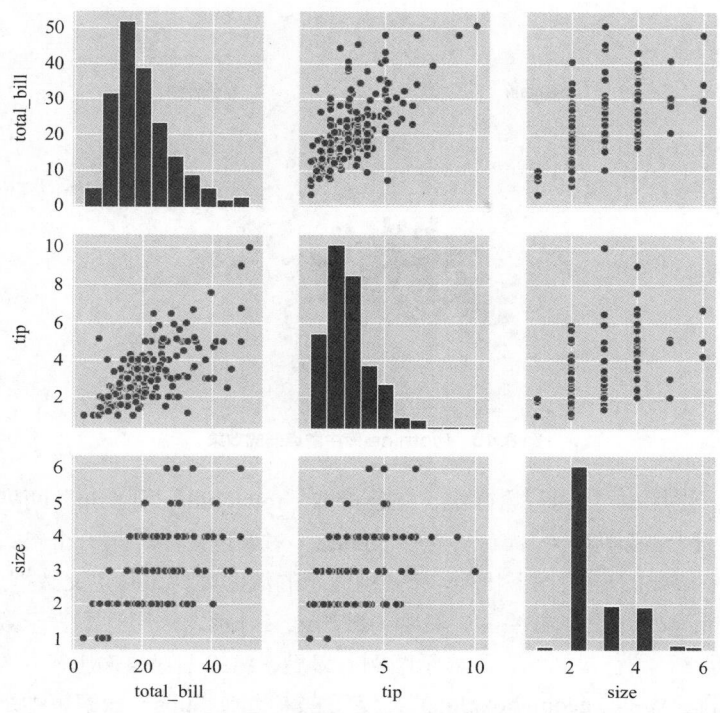

图 8.43　Seaborn 库中的成对变量分析图

## 8.4　Plotnine 库弥补可视化不足

R 语言在数据可视化上具有较强的优势，为了弥补 Python 在数据可视化上的不足，Plotnine 库实现了 R 语言中的 "ggplot2" 语法在 Python 上的移植。在 Python 环境下，可以画出 R 语言下的效果图。在使用 Plotnine 库之前，先通过以下命令安装：

```
pip install plotnine
```

在使用的过程中，首先需要创建一个绘图对象，创建的过程发生在一对括号里面，使用 " + " 连接。其中包含 "ggplot" 对象的创建、绘图函数的调用、绘图属性的设置等。然后，使用 "pint()" 函数输出绘图对象。

在 Plotnine 库中，实现散点图绘制的函数是 "geom_plot()"，如图 8.44 所示。图 8.45 所示为绘制的 "tips" 数据集中消费费用与小费之间关系的散点图。

```
>>> from plotnine import *
>>> import seaborn as sns
>>> %matplotlib inline
>>> tips = sns.load_dataset("tips")
>>> df = tips[["total_bill", "tip"]]
>>> base_plot=(ggplot(df, aes(x = 'total_bill', y ='tip', fill = 'tip')) +
    geom_point(size=3,shape='o',colour="black",show_legend=False)))
>>> print(base_plot)
```

图 8.44　Plotnine 库中绘制散点图

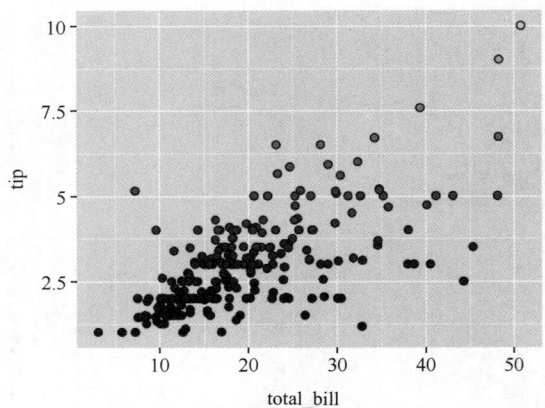

图 8.45 Plotnine 库中散点图的效果

在本例中，首先加载"tips"数据集，并且提取"total_bill"和"tip"两列数据保存到变量"df"中。然后创建绘图对象。首先，在"ggplot"对象创建中，第一个参数指定绘图需要的数据集，第二个参数指定横坐标和纵坐标分别显示的数据类型，并定义数据点颜色填充值。然后，调用"geom_point()"函数绘图，其中参数的含义分别为采用圆圈表示数据点、每个数据点图形的大小是 3、颜色是黑色、不显示图例。最后，将绘图对象输出。

绘制箱形图的函数是"geom_boxplot()"，使用它来绘制"tips"数据集中是否吸烟与小费之间的关系，绘制箱形图的代码如图 8.46 所示。在调用绘图函数的时候，参数"fill"用于设定根据"smoker"列的数据填充箱形图的颜色。具体的效果如图 8.47 所示。

```
>>> from plotnine import *
>>> import seaborn as sns
>>> %matplotlib inline
>>> tips = sns.load_dataset("tips")
>>> df = tips[["smoker", "tip"]]
>>> base_plot=(ggplot(df, aes(x='smoker', y='tip'))+
geom_boxplot(aes( fill = 'smoker')))
>>> print(base_plot)
```

图 8.46 Plotnine 库中绘制箱形图

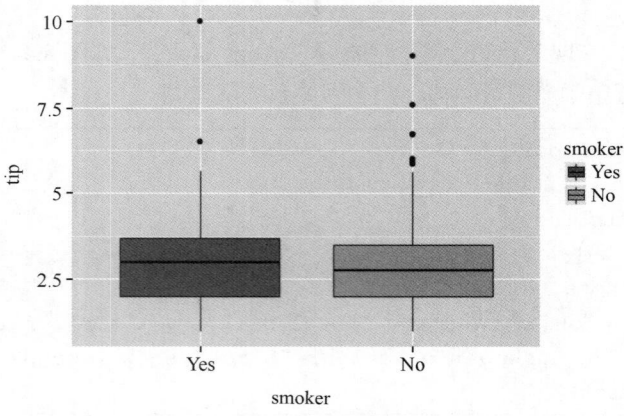

图 8.47 Plotnine 库中箱形图的效果

将"geom_boxplot()"函数修改为以下函数调用形式，就可以画出小提琴图的效果，如图 8.48 所示。

```
geom_violin(aes( fill = 'smoker'))
```

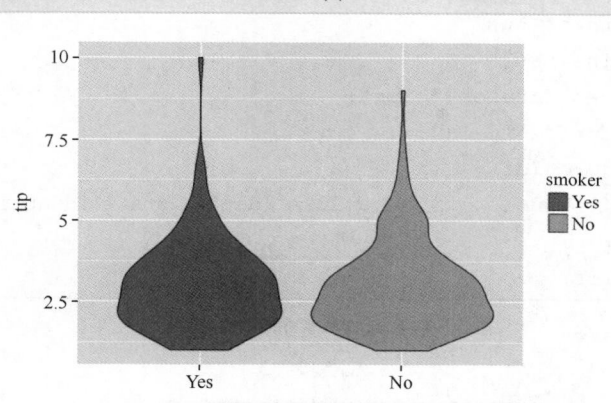

**图 8.48　Plotnine 库中的小提琴图的效果**

使用"geom_bar()"函数可以绘制条形图。如果每个条形的宽度值太大，则可以通过"width"属性进行调整。参数"stat"用于设置统计方法，默认值为"count"，表示每个条形的高度等于本组数据元素的个数，如果设置为"identity"，则表示条形的高度表述数据的值。在图 8.49 所示的"tips"数据集中读取星期几与消费两列数据，并将它们放到变量"df"中。调用"geom_bar()"函数绘制条形图，这里缩短条形的宽度，具体的效果如图 8.50 所示。

```
>>> from plotnine import *
>>> import seaborn as sns
>>> %matplotlib inline
>>> tips = sns.load_dataset("tips")
>>> df = tips[["day", "tip"]]
>>> base_plot=(ggplot(df)+
    geom_bar(aes( x='day', y='tip', fill = 'day'), stat='identity', width=0.5))
>>> print(base_plot)
```

**图 8.49　Plotnine 库中绘制条形图**

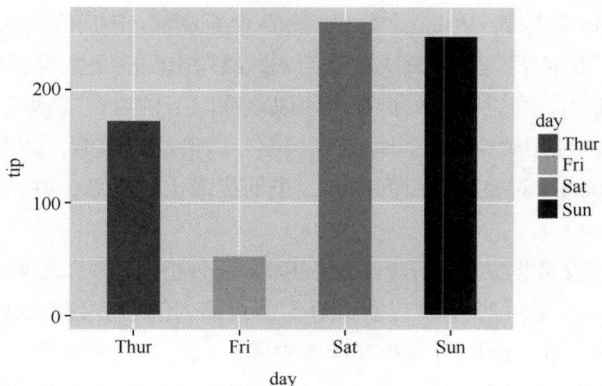

**图 8.50　Plotnine 库中的条形图的效果**

增加一个新的函数 "coord_flip()" 可以将垂直条形图转换为横向条形图，Plotline 库中绘制条形图的代码如图 8.51 所示，其具体效果如图 8.52 所示。

```
>>> from plotnine import *
>>> import seaborn as sns
>>> %matplotlib inline
>>> tips = sns.load_dataset("tips")
>>> df = tips[["day", "tip"]]
>>> base_plot=(ggplot(df)+
    geom_bar(aes( x='day', y='tip', fill = 'day'), stat='identity', width=0.5)+
    coord_flip())
>>> print(base_plot)
```

图 8.51    Plotnine 库中绘制横向条形图

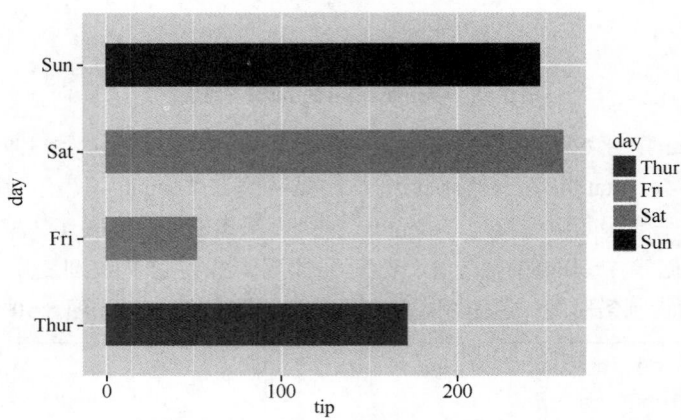

图 8.52    Plotnine 库中的横向条形图的效果

案例：房价数据采集及可视化

数据分析和挖掘有助于洞悉事物的本质。尤其是在现实生活中信息量庞大的背景下，需要借助数据挖掘的方法来定量地分析周围的问题。例如，针对一个地区，人们可能会感觉房价在上涨或者下跌，但缺少足够的数据支撑。因此，本案例通过采集互联网上的房价数据，揭示房价的规律。

根据本书前面介绍的内容，为了解决这个问题，最为重要的是数据获取。因此，本例选择了一个房价成交数据站点，通过初步分析发现可以获取以下信息："名称""成交时间""总价""单价"等。因此，首先使用爬虫在该网站上下载部分房价成交数据，如图 8.53 所示。然后使用 URLLib 中的 "request" 对象获取页面内容，进而提取上述信息，并将数据保存到 CSV 格式的文件中。

接下来读取房价成交数据文件并进行初步的探索性分析。这里以单价为例，分析该地区房子单价的变化趋势，如图 8.54 所示。其中，第 5 行对读入的总价数据进行排序。然后，按照从小到大的顺序，在图中依次画出所有数据样本中房价总价的变化规律。这样就可以观察本地区总价最低的房价和总价最高的房价。第 12～13 行在所绘制的图形中添加了文本注释，即在图中的指定位置提示该数据点表示的含义。最终得到的房价变化趋势如图 8.55 所示。

```
1    import urllib.request
2    import re
3    import pandas as pd
4    import csv
5    for i in range(0,9):
6        url = "https://                              "+str(i+2)
7        response = urllib.request.urlopen(url)
8        html = response.read().decode("utf-8")
9        title = re.findall(r'<div class="info"><div class="title"><a.*?
         "target="_blank">(.*?)</a>', html)
10       dealDate = re.findall(r'<div class="dealDate">(.*?)</div>', html)
11       totalPrice = re.findall(r'<div class="totalPrice"><span class=.
         *?>(.*?)</span>', html)
12       inititPrice = re.findall(r'<div class="dealCycleeInfo"><span class=
         "dealCycleIcon"></span><span class="dealCycleTxt"><span> (.*?)
         </span>',html)
13       unitPrice = re.findall(r'<div class="unitPrice"><span class=
         "number">(.*?)</span>', html)
14       item = pd.DataFrame(columns=['title'], data=title)
15       item['dealDate'] = dealDate
16       item['totalPrice'] = totalPrice
17       item['inititPrice'] = inititPrice
18       item['unitPrice'] = unitPrice
19       item.to_csv('housePrice.csv', mode="a", index=False)
```

**图 8.53　房价数据采集**

```
1    import pandas as pd
2    import matplotlib.pyplot as plt
3    plt.rcParams['font.sans-serif'] = ['SimHei']
4    housePriceData=pd.read_csv('housePrice.csv',usecols=[2],encoding='gbk')
5    housePriceDataSorted=housePriceData.sort_values(by="total_price",
     ascending=True)
6    totalNumber = len(housePriceData)
7    x = np.linspace(1, totalNumber, totalNumber)
8    y = housePriceDataSorted
9    plt.plot(x, y, c='r', lw=2)
10   plt.xlabel('序号')
11   plt.ylabel('总价')
12   plt.annotate(r'1171万元 182.12平方米', xy=(250, 1200), xytext=(200, 1200))
13   plt.annotate(r'44万元, 27平方米', xy=(10, 100), xytext=(10, 100))
14   plt.axis([1, totalNumber, 100, 1500])
15   plt.show()
```

**图 8.54　房子单价可视化**

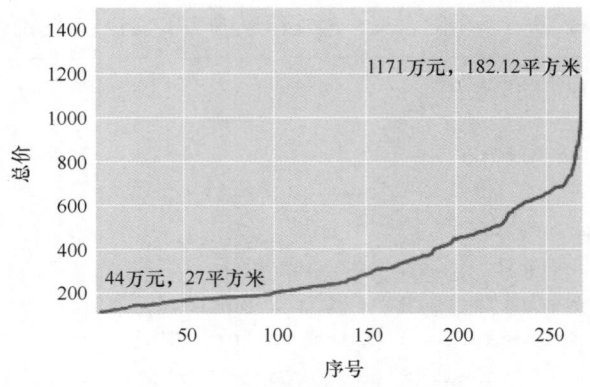

图 8.55　房子单价可视化效果

基于房价数据可以对其进行分类。通常房价是一组连续的数值，而有时候大众会将房价进行分类，如高房价、中房价、低房价等。在本例中，使用聚类算法对房子总价数据进行聚类操作，具体的过程如图 8.56 所示。为了简单地说明问题，这里使用了 K-means 算法，并且指定生成类簇的个数为 6。然后，将生成的 6 个类簇中的样本进行统计分析，并以条形图的形式展现，如图 8.57 所示。显然，本地区房子总价较高的数量比例非常高。

```
1    import pandas as pd
2    import matplotlib.pyplot as plt
3    import seaborn as sns
4    from sklearn.cluster import KMeans
5    plt.rcParams['font.sans-serif'] = ['SimHei']
6    housePriceData = pd.read_csv('housePrice.csv', usecols=[2], encoding='gbk')
7    sns.set_style("darkgrid")
8    kmeans_model = KMeans(n_clusters=6)
9    kmeans_model.fit(housePriceData)
10   clusterNumber = pd.Series(kmeans_model.labels_).value_counts()
11   plt.bar(range(len(clusterNumber)), clusterNumber , color='#556677')
12   plt.xlabel('类簇')
13   plt.ylabel('数量')
14   plt.show()
```

图 8.56　房子总价可视化

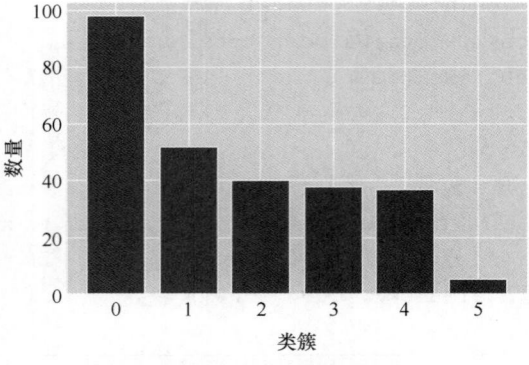

图 8.57　房子总价可视化效果

## 8.6 习题

（1）假设变量 x 的取值区间是 0～20，使用 Matplotlib 库提供的方法绘制函数 sin(x)的图形。数据点使用标记"o"，并通过线连接，颜色为红色。

（2）假设变量 x 的取值区间是 0～20，使用 Matplotlib 库提供的方法绘制函数 sin(x)的图形。在图形中添加注释文字"sin(x)"，并用箭头标出该正弦曲线的第一个峰值。

（3）存在一组数据，**X**=[1, 2, 3, 4, 5]，**Y**=[3, 5, 6, 5, 4]，数据点对应的标签分别为 Label=['A', 'B', 'C', 'D', 'E']，请分别绘制条形图和横向条形图以显示该组数据。

（4）随机生成 500 个数据点，并使用 Matplotlib 库提供的方法绘制这 500 个数据点的直方图。

（5）假设变量 x 的取值范围是 0～20，水平绘制两个子图，分别显示 sin(x)和 cos(x)的图形。

（6）Matplotlib 库绘制的图形的坐标轴、标题等通常采用系统默认的字体，然而，有时候需要根据要求修改字体。请绘制任一图形并将图形中的默认字体改为"Times New Roman"。

（7）编程实现"使用 Seaborn 库绘图，并将显示样式改为白色背景加网格（whitegrid）"。

（8）首先，生成 200 个服从标准正态分布的随机数；然后，使用 Seaborn 库绘制频数直方图以展示该组数据。

（9）安斯库姆是一个非常著名的数据集，它也内置在 Seaborn 库中，名为"anscombe"。编程加载该数据集，并将其保存到 Pandas 的 DataFrame 中；使用 DataFrame 提供的方法预览数据，并调用 Seaborn 库提供的方法绘制数据的回归图。

# 参考文献

[1]  BERNERS LEE T, CAILLIAU R, GROFF, et al. World-Wide Web: The Information Universe[J]. Internet Research Electronic Networking Applications & Policy, 1992, 2(1):461-471.

[2]  MIGUEL GRINBERG. Flask Web 开发：基于 Python 的 Web 应用开发实战：第 2 版[M]. 安道，译. 北京：人民邮电出版社，2014.

[3]  韩家炜. 数据挖掘概念与技术：第 3 版[M]. 北京：机械工业出版社，2007.

[4]  TOBY SEGARAN. 集体智慧编程[M]. 莫映，王开福，译. 北京：电子工业出版社，2009.

[5]  李德毅，刘常昱，杜鹢，等. 不确定性人工智能：第 2 版[M]. 北京：国防工业出版社，2014.

[6]  吴振宇. 社交网络热点事件预测[D]. 北京：北京航空航天大学，2015.

[7]  HAND D J, YU K. Idiot's Bayes - not so stupid after all?[J]. International Statistical Review, 2001, 69(3):385-398.

[8]  MACQUEEN J. Some Methods for Classification and Analysis of MultiVariate Observations[C]//Proc of Berkeley Symposium on Mathematical Statistics & Probability, 1965.

[9]  VAPNIK V N. The Nature of Statistical Learning Theory[J]. Technometrics, 1996, 38(4):409-409.

[10]  QUINLAN J R. C4.5: programs for machine learning[M]. Morgan Kaufmann Publishers Inc. 1992.

[11]  EVERITT B S. Classification and Regression Trees[M]. Encyclopedia of Statistics in Behavioral Science. John Wiley & Sons, Ltd, 2005.

[12]  HASTIE T, TIBSHIRANI R. Discriminant adaptive nearest neighbor classification[J]. IEEE Transactions on Pattern Analysis & Machine Intelligence, 1996, 18(6):607-616.

[13]  TIAN Z, RAGHU R, MIRON L. BIRCH: an efficient data clustering method for very large databases[J]. ACM SIGMOD Record, 1996, 25(2):141-182.

[14]  MARTIN E, HANS-PETER K, JORG S, et al. A density-based algorithm for discovering clusters in large spatial databases with noise[C]//Proceedings of the Second International Conference on Knowledge Discovery and Data Mining, 1996.

[15]  GUHA S, RASTOGI R, SHIM K. Cure: an efficient clustering algorithm for large databases[J]. Information Systems, 2001, 26(1):35-58.

[16]  LECUN Y, BOTTOU L. Gradient-based learning applied to document recognition[J]. Proceedings of the IEEE, 1998, 86(11):2278-2324.

[17]  HOCHREITER S, SCHMIDHUBER J. Long Short-Term Memory[J]. Neural Computation, 1997, 9(8):1735-1780.